Ray Smith

Zeichnen - Menschen

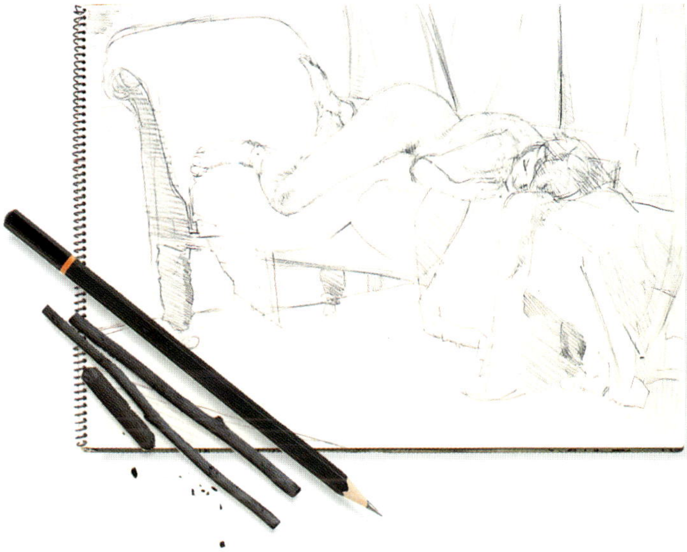

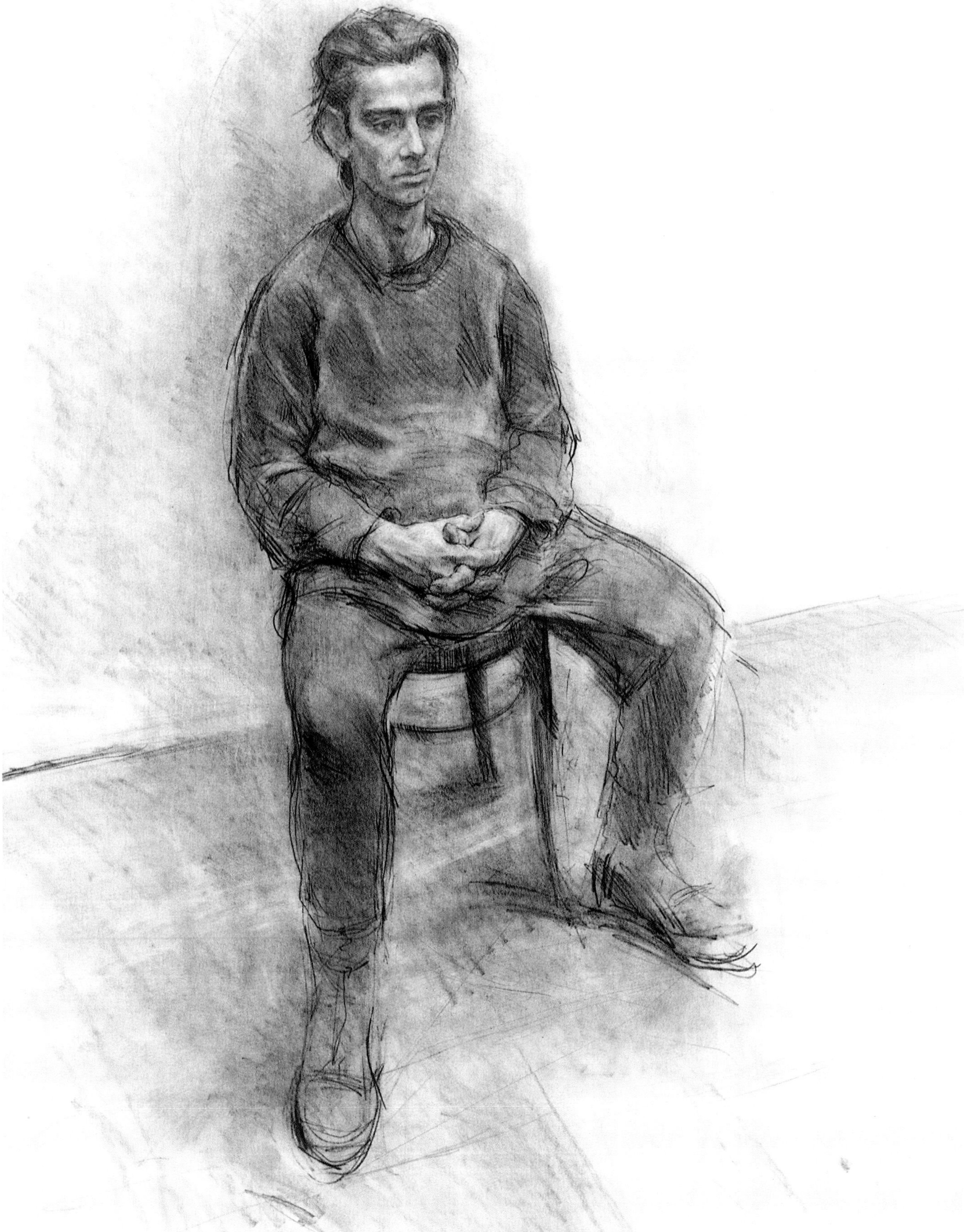

Ray Smith

Zeichnen

Menschen

urania

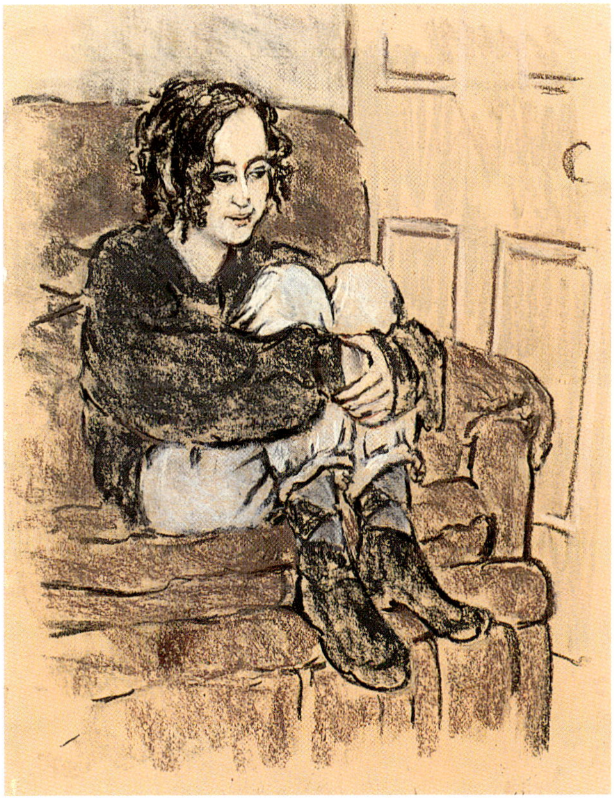

Die Deutsche Bibliothek – CIP-Einheitsaufnahme
Ein Titeldatensatz für diese Publikation ist bei
Der Deutschen Bibliothek erhältlich.
ISBN 3-332-01377-7

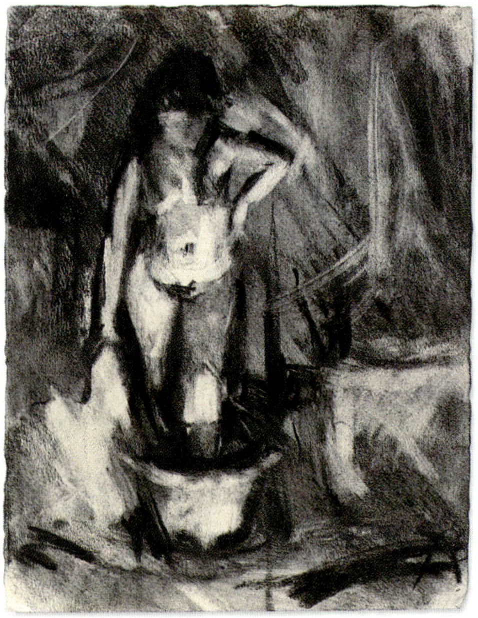

www.urania-verlag.de
www.verlagsgruppe-dornier.de

Ein Dorling-Kindersley-Buch

Die Originalausgabe erschien unter dem Titel
„The DK Art School – Drawing Figures"
bei Dorling Kindersley Limited, London

Urania Verlag, Verlagsgruppe Dornier
Postfach 80 06 69, 70506 Stuttgart

Der Urania Verlag ist ein Unternehmen der Verlagsgruppe Dornier GmbH.
Aus dem Englischen übertragen von Hajo Düchting, München
Umschlaggestaltung: Behrend & Buchholz, Hamburg
Satz: Fotosatz Ruderer, Grünkraut
Druck: J. P. Himmer GmbH & Co, KG, Augsburg
Printed in Germany
ISBN 3-332-01377-7

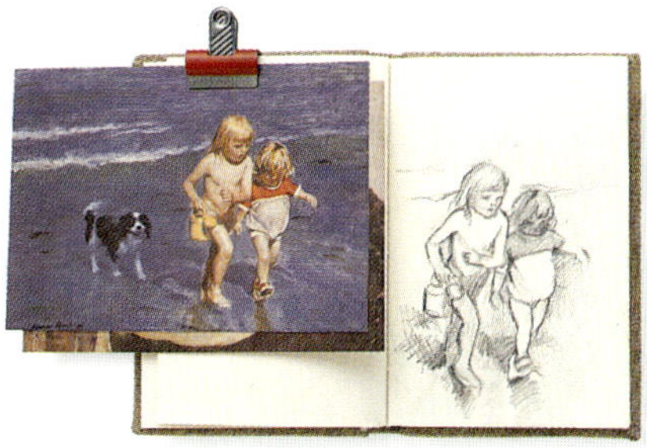

Inhalt

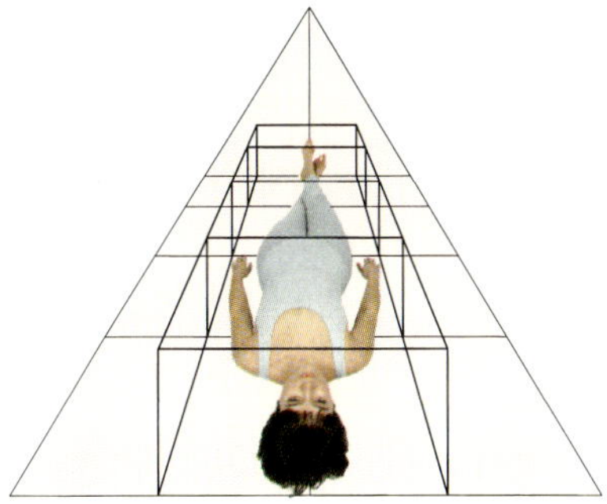

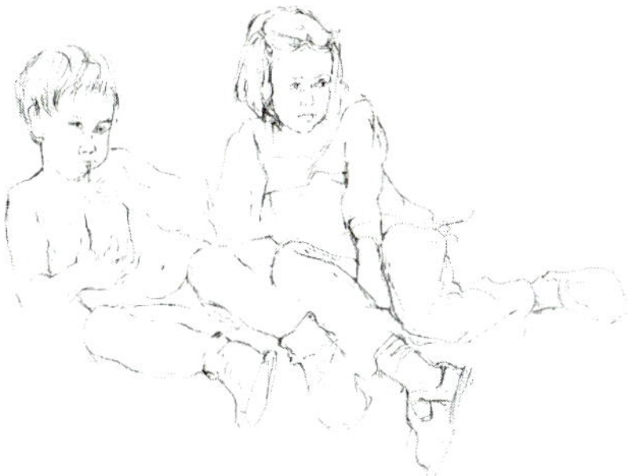

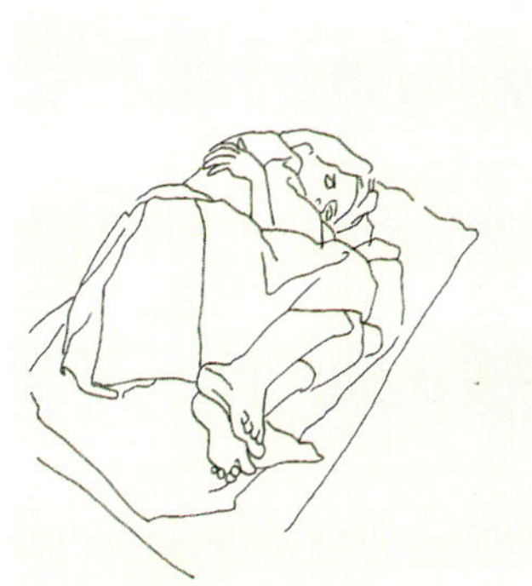

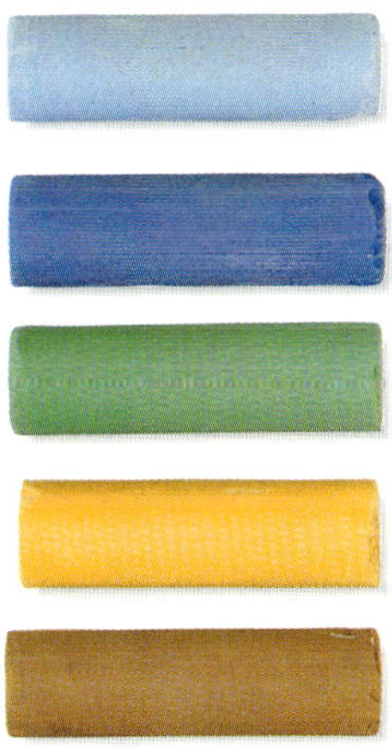

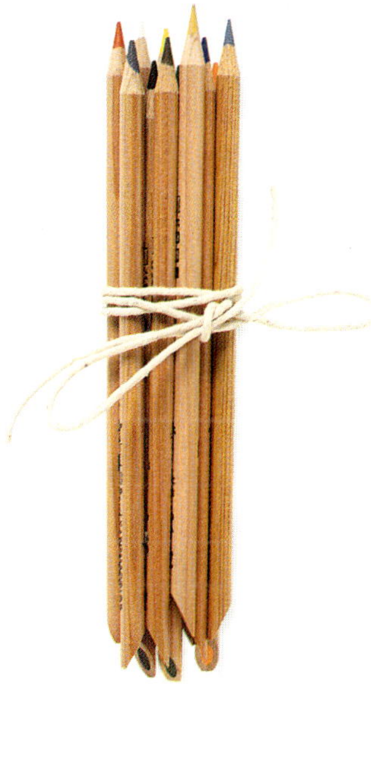

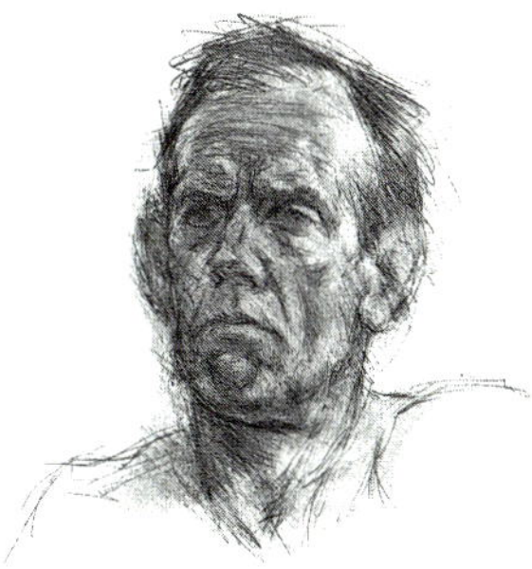

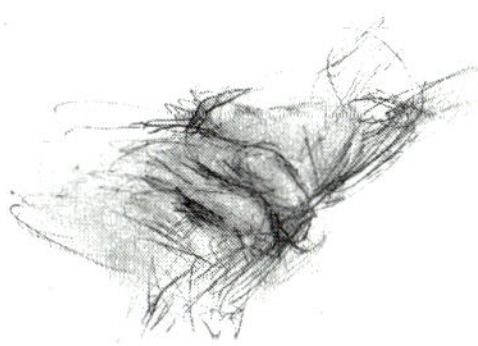

Unser Leben ist geprägt vom Zusammenleben mit anderen Menschen, und ein großer Teil unserer Erfahrungen und unseres Wissens über die Welt, in der wir leben, wird uns in der Kommunikation und dem Dialog mit anderen vermittelt. Vielfältig und wichtig sind für jeden Menschen die Beziehungen, die er eingeht, und die Begegnungen, die er erfährt. Vielleicht ist es gerade dies, was das Thema „Mensch" für den Künstler so interessant und spannend macht. Im Zeichnen kann er sich mit seinen Mitmenschen, mit seiner Umwelt und sich selber auseinandersetzen.

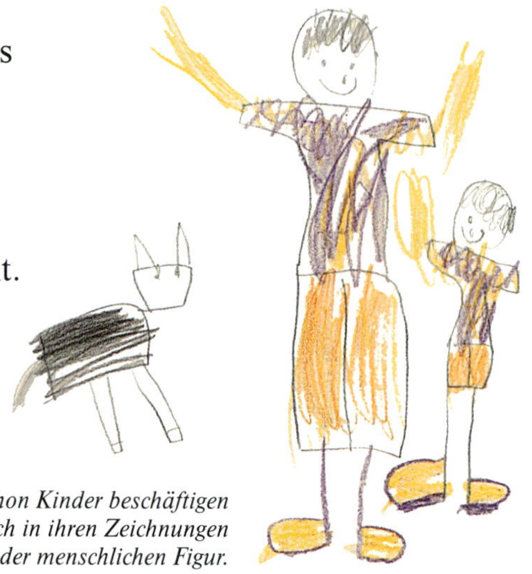

Schon Kinder beschäftigen sich in ihren Zeichnungen mit der menschlichen Figur.

Einen Menschen genau beobachten

Es gibt sehr viele verschiedene Aspekte und Zielsetzungen, unter denen man einen Menschen betrachten und zeichnen kann: Sollen die Anatomie und die Formen des Körpers untersucht und studiert werden, soll ein bestimmter Charakterzug des Motivs wiedergegeben werden, oder sind die Beziehungen zwischen den Menschen - so zum Beispiel Freundschaft und Liebe - Thema des Bildes. Dabei ist es nicht wichtig, in einer persönlichen Beziehung zu dem jeweiligen Menschen zu stehen. Ganz im Gegenteil entstehen oft die ausdrucksstärksten Zeichnungen, wenn man sein Motiv distanziert und unvoreingenommen betrachten kann.

Entscheidend für die Stimmung und Aussagekraft des Bildes sind vor allem die eingesetzte Technik, das verwendete Material sowie die Fähigkeit, das Beobachtete in einem eigenen Stil auszudrücken.

Ein wichtiger Aspekt beim Zeichnen von Menschen ist auch unsere eigene Körpergröße, denn unwillkürlich betrachten wir unsere Umwelt nach unserem eigenen Maßstab. Erinnern Sie sich einmal daran, wie anders die Welt aussah, wenn man als Kind in die Augenhöhe der Erwachsenen gehoben wurde.

Achten Sie zudem beim Zeichnen von Menschen darauf, wie sich das Modell in seine Umgebung einfügt und wie seine Erscheinung und Haltung von den Umständen geprägt werden, in denen es sich gerade befindet.

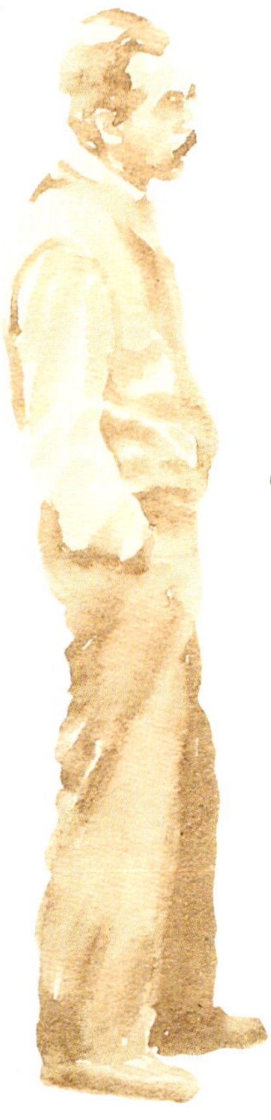

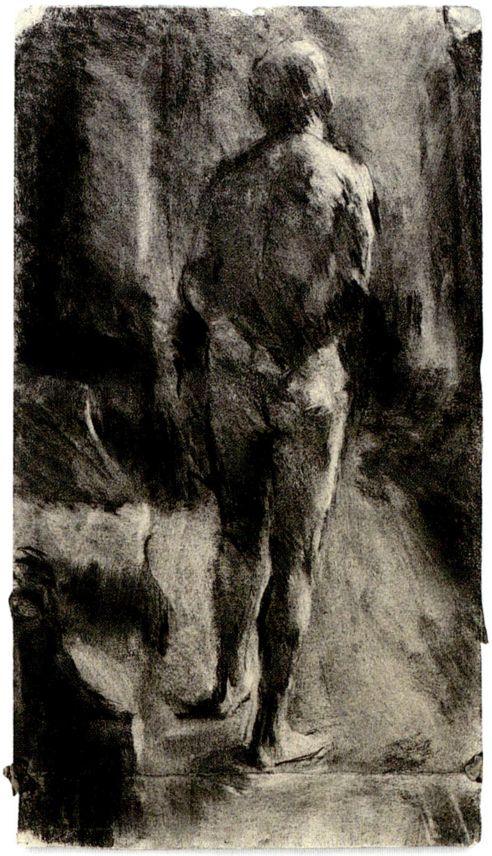

◀ **Zeichenkohle**
Aufgrund des dichten weichen Farbauftrags und ihrer reichen Ausdruckskraft wurde die Zeichenkohle zu einem der beliebtesten Medien beim Zeichnen von Menschen. Man kann die Kohle mit den Fingerspitzen verreiben, um sanfte Tonwerte zu schaffen, oder klar und linear einsetzen. Lichter lassen sich leicht mit dem Radiergummi abheben.

◀ **Pinselzeichnung**
Pinsel sind nicht der Malerei vorbehalten - auch für die Zeichnung sind sie ein ausdrucksstarkes Instrument. Es ist daher ebenso wichtig, Studien mit Pinseln zu machen wie mit dem Bleistift. Sie können die verschiedenen Zeicheninstrumente auch miteinander kombinieren.

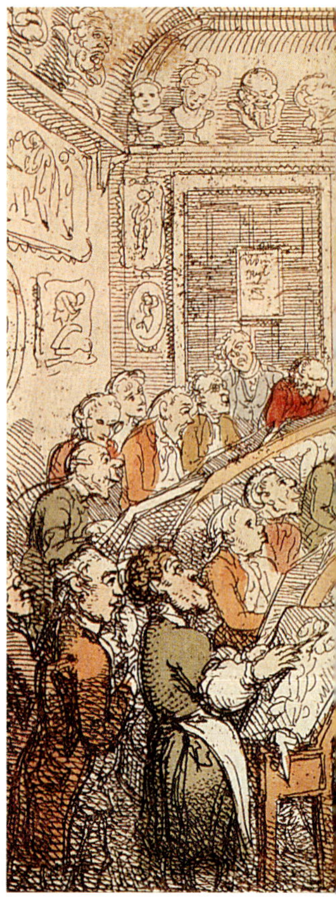

▶ **Die Aktklasse**
In dieser 1811 von Thomas Rowlandson geschaffenen, handkolorierten Studie mokiert sich der Künstler über den männlichen Voyeurismus in der Aktklasse der Royal Academy von London, Verhältnisse, die man in einer heutigen Aktklasse wohl kaum antreffen wird.

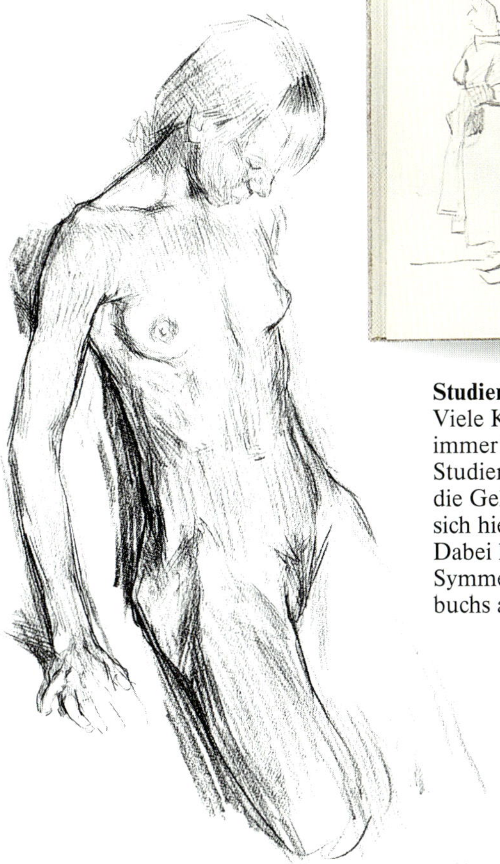

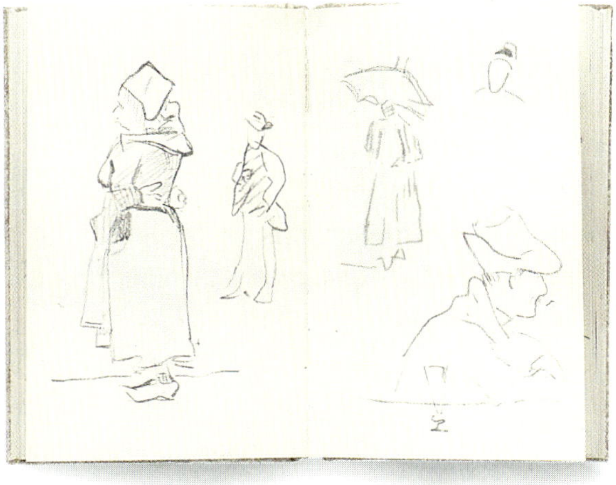

Studien im Skizzenbuch
Viele Künstler tragen ihre Skizzenbücher immer bei sich, um kleine Skizzen und Studien anfertigen zu können, wenn sich die Gelegenheit dazu ergibt. Gauguin hat sich hier für Profil und Gestalt interessiert. Dabei hat er die Studien in harmonischer Symmetrie auf den Seiten seines Skizzenbuchs angeordnet.

Der Akt
Einen nackten Körper zu zeichnen, ist eine der größten Herausforderungen in der Kunst. Gute anatomische Kenntnisse, auch über die Bewegungsvorgänge des Körpers, sind dazu erforderlich. Flüssige Linien geben hier die Proportionen der Figur wieder.

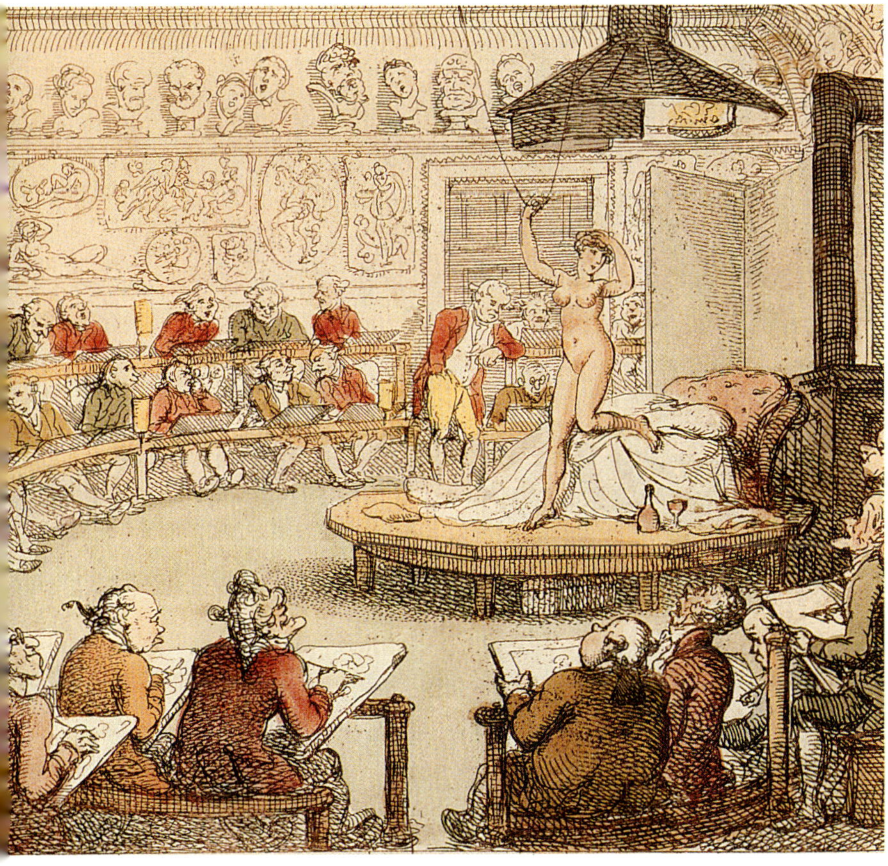

Mit dem Zeichnen beginnen
Menschen, die sich noch nicht viel mit dem Zeichnen von Figuren beschäftigt haben, schrecken häufig vor der Komplexität dieses Themas zurück. Doch sollte man sich nicht zu schnell entmutigen lassen: Vielfältige Übungen in den Anfangskapiteln helfen Ihnen, Hemmungen zu überwinden. Diese Übungen umfassen das einfache Skizzieren nach Fotos, nach kleinen Modellfiguren und anderen Vorlagen, so daß Sie sich mit dem Aufbau der menschlichen Figur vertraut machen können.

Themen und Techniken
In den folgenden Kapiteln werden Sie Schritt für Schritt die Anatomie des menschlichen Körpers kennenlernen. Es wird gezeigt, welche Aspekte man beim Zeichnen verschiedener Stellungen und Haltungen des Modells berücksichtigen muß und wie man den Körperformen Plastizität und Lebendigkeit verleiht. Auch die unterschiedlichen Techniken der Zeichnung, wie zum Beispiel das lineare Zeichnen oder die Tonwertschattierung, werden in gut nachvollziehbaren Übungen vorgestellt. Dabei erlernen Sie unter anderem auch das rasche Skizzieren, das beim Erfassen der menschlichen Charakterzüge sehr hilfreich ist. Weitere wichtige Themen sind Komposition und Stimmung eines Bildes, und es wird gezeigt, wie man einen Menschen in Bewegung zeichnet, wie man Menschengruppen darstellt oder die Wesenszüge von Jugend und Alter herausarbeitet. Da viele Künstler eine Figurenzeichnung als Vorstudie für ein Gemälde oder eine Skulptur verwenden, wird dieser Aspekt ebenfalls kurz erläutert. Und nicht zuletzt sollen auch experimentelle Arbeitsweisen, wie zum Beispiel die Computerzeichnung, nicht unberücksichtigt bleiben.

Den eigenen Stil entwickeln
Ganz besonders wichtig ist – wie bei jeder Art des künstlerischen Arbeitens – der Mut, eigene Ausdrucksformen zu entwickeln. Der beste Weg dorthin ist, soviel und so oft wie möglich, Motive zu studieren, zu skizzieren und zu zeichnen.

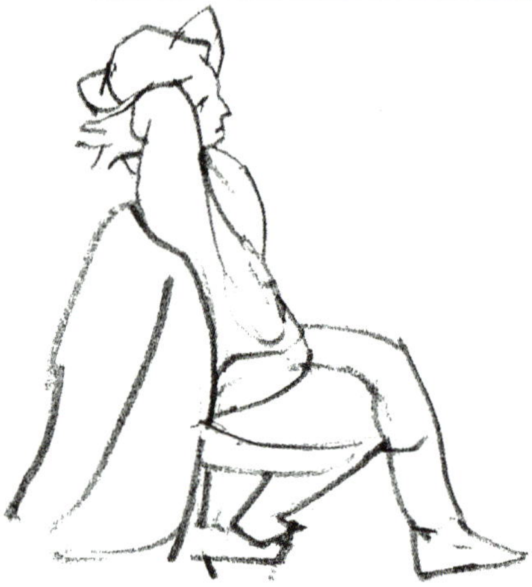

Mit einem weichen Bleistift erhält man eine dunkle, flüssige Linie, mit der man gut spontane Skizzen festhalten kann, so wie zum Beispiel hier die Haltung des Modells, das sich auf dem Stuhl ausstreckt.

Die Wirkung einer Zeichnung beruht ebenso auf dem eingesetzten Material wie auf dem persönlichen Stil des Künstlers. Bis zu einem gewissen Grad gibt jenes aufgrund seiner spezifischen Eigenschaften auch einen bestimmten Zeichenstil vor. Zu den „trockenen" klassischen Zeicheninstrumenten zählen Bleistifte, Farbkreiden, Pastellkreiden, Zeichenkreiden und Zeichenkohle. Hinzu kommen weniger bekannte Materialien wie zum Beispiel der Silberstift. Jedes Zeichenmittel besitzt andere Merkmale und eine ganz eigene Wirkungsweise. Daher ist es am besten, einmal die verschiedensten Materialien auszuprobieren, um ihre Charakteristika kennenzulernen.

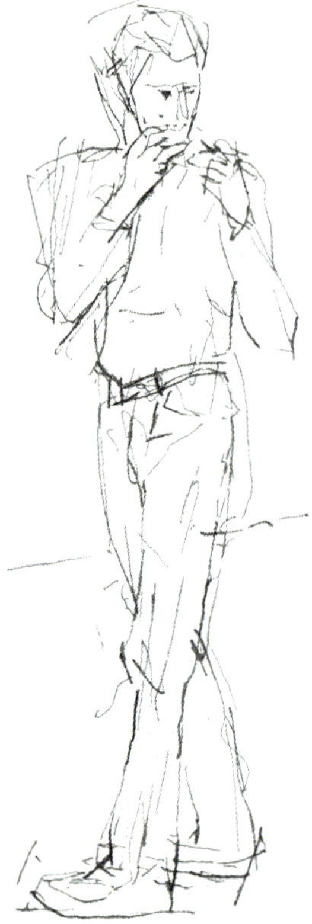

Hier wurde eine feine, harte Bleimine in einem Halter verwendet.

Bleistifte
Bleistiftminen werden aus einer gebrannten Mischung von Graphitstaub und Ton hergestellt, die dann mit Wachs imprägniert wird. Sie sind je nach beigemischter Tonmenge in verschiedenen Härtegraden erhältlich, von extra hart (9H) bis zu sehr weich (8B). Ein sehr weicher Bleistift ergibt tiefschwarze, kräftige Linien und weiche Schattierungen, ein harter Stift dünne, scharfe Linien. Sie können zwischen den bekannten Bleistiften in Holzmantel, Bleistiftminen in einem Halter oder Druckbleistiften wählen.

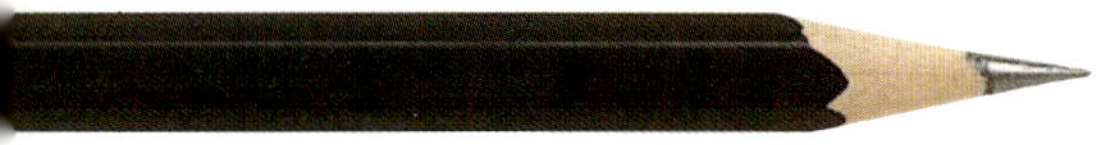

2B-Bleistift

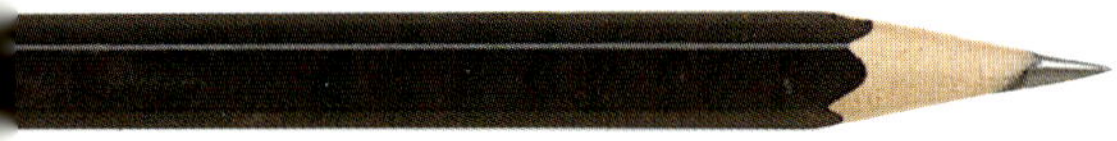

6B-Bleistift

Radiergummis
Es gibt eine Vielzahl von Radierern, die auch als Zeicheninstrumente eingesetzt werden können, darunter weiße Plastikradierer, die sauber und sparsam sind, und Knetgummiradierer, die man für Detailarbeiten zu einer Spitze kneten kann. Vorsichtig auf einer Zeichnung abgerollt, dienen sie auch dazu, Schattierungen sanft zu verwischen.

Knetradiergummi

Plastikradierer

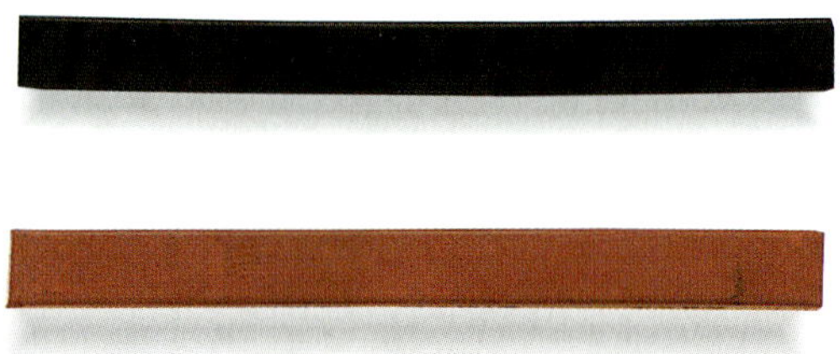

Conté-Kreiden

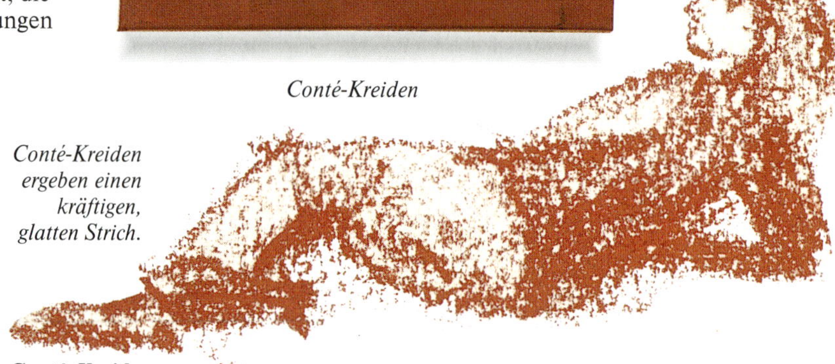

Conté-Kreiden ergeben einen kräftigen, glatten Strich.

Conté-Kreide
Conté-Kreide ist eine berühmte französische Kreide der Firma Conté, die in den Erdfarben sowie in Schwarz, Grau und Weiß angeboten wird. Sie entspricht in ihren Eigenschaften einer harten Pastellkreide: Mit dem scharfen Ende lassen sich feine Linien ziehen, mit der Breitseite flächige Schraffuren anlegen. Häufig verwendet man beim Zeichnen von Menschen auch Rötelkreide.

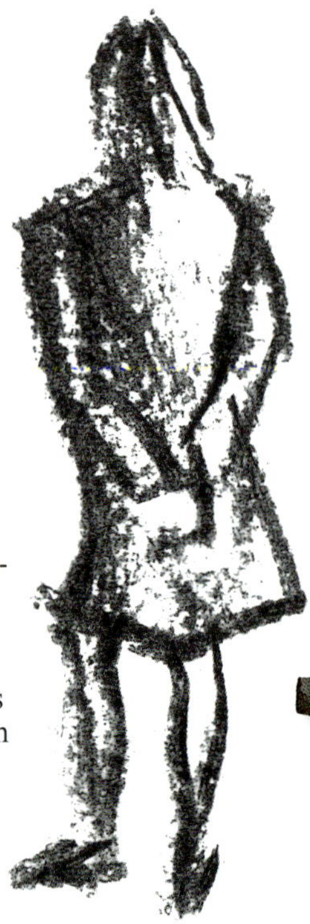

Zeichenkohle
Die wohl bekannteste Zeichenkohle wird in verschiedenen Stärken aus verkohlten Weidenzweigen hergestellt. In größeren Stücken ist Zeichenkohle aus Rebzweigen erhältlich. Aus Rußschwarz-Pigmenten wird Reißkohle hergestellt; sie ergibt einen sehr dunklen Ton.

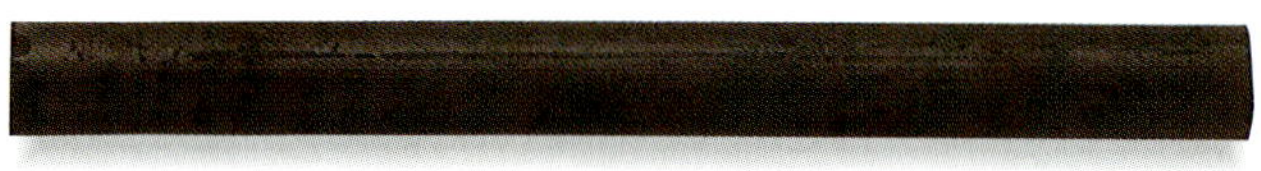

Reißkohle

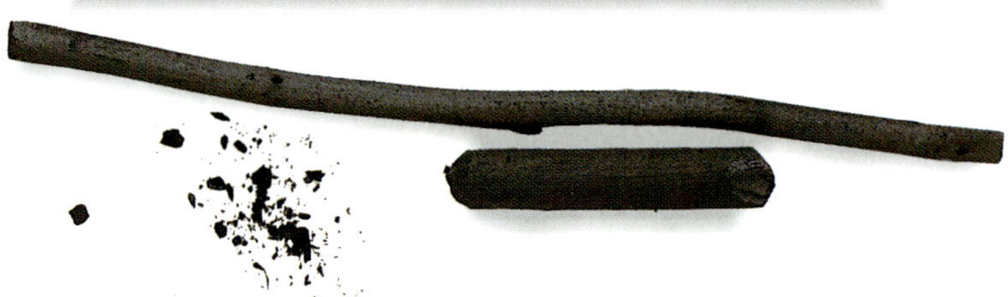

Zeichenkohle aus Weidenzweigen (sog. engl. Zeichenkohle)

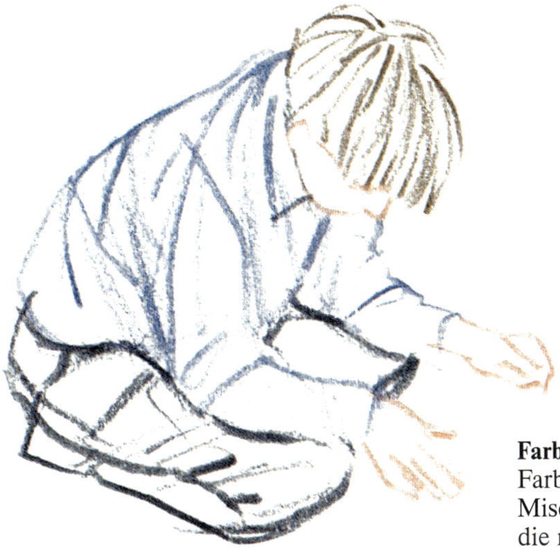

Diese einfache Linienzeichnung wurde mit verschiedenen Farbstiften ausgeführt, die einzelne Teile der Figur betonen.

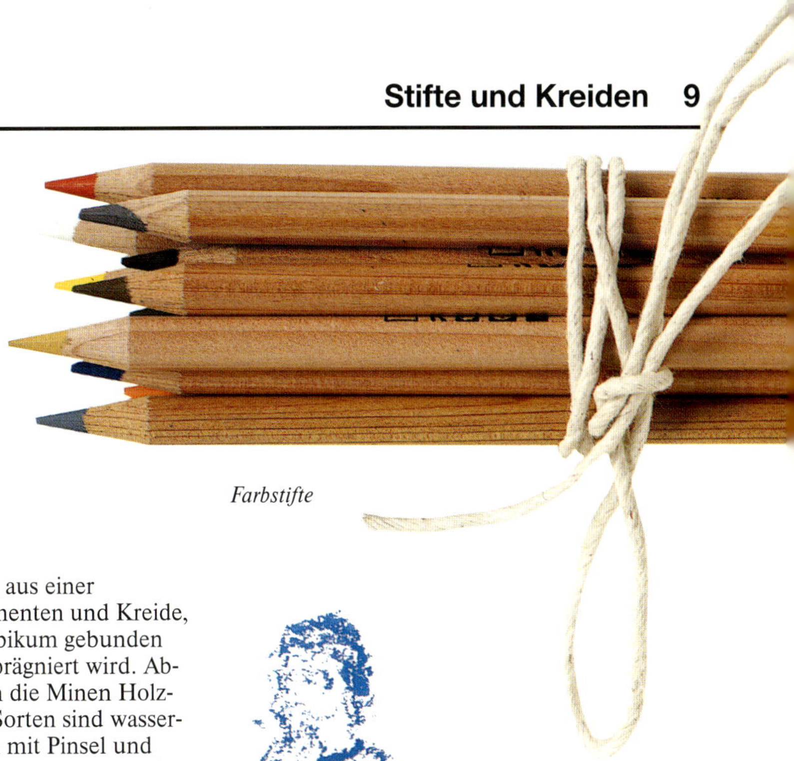

Farbstifte

Farbstifte
Farbstifte bestehen aus einer Mischung von Pigmenten und Kreide, die mit Gummiarabikum gebunden und mit Wachs imprägniert wird. Abschließend erhalten die Minen Holzfassungen. Einige Sorten sind wasserlöslich und können mit Pinsel und Wasser verarbeitet werden. Farbstifte können genau wie Bleistifte angespitzt werden, um feine Linien zu ziehen.

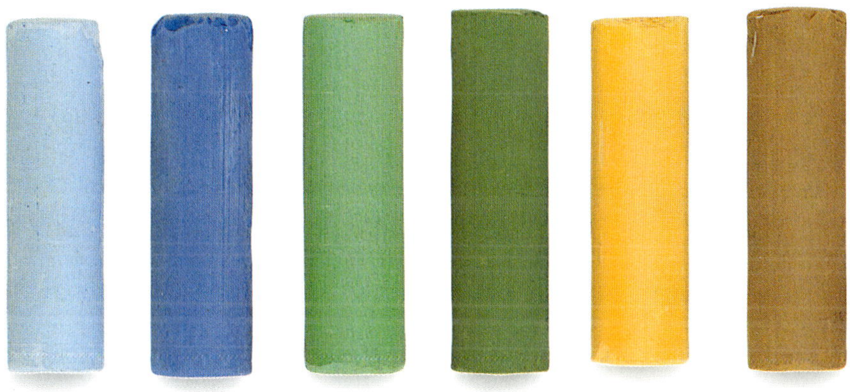

Weiche Pastellkreiden werden in vielen verschiedenen Farbtönen angeboten.

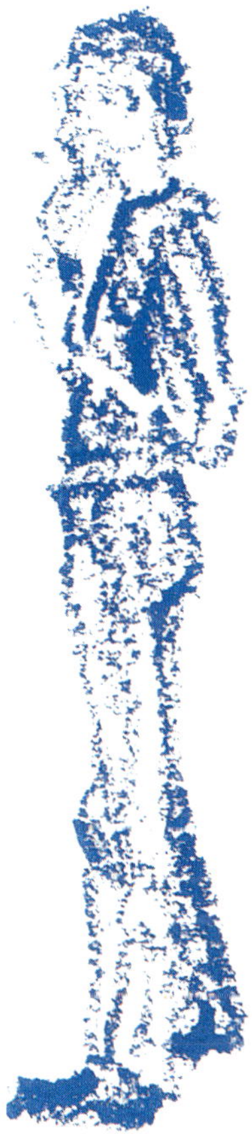

In Ölpastell ausgeführte Figur

Ölpastellkreiden
Ölpastellkreiden bestehen aus einer Mischung von Pigmenten, Wachsen, Ölen und tierischen Fetten. In ihrer pastosen Konsistenz und ihrem deckenden Farbauftrag ähneln sie den Ölfarben.

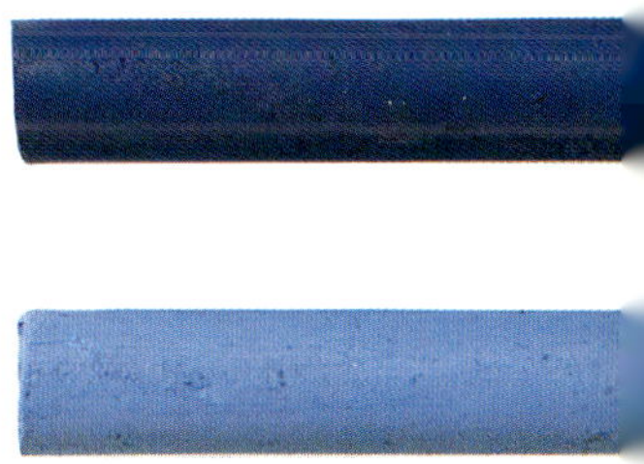

Ölpastellkreiden

Pastellkreiden
Pastellkreiden werden aus schwach mit Gummiarabikum gebundenen Pig menten, die in Stiftform gerollt und gepreßt werden, hergestellt. Man unterscheidet grundsätzlich zwischen weichen und harten Pastellkreiden. Die weiche Pastellkreide ist durch ihren pastoseren Farbauftrag vor allem zum Anlegen größerer Farbflächen geeignet, während man mit harten Kreiden feinere Linien gestaltet. Diese wird daher häufig zum Zeichnen und zur Ausarbeitung von Details herangezogen.

Die weichen graublauen Linien des Silberstiftes oxydieren zu einem wärmeren braunen Farbton.

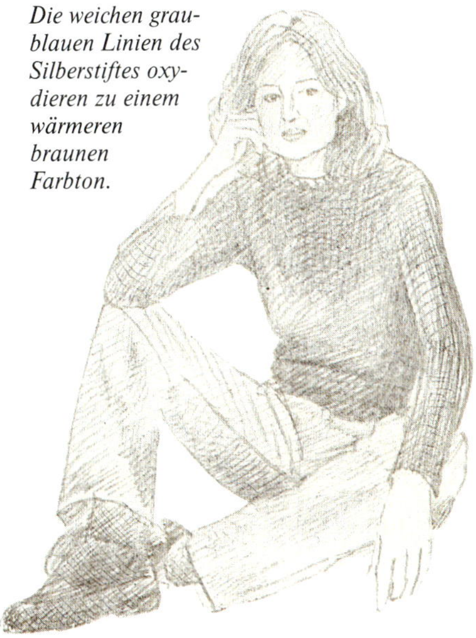

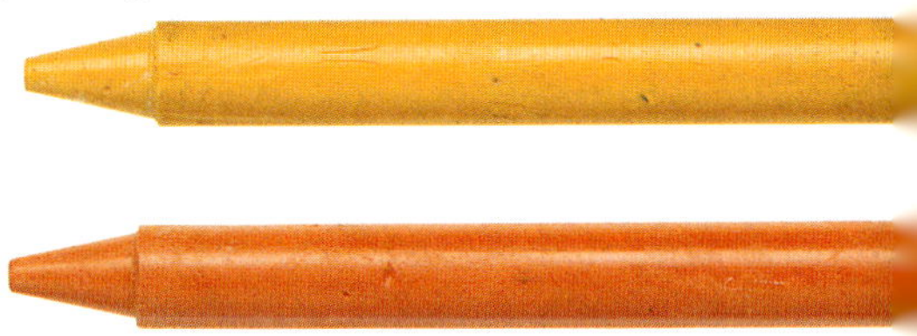

Wachskreiden

Silberstift
Der Silberstift ist ein Zeicheninstrument, das aus einem Silberdraht besteht, der in einem Halter (unten) befestigt ist. Beim Zeichnen reibt sich etwas vom Silbermetall auf dem Papier ab, das zuvor mit deckender weißer Wasserfarbe präpariert werden muß.

Wachskreiden
Wachskreiden ergeben einen dichten, wasserabstoßenden Strich, der sich gut mit Aquarell-Lavierungen kombinieren läßt.

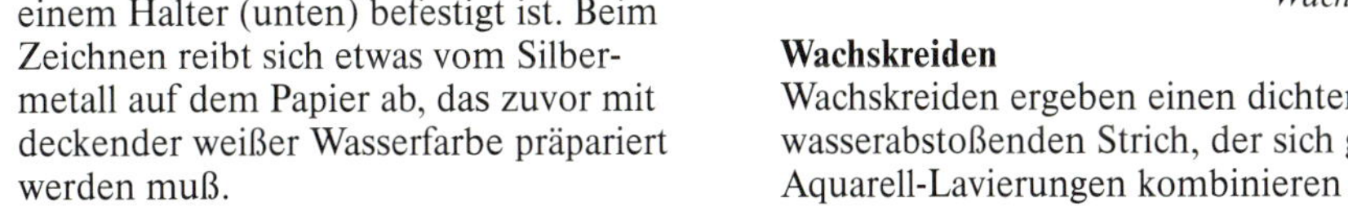

Beim Zeichnen von Menschen finden vor allem Tusche und Feder sowie Pinsellavierungen Verwendung. Es ist natürlich ein großer Unterschied, ob man mit einem leicht ausradierbaren Zeichenmittel, wie einem Bleistift, oder zum Beispiel mit Tusche und Feder arbeitet. Häufig skizzieren Künstler eine Figur in Bleistift vor, um dann die Linien mit Feder und Tusche oder einem Pinsel nachzuziehen. Dennoch ist es aber auch sehr spannend, direkt mit diesen zu zeichnen und sich auf das Abenteuer einzulassen, einmal gesetzte Linien auch dann in die Bildwirkung zu integrieren, wenn sie nicht ganz gelungen sind.

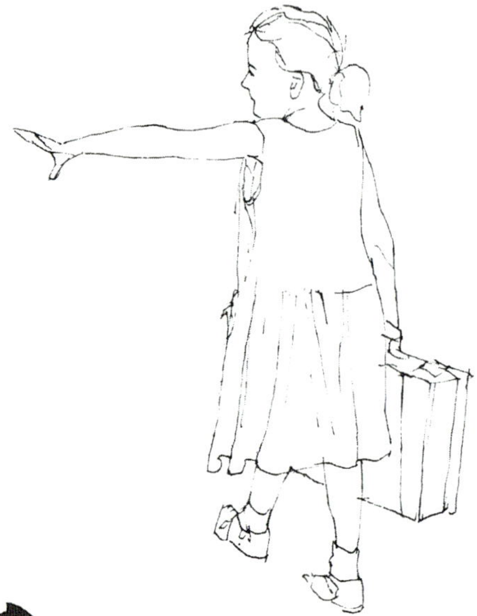

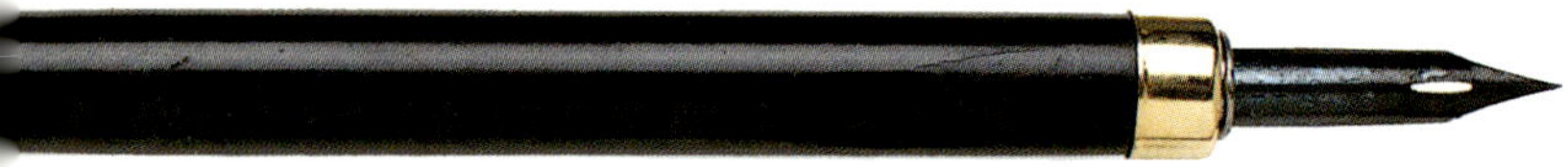

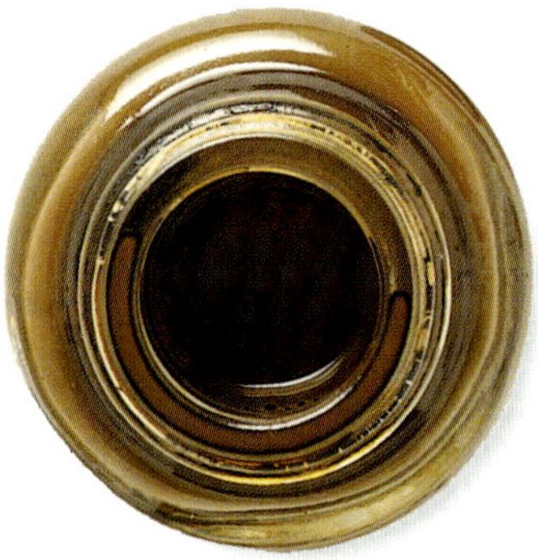

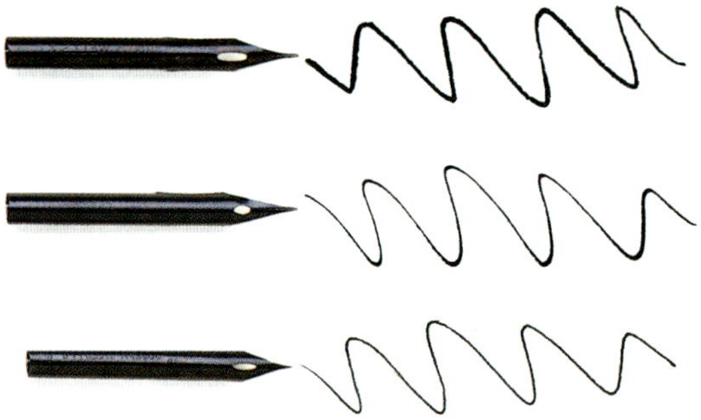

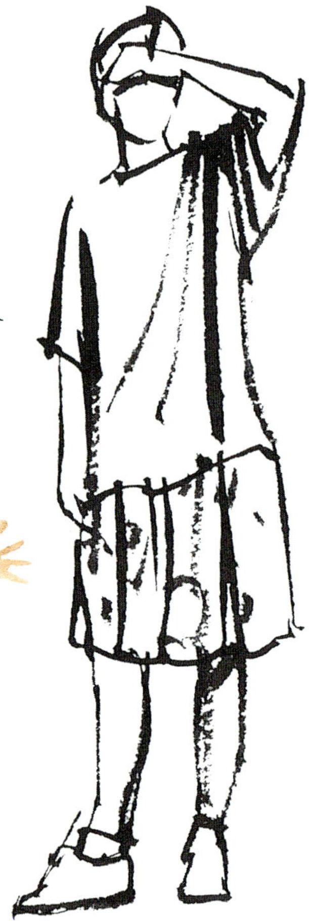

Tusche und Feder
Eine Federzeichnung mit Tusche besitzt oft eine Klarheit in der Linie, die den Menschen in einer knappen, spontanen Weise erfaßt. Schwarze oder weiße Tuschen sind pigmentiert und daher lichtecht, während farbige Tuschen oft lösliche Farbstoffe enthalten und mit der Zeit verblassen können.

Pinsel und Tusche
Mit einem feinen, weichen Pinsel und schwarzer Zeichentusche lassen sich die groben Umrisse eines Menschen rasch erfassen. Durch wechselnden Druck auf die Pinselspitze und unterschiedliche Geschwindigkeit kann man die Linienführung abwechslungsreich gestalten.

Federn
Im Fachhandel wird eine große Auswahl verschiedener Zeichenfedern angeboten. Die traditionelle Tauchfeder ist relativ biegsam, so daß man beim Zeichnen die Liniendicke durch wechselnden Druck variieren kann. Etwas fester sind dagegen Schreib- oder Kalligraphiefedern, doch auch sie bieten interessante Möglichkeiten des Zeichnens. Experimentieren Sie mit den verschiedenen Sorten.

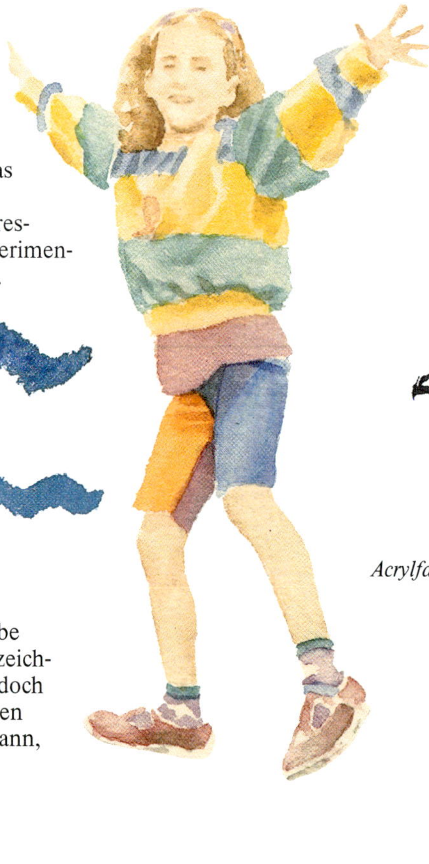

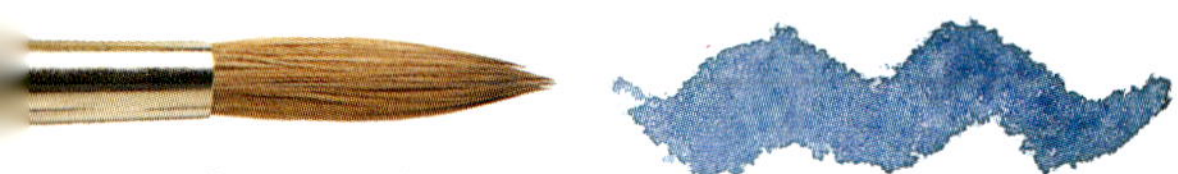

Japanpinsel

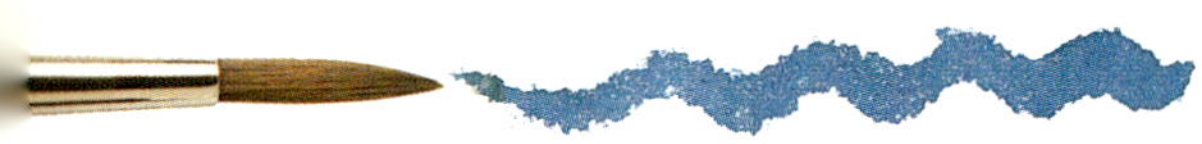

Marderhaarpinsel Größe 3

Mit Farbe zeichnen
Stark verdünnte Acryl- oder Gouachefarbe kann wie Wasserfarbe für lavierte Pinselzeichnungen eingesetzt werden. Es besteht jedoch der Vorteil, daß man vor allem Acrylfarben nach dem Trocknen wieder übermalen kann, ohne die unteren Schichten anzulösen.

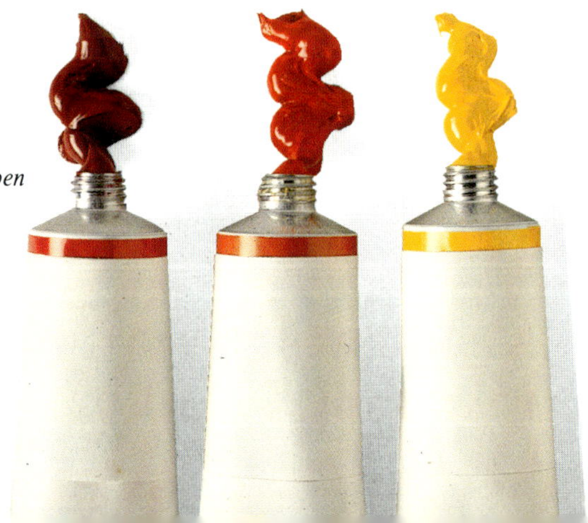

Acrylfarben

Aquarellfarben
Aquarellfarben werden ähnlich verwendet wie Tuschen, mit dem Unterschied, daß man sie mit dem Pinsel statt mit der Feder aufträgt. Man kann monochrom mit nur einer oder mit mehreren Farben arbeiten, um die groben Umrisse eines Menschen festzuhalten.

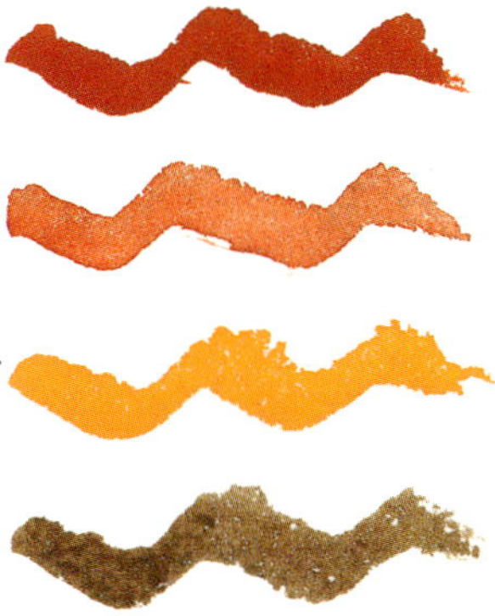

Lavierungen
Sie werden häufig über Bleistift-, Tusche- oder Kreidezeichnungen gesetzt, um ihnen Farbe zu geben und ihre Aussagekraft zu erhöhen.

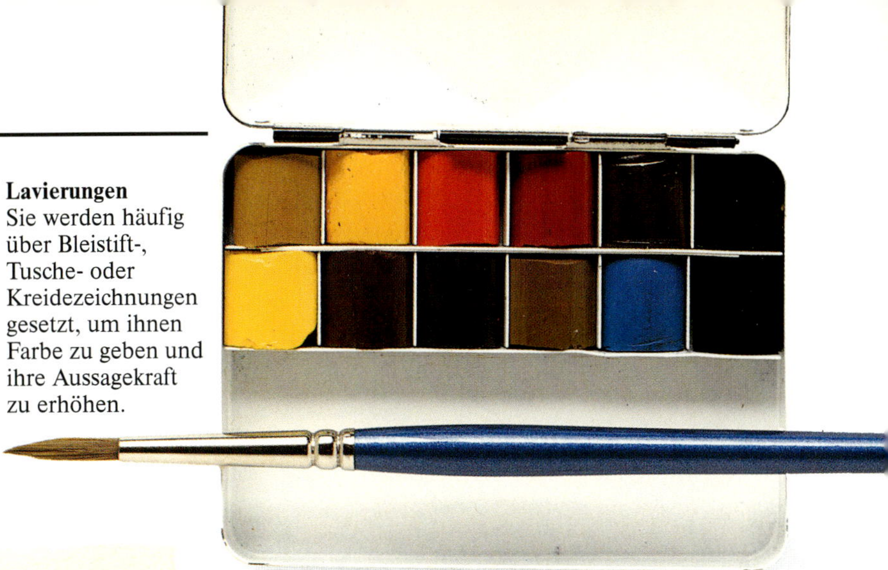

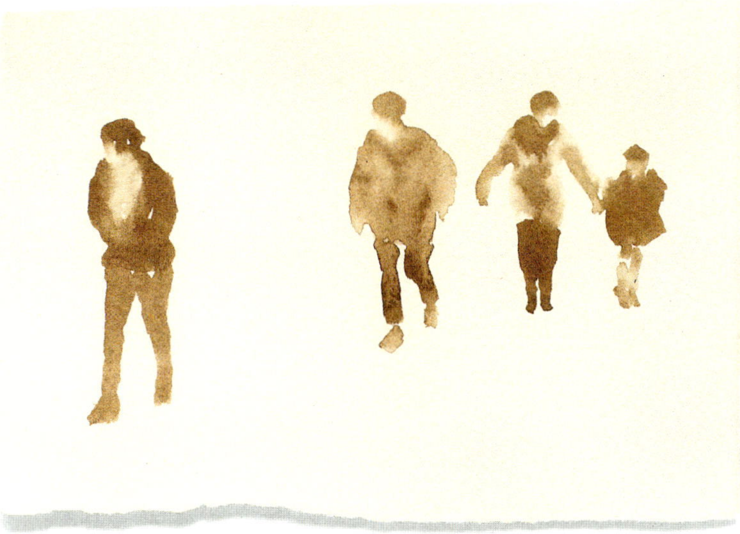

Monochrome Studien
Diese monochrome Studie wurde mit Aquarellfarbe und Pinsel angelegt. Sie zeigt eine Menschengruppe, die am Strand gegen den Wind wandert. Die schnellen, spontan gesetzten Pinselstriche fangen dabei die Körperhaltungen der Menschen ein sowie die Formen der Kleider, durch die der Wind streift.

Tintenkugelschreiber
Mit einem Tintenkugelschreiber läßt sich sehr bequem arbeiten. Nicht immer sind allerdings die darin enthaltenen Tuschen lichtecht. Tintenkugelschreiber und Faserschreiber werden wie Filzstifte in vielen verschiedenen Farbtönen angeboten. Ihr Strich ist lebhaft und klar, und man kann ein Modell mit nur wenigen Linien festhalten. Die nebenstehende Skizze zum Beispiel wurde spontan in nur einigen Minuten gezeichnet (siehe auch Seite 38–39).

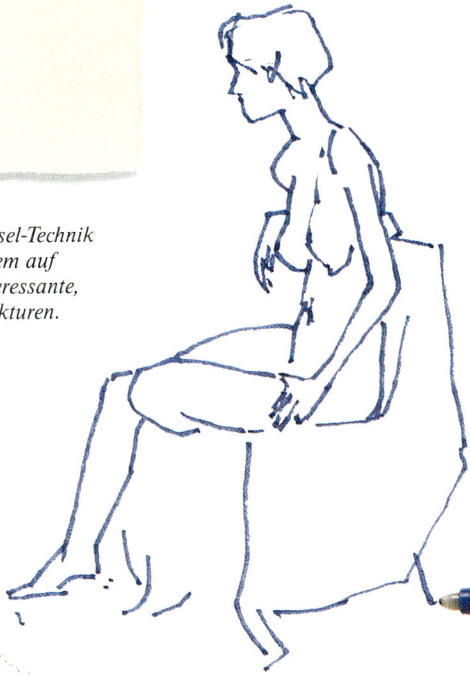

Mit der Trockenpinsel-Technik erhält man, vor allem auf rauhem Papier, interessante, aufgebrochene Strukturen.

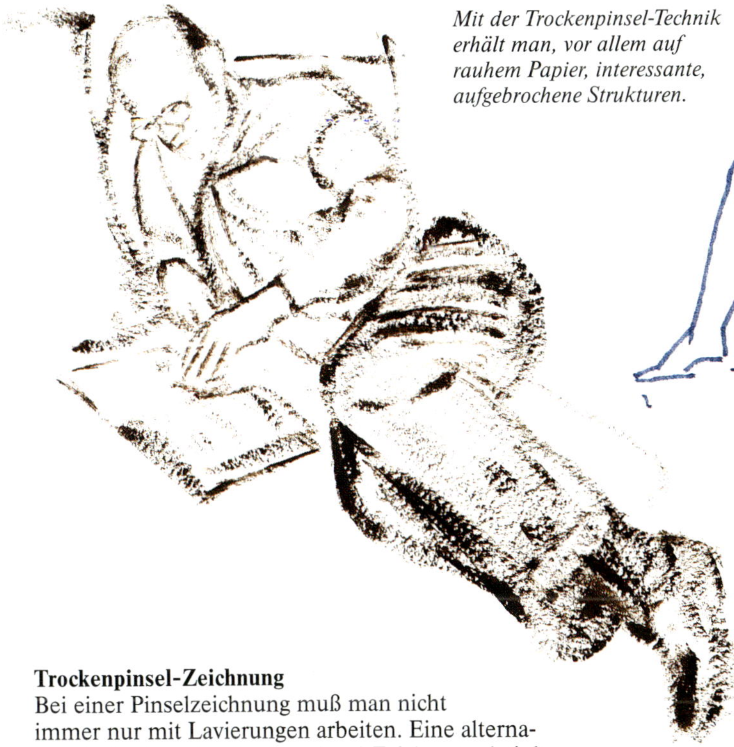

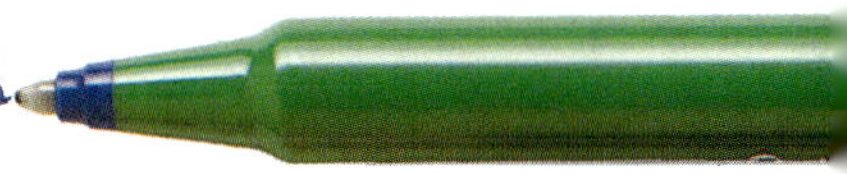

Tintenkugelschreiber

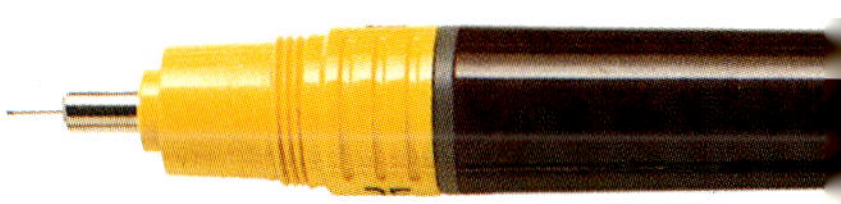

Rapidograph

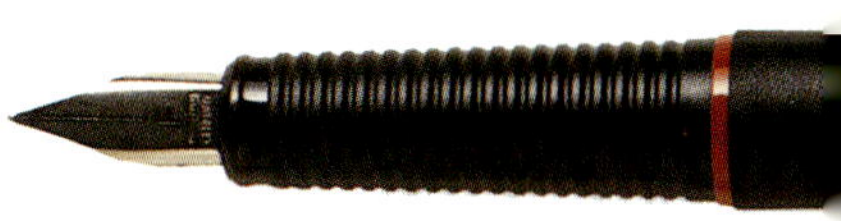

Zeichenfeder

Verschiedene Schreiber
Neben den Kugel- und Faserschreibern gibt es auch Rapidographen unterschiedlicher Dicke. Viele von ihnen sind für das rasche Zeichnen von Menschen gut geeignet. Sie ergeben gleichmäßige Linien und sind leicht zu führen. Speziell zum Zeichnen werden auch die Zeichenfedern mit elastischen Stahlfedern angeboten. Ihre Handhabung bedarf jedoch ein wenig Übung.

Trockenpinsel-Zeichnung
Bei einer Pinselzeichnung muß man nicht immer nur mit Lavierungen arbeiten. Eine alternative Technik ist die Trockenpinsel-Zeichnung, bei der man schöne Halbtöne erhält. Der mit Acryl- oder Ölfarbe gefüllte Pinsel wird auf einem sauberen Tuch oder Papier abgestreift und mit dem dann fast trockenen Pinsel die Figur gezeichnet. Bei allen Trockenpinsel-Zeichnungen spielt die Textur des Papiers eine wichtige Rolle.

Papiere werden in einer breiten Skala von Texturen, Qualitäten und Farben angeboten, und man sollte unbedingt einmal mit den unterschiedlichsten Papiersorten arbeiten, um ein Gefühl für die verschiedenen stilistischen und technischen Möglichkeiten zu erhalten, die sie dem Künstler bieten. Denn die Wirkung einer Zeichnung beruht immer auf dem Zusammenspiel von eingesetzter Technik, Zeicheninstrument und Zeichenfläche. Ein Bleistiftstrich kann über eine glatte Fläche gleiten oder durch ein rauhes Papier aufgebrochen werden. Papier, das Wasser aufnimmt, reagiert anders als ein festes, gut geleimtes Papier. Und auch die Tönung einer Zeichenfläche wird ihre Arbeit entscheidend beeinflussen.

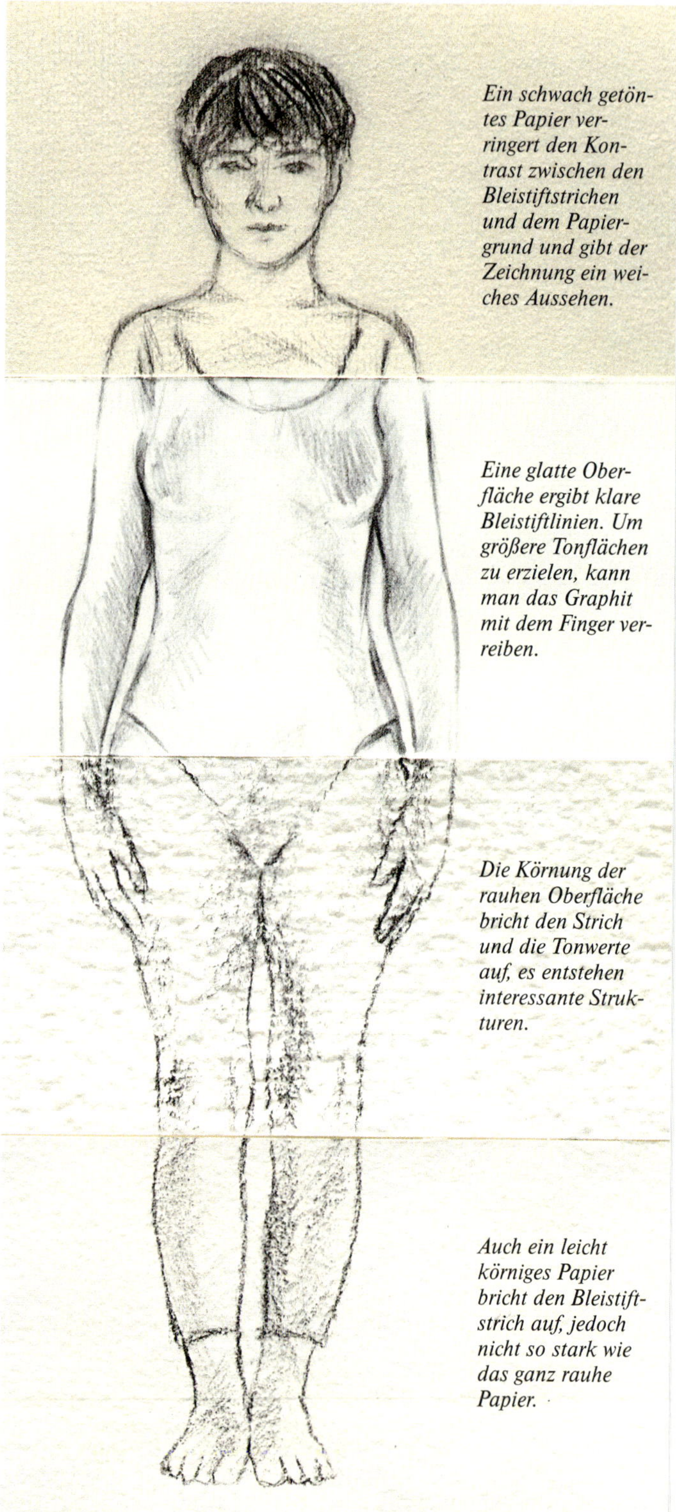

Ein schwach getöntes Papier verringert den Kontrast zwischen den Bleistiftstrichen und dem Papiergrund und gibt der Zeichnung ein weiches Aussehen.

Eine glatte Oberfläche ergibt klare Bleistiftlinien. Um größere Tonflächen zu erzielen, kann man das Graphit mit dem Finger verreiben.

Die Körnung der rauhen Oberfläche bricht den Strich und die Tonwerte auf, es entstehen interessante Strukturen.

Auch ein leicht körniges Papier bricht den Bleistiftstrich auf, jedoch nicht so stark wie das ganz rauhe Papier.

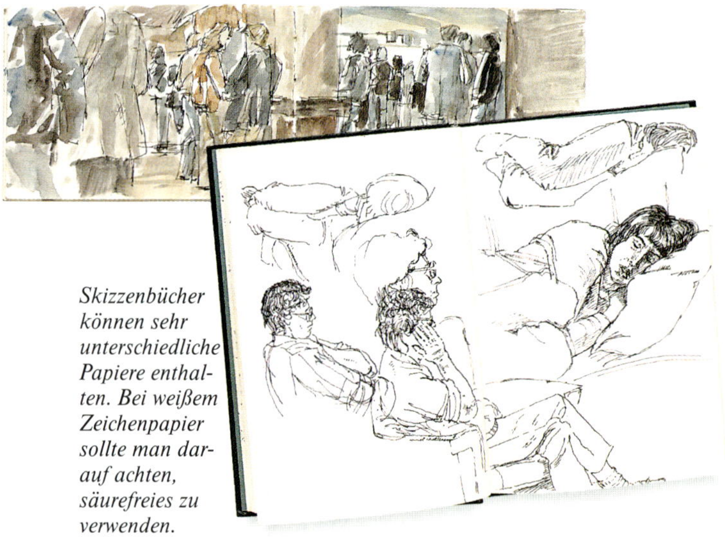

Skizzenbücher können sehr unterschiedliche Papiere enthalten. Bei weißem Zeichenpapier sollte man darauf achten, säurefreies zu verwenden.

Aquarellpapier und Gewicht

Hervorragend zum Zeichnen von Menschen geeignet ist zum Beispiel Aquarellpapier. Es wird aus Baumwollsamen oder -fasern hergestellt. Diese werden zu einem Papierbrei zermahlen, mit Leim gemischt und in einem Blattbildner, dem Former, gesammelt, auf dem sich aus dem Papierfaserstoff durch Saugentwässerung eine Papierbahn bildet. Diese wird gepreßt, getrocknet und tauchgeleimt. Aquarellpapier gibt es in verschiedenen Gewichten, die drei gebräuchlichsten sind 185, 300 und 640 g/m². Will man sehr expressiv zeichnen, empfehlen sich stärkere Papiere oder Kartons.

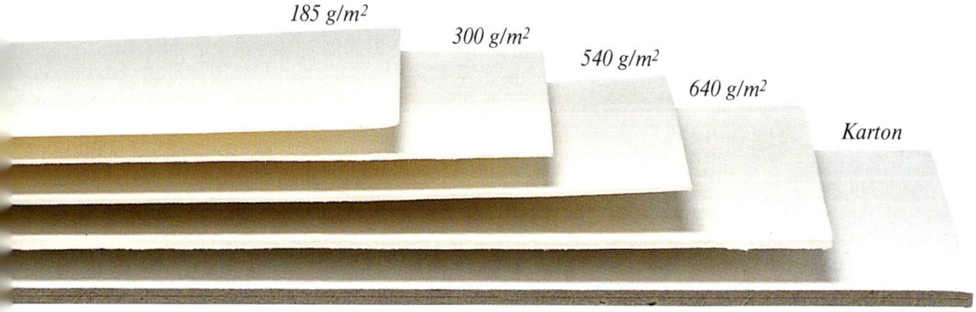

Texturen

Die drei wichtigsten Sorten der Aquarell- und Zeichenpapiere sind: glatt (heiß gepreßt), halb-rauh (kalt gepreßt) und rauh. Mit diesen Bezeichnungen werden die Oberflächen der Papiere beschrieben. Man kann also zwischen glattem, etwas körnigem und stark texturiertem Papier wählen. Auf jeder Oberfläche verhalten sich die Zeichenmittel unterschiedlich: Zeichenkohle zum Beispiel bleibt auf zu glattem Papier kaum haften.

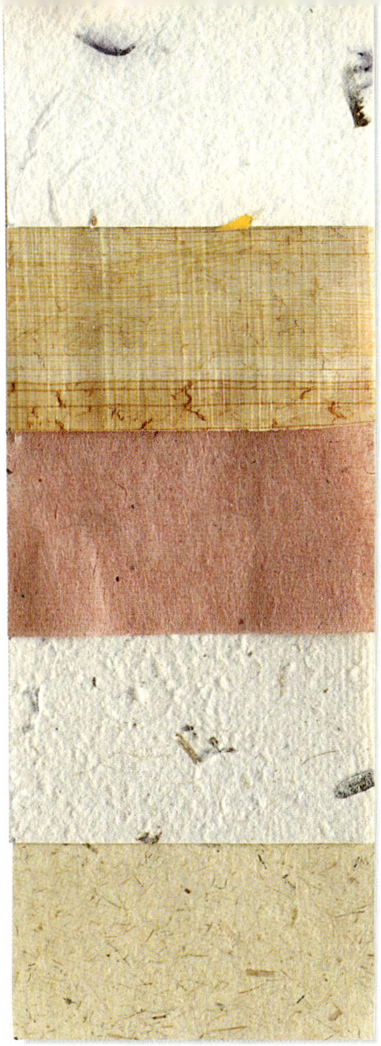

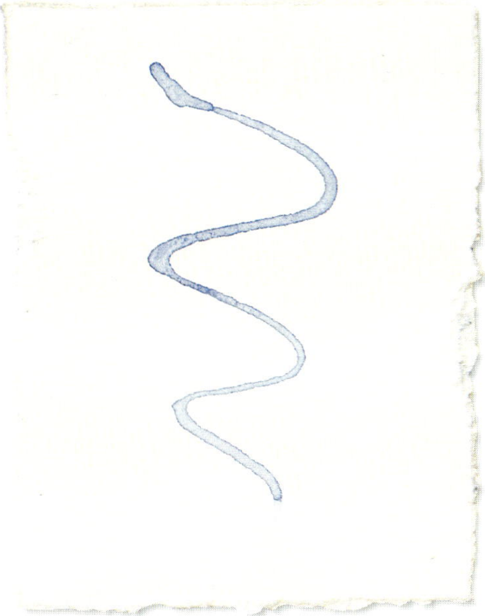

Auf geleimtem Papier bleibt die Farbe auf der Oberfläche stehen.

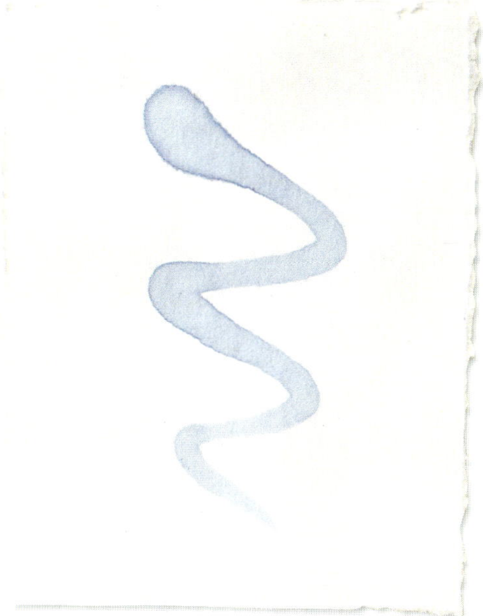

Tusche oder Aquarell wird von ungeleimtem Papier aufgesaugt.

Japanpapiere
werden aus verschiedenen Pflanzenfasern hergestellt, mit Pflanzenleim gebunden und oft auch mit Pflanzenfarben getönt. Die Fasern sind meist deutlich in der Textur des Papiers zu sehen. Da diese Papiere dünn sind und viel Wasser aufnehmen können, sind sie besonders gut für Pinselarbeiten geeignet.

Saugfähigkeit
Trägt man Aquarellfarbe oder Tusche auf ein gut geleimtes Papier auf, bleibt die Farbe auf dem Papier stehen und trocknet langsam auf. Schwach oder ungeleimtes Papier wie Lösch- oder Japanpapier, nimmt die Flüssigkeit sofort auf.

Texturen und Töne
Diese industriell hergestellten, auch für das Zeichnen geeigneten Papiere zeigen das Angebot an verschiedenen Texturen und Farbtönen. Die meisten Künstler ziehen im allgemeinen weiße oder cremefarbene Papiere vor. Auf getönten Papieren können Figurenstudien erstellt werden, die auf weißem Papier nicht zu realisieren wären. Man zeichnet zum Beispiel Menschen in Kohle auf dunkelgrauem Papier und setzt dann die Lichter mit weißer Kreide oder Gouachefarbe ein. Damit erzielt man eine Plastizität, die bei weißem Papier nur mit beträchtlichem Aufwand zu erreichen ist.

Ein dunkel getöntes Papier bietet einen guten farbigen Hintergrund für eine Pastellzeichnung.

Papiertexturen variieren innerhalb der Aufteilung glatt, halb-rauh und rauh von einem Hersteller zum anderen.

Blaugraues Papier wird meist für Zeichnungen mit Kohle und Kreide verwendet.

Ein glattes, braunes Papier eignet sich gut für eine Zeichnung „à trois couleurs" (Rötel, Schwarz und Weiß).

Experimentieren Sie mit unterschiedlichen Farbtönen und Texturen.

Es gibt zahlreiche Grundtechniken in Linie und Tonwert, mit denen man einen Menschen erfassen kann. Dazu zählen einfache Umrißzeichnungen in Bleistift oder Feder und Tusche, Schattierungen und Schraffuren, die den Formen des Körpers folgen, sowie Parallelschraffuren und Kreuzschraffuren verschiedenster Art. Man kann aber auch eigenwillige Schattiertechniken anwenden und zum Beispiel mit einem Torchon oder mit einem Radiergummi arbeiten. Man sollte alle diese Techniken in einer Reihe von Studien ausprobieren. Jede Studie wird, je nach eingesetztem Stil und Material, eine andere Wirkung besitzen.

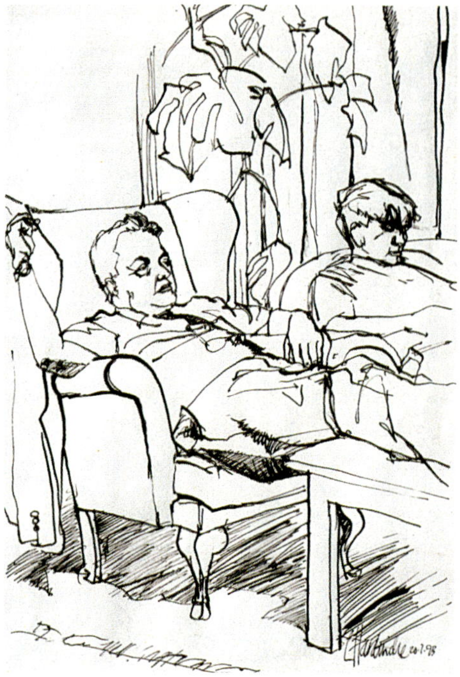

Bleistiftzeichnung
Immer noch besitzt die klassische Bleistiftzeichnung eine besondere Ausstrahlung. Mit einem gut gespitzten Bleistift erhält man scharfe, feine Striche, ein stumpfer Bleistift hinterläßt weichere und verschwommenere Linien.

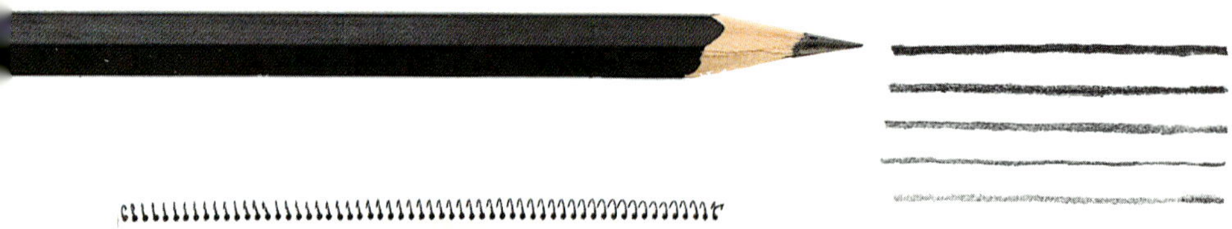

Lineare Zeichnung mit Feder und Tusche
Eine lineare Zeichnung mit Feder und Tusche ist von fast unvergleichlicher Klarheit. Zwar sind Verbesserungen hier nur schwer auszuführen, doch liegt gerade darin auch eine Herausforderung, die die Arbeit besonders spannend macht.

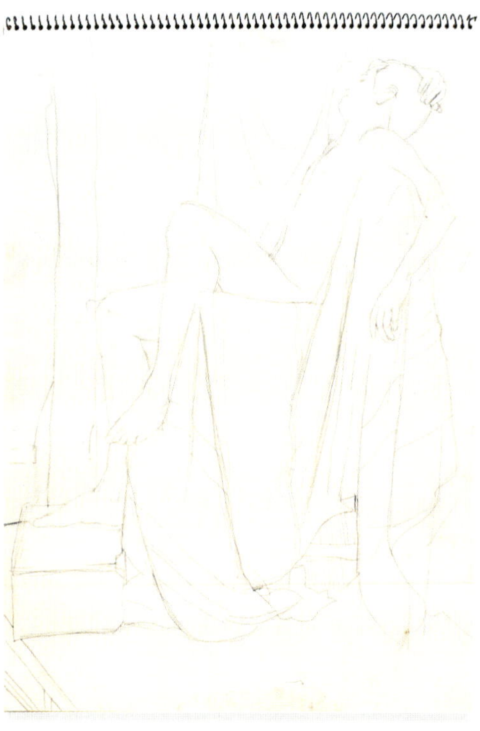

Linienführung
Für welche Technik und welche Art des Arbeitens Sie sich entscheiden, wird von ihrem jeweiligen Modell und dessen Stellung abhängen. In dem Bild links wird die entspannte Pose des Modells mit einer leichten Bleistiftzeichnung und klaren Linien eingefangen. Obwohl es sich nur um eine schnelle Skizze handelt, hat der Künstler doch Einzelheiten, wie zum Beispiel die Finger, genau wiedergegeben.

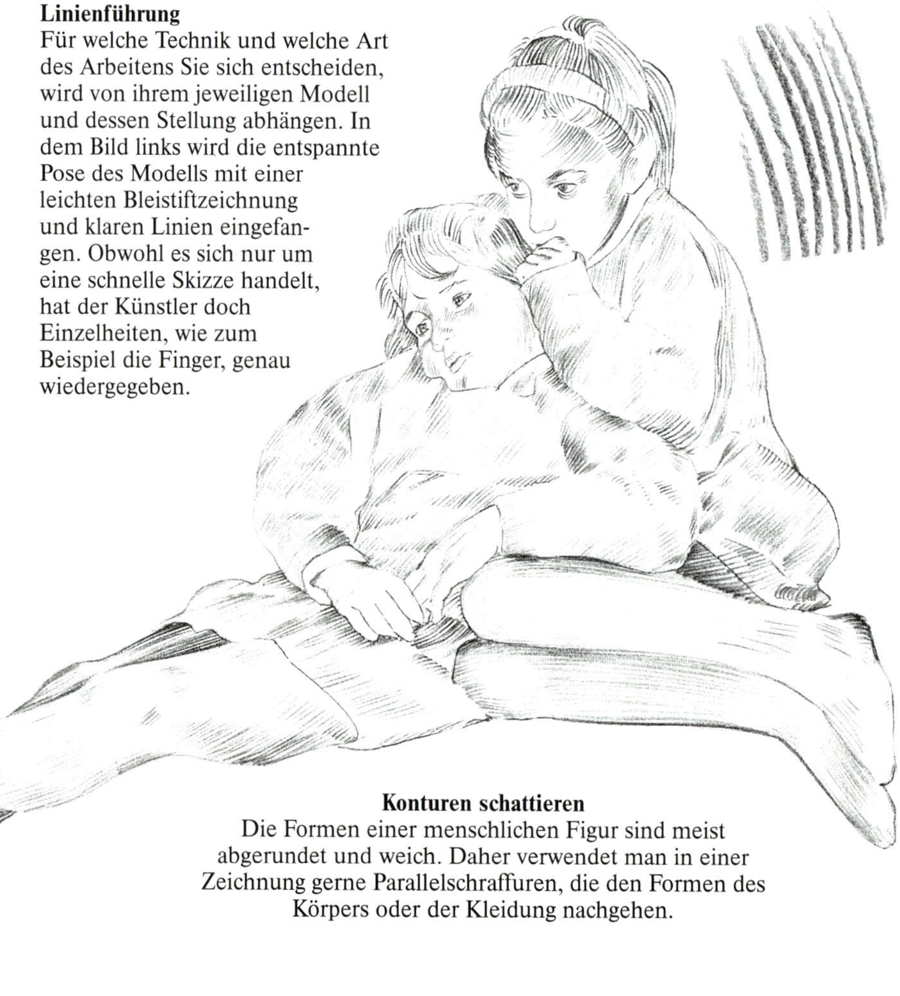

Konturen schattieren
Die Formen einer menschlichen Figur sind meist abgerundet und weich. Daher verwendet man in einer Zeichnung gerne Parallelschraffuren, die den Formen des Körpers oder der Kleidung nachgehen.

Senkrechtes Schattieren
Mit Hilfe von Schattierungen kann man Strukturen aufbauen, aus denen sich nach und nach die Form des Körpers entwickelt. In dieser Bleistiftstudie rechts läßt die kräftige, senkrecht gesetzte Schattierung des Hintergrundes den Mann plastisch hervortreten. Bei der Kleidung folgen die Schattierungen der Körperhaltung, der Haltung der Arme und dem Faltenwurf des Mantels. Kräftige Konturen heben die Figur vom Hintergrund ab. Zudem werden die Schattierungen wirkungsvoll durch die Textur des Papiers unterstützt.

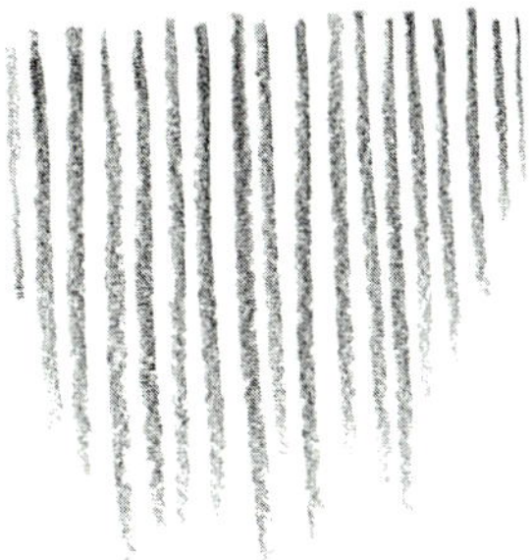

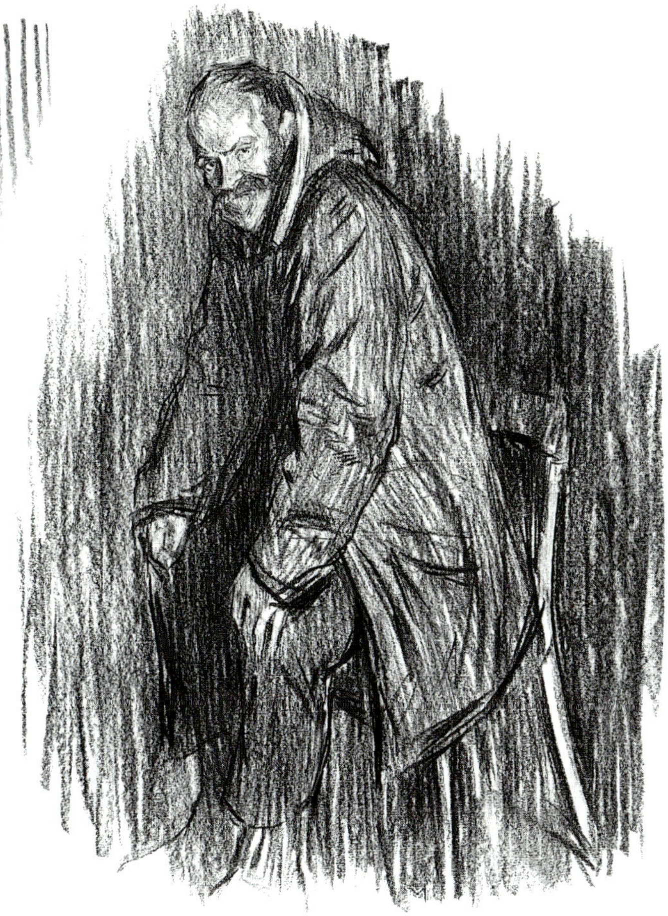

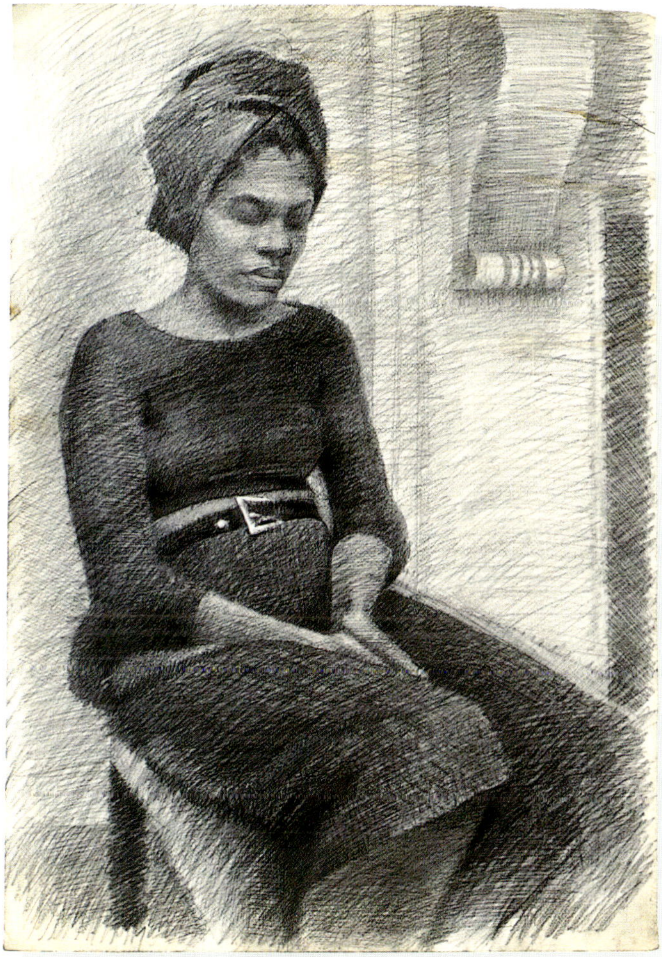

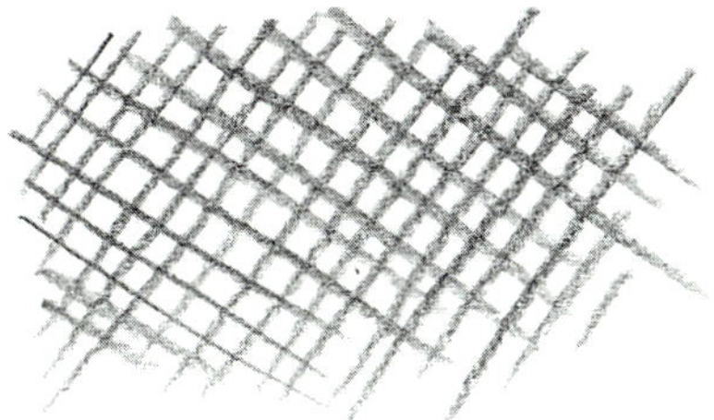

Kreuzschraffieren
Beim Kreuzschraffieren werden zunächst Linien parallel in einer Richtung nebeneinander gesetzt und dann weitere Linien kreuzweise im rechten Winkel darüber gelegt. Je enger die Linien überlagert sind, desto dunkler wird der entstehende Ton.

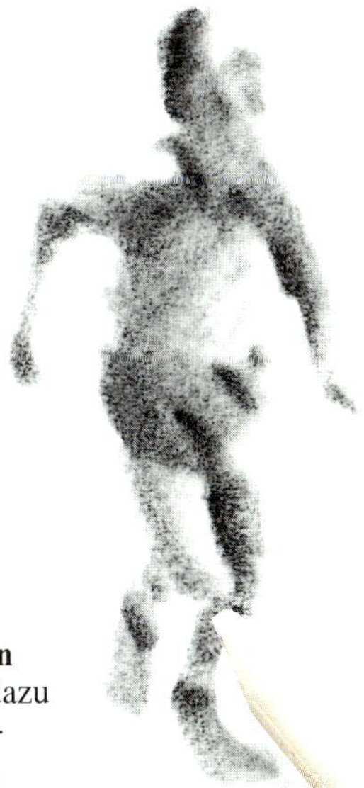

Mit dem Torchon zeichnen
Ein Torchon wird meist dazu verwendet, Linien zu verwischen. Es ist aber auch möglich, mit ihm zu zeichnen. So kann zum Beispiel etwas Conté-Kreide auf dem Torchon verrieben und der Farbstaub dann auf das Papier aufgetragen werden.

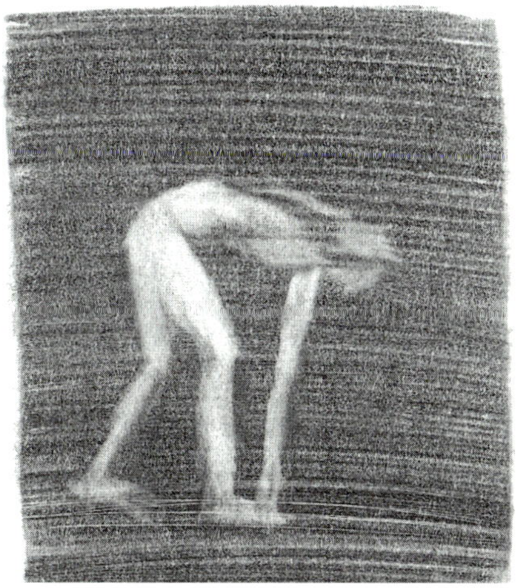

Die Figur wurde mit einem Plastikradierer „gezeichnet".

Mit dem Radiergummi zeichnen
Mit dem Radiergummi kann man Linien und Tonwerte berichtigen und Lichtpunkte abheben. Man kann jedoch auch eine Zeichnung erstellen, indem man das Motiv aus einer schraffierten Fläche herausradiert (oben rechts).

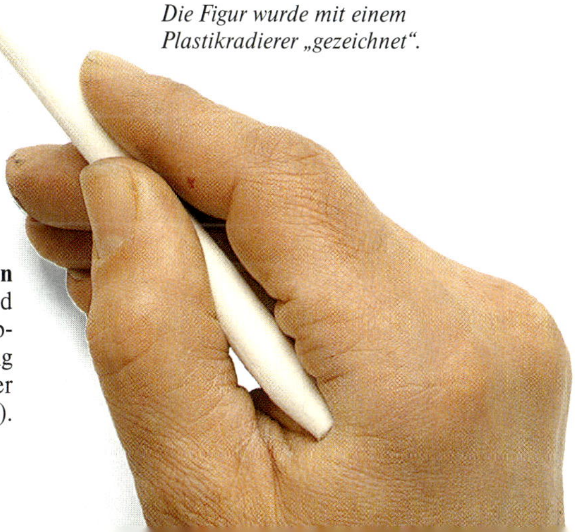

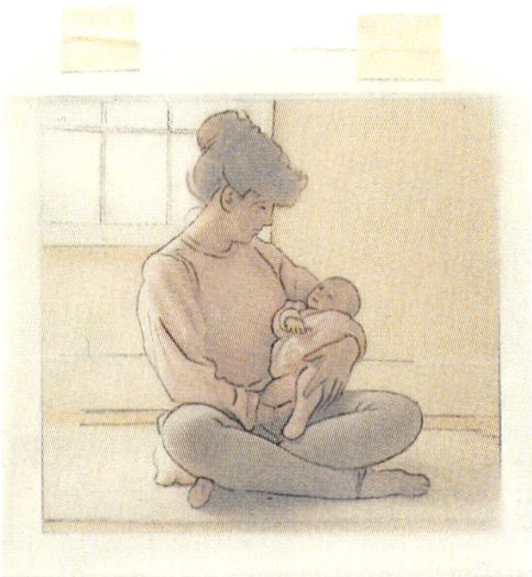

▲ **1** Pausen Sie nur die wichtigsten Umrißlinien des Motivs ab.

Wenn Sie sich noch nie mit dem Zeichnen von Menschen beschäftigt haben, ist es eine gute Anfangsübung, zunächst einmal einfache Kopien von Fotos oder Gemälden anzufertigen. Dies ist insofern hilfreich, als auch die Vorlagen zweidimensional sind und Sie so leicht ein Gefühl für die Grundformen entwickeln können. Zeichnen Sie ihre Vorlage ab, ohne sich um zu große Genauigkeit und Details zu kümmern. Eine andere Möglichkeit, sich mit dem Zeichnen von Menschen vertraut zu machen, ist, Fotovorlagen in einfachen Umrissen abzupausen. Diese abgepausten Skizzen können dann in ein Skizzenbuch übertragen oder als Vorlage für eine freie Zeichnung verwendet werden.

Die abgepausten Umrißlinien geben einen Rahmen für die Zeichnung.

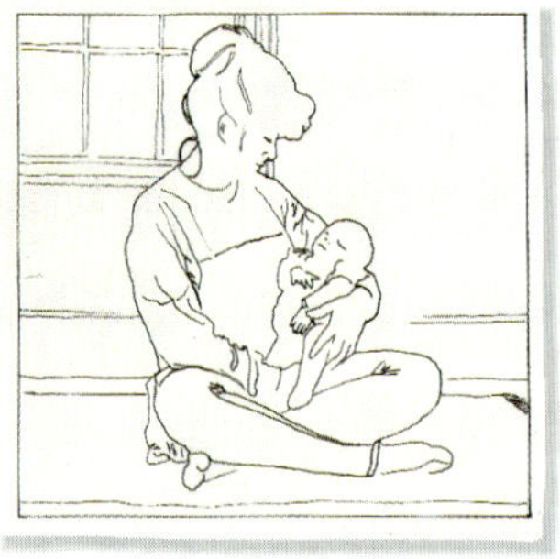

▲ **2** Ziehen Sie dann diese Linien mit einem spitzen Bleistift oder einem schwarzen Faserschreiber sorgfältig nach.

▶ **3** Die abgepauste Skizze kann nun als Vorlage für eine Zeichnung dienen. Hier wurde diese mit Bleistift ausgearbeitet, wobei weiche Schattierungen die Zärtlichkeit der Pose betonen und die schützende Beziehung der Mutter zum Kind hervorheben.

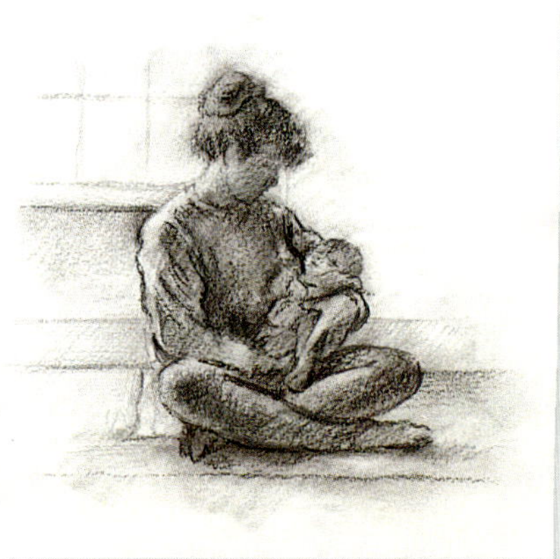

Postkarten

Postkarten von Kunstwerken sind ausgezeichnete Vorlagen für Kopien. Diese Abbildung eines Ölbildes von Norman Hepple mit dem Titel „Freunde“ wurde freihand mit weichem Bleistift abgezeichnet.

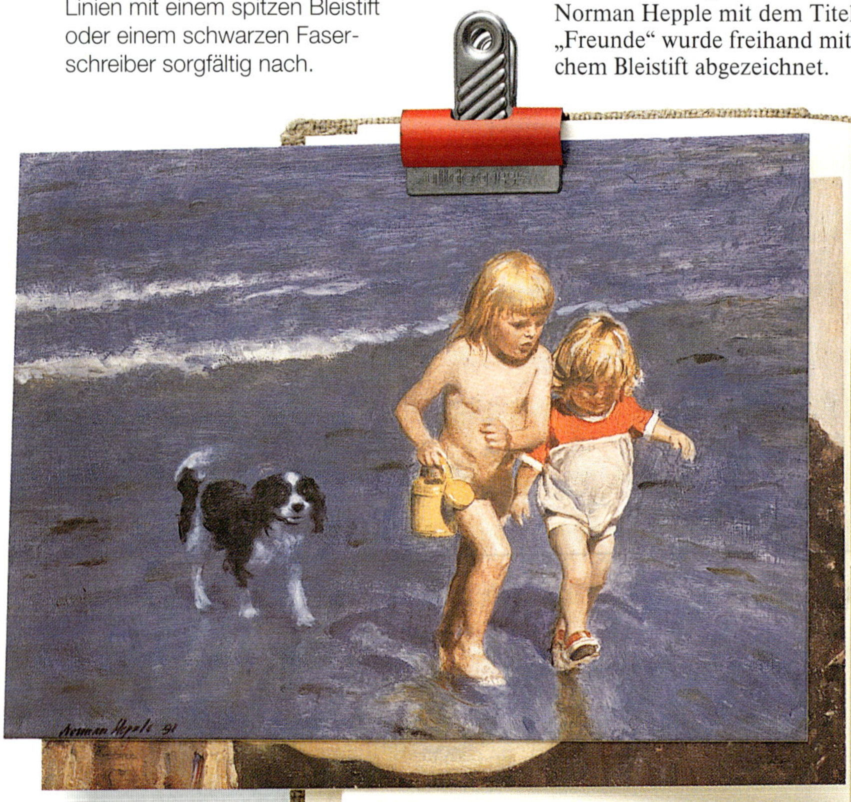

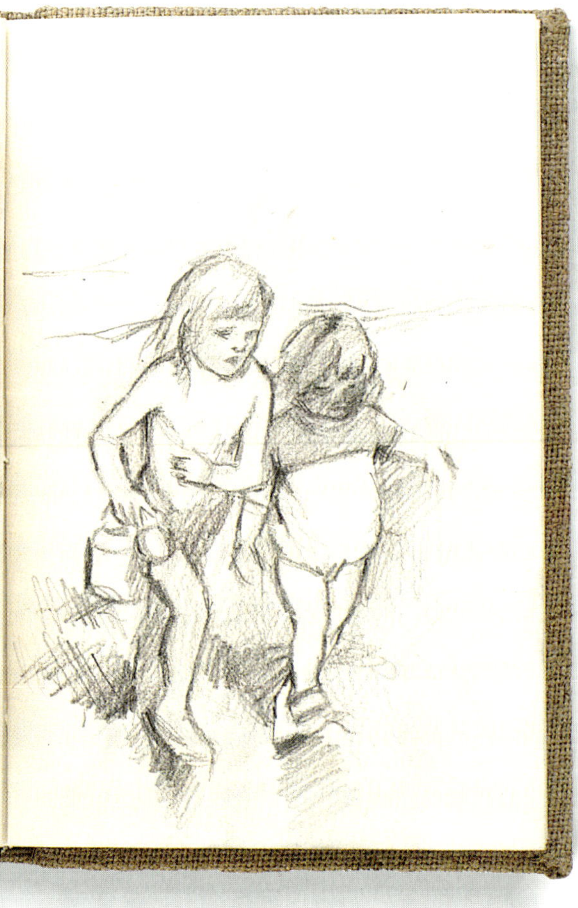

Postkarten sind kleinformatige Bildvorlagen, die man in sein Skizzenbuch heften oder kleben und leicht kopieren kann.

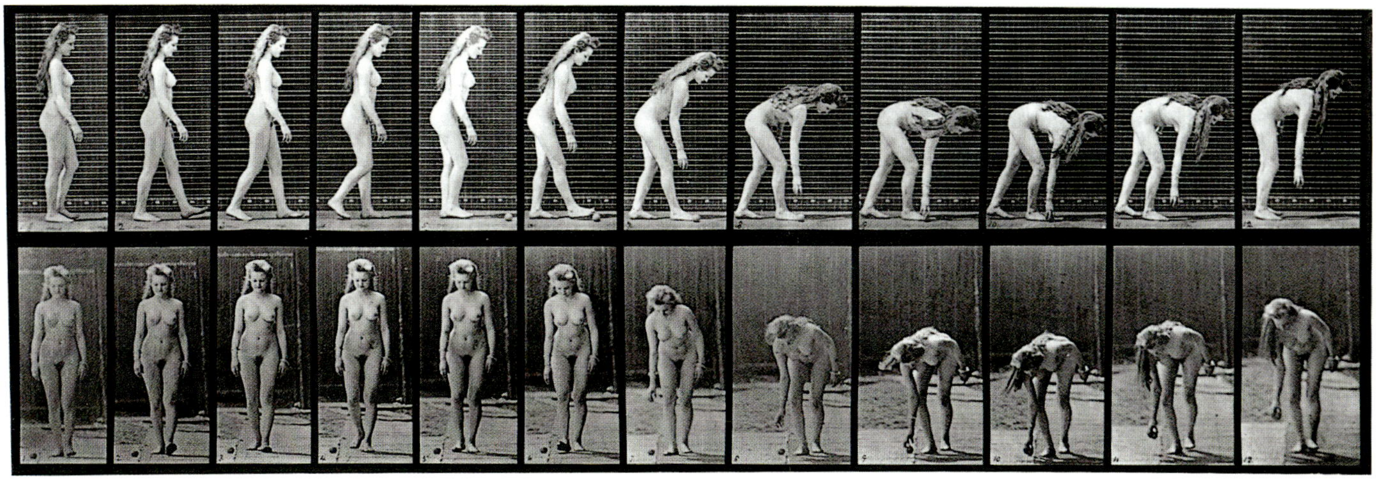

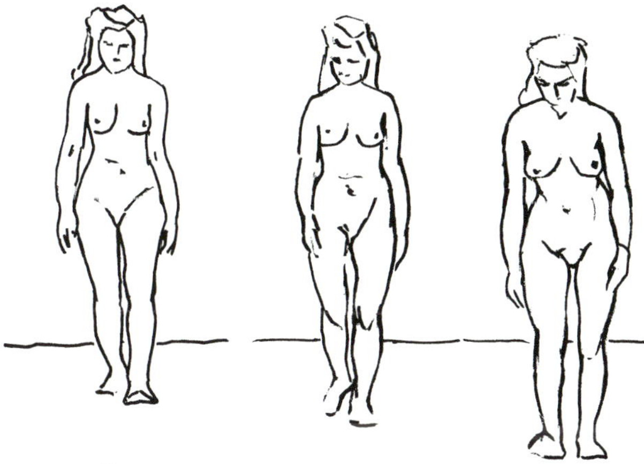

Menschen in Bewegung
Oben sehen Sie sogenannte Chronofotografien des Fotopioniers Eadweard Muybridge aus seinem Werk Animal Locomotion (1887). Sie bieten eine der besten Vorlagen, um sich mit den Bewegungsabläufen von Menschen vertraut zu machen und einzelne Körperhaltungen in Ruhe skizzieren zu können. Mit einem Faserschreiber oder Bleistift können in einfachen Umrißlinien die Bewegungsstufen kopiert werden.

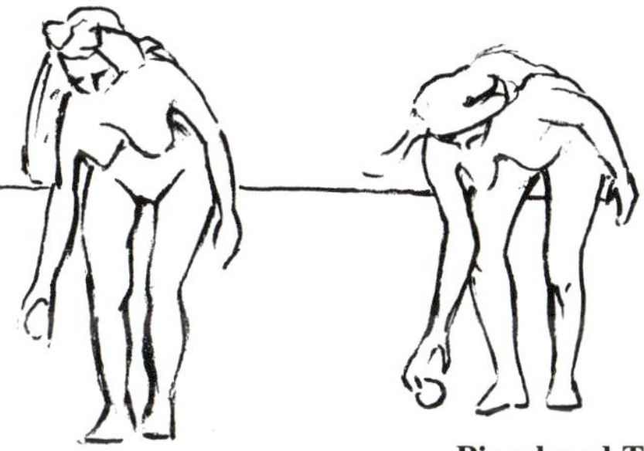

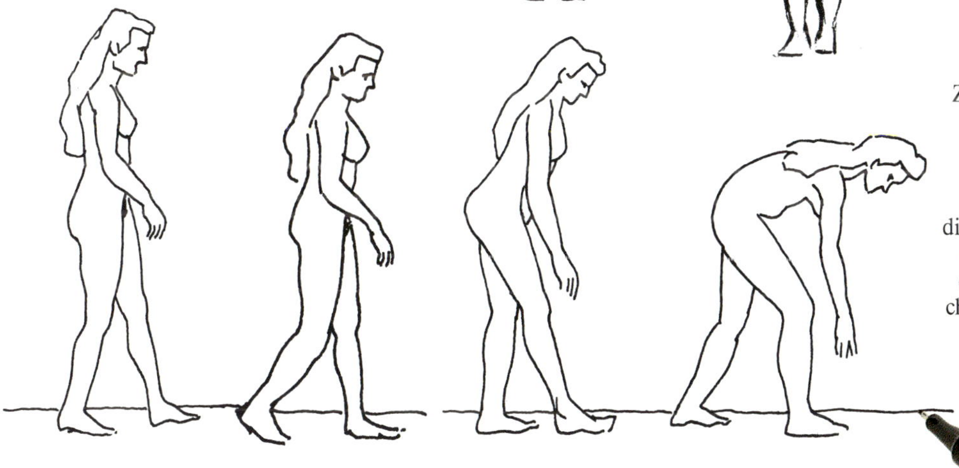

Pinsel und Tusche
Zum Skizzieren geeignet sind auch Pinsel und Tusche. Betrachten Sie die Fotovorlage genau, und übertragen Sie nur die wichtigsten Linien auf das Skizzenblatt. Schon einige wenige Pinselstriche können die Konturen des Menschen wiedergeben (rechts).

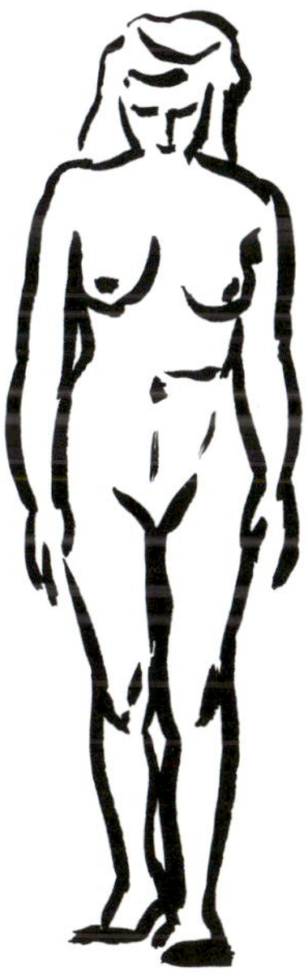

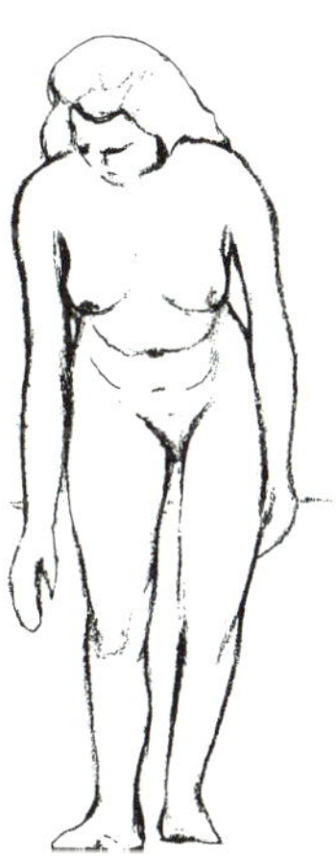

Mit dem Radiergummi zeichnen
Nachdem man einige Bleistiftskizzen angefertigt hat, kann man versuchen, die Linienführung in ihnen mit einem Radiergummi nachzubessern (links). Plastikradierer sind allerdings meist zu dick, um feinere Korrekturen ausführen zu können. Schneiden Sie ein kleineres Stück ab, und benutzen Sie die scharfe Kante zum Radieren. Oder verwenden Sie statt dessen einen Knetgummiradierer, den man zu einer feinen Spitze kneten und auch in sehr kleinen Studien einsetzen kann.

Kleinformatig arbeiten
Arbeiten Sie zunächst ruhig in sehr kleinem Format. Wenn Sie zum Beispiel die hier abgebildete Hand mit der Größe der Zeichnungen vergleichen, erkennen Sie, wie klein diese sind. Meist gelingt es in kleinen Formaten besser, sich auf die wesentlichen Formen und Umrisse zu beschränken und auf die Wiedergabe von Details zu verzichten, so daß sehr klare, deutliche Studien entstehen. Fertigen Sie so viele Skizzen wie möglich an.

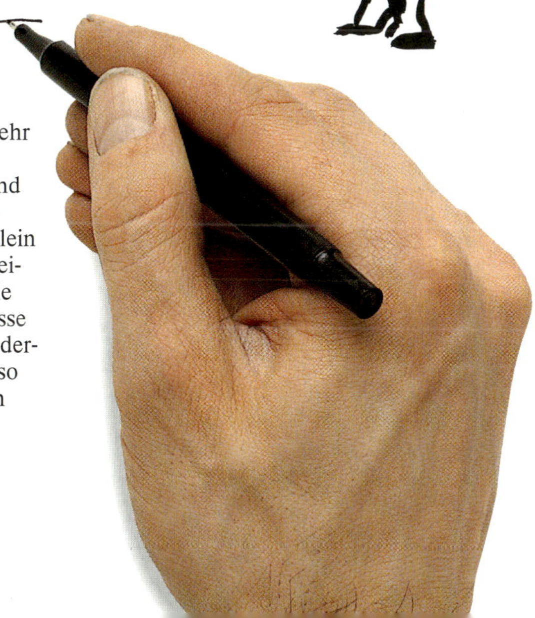

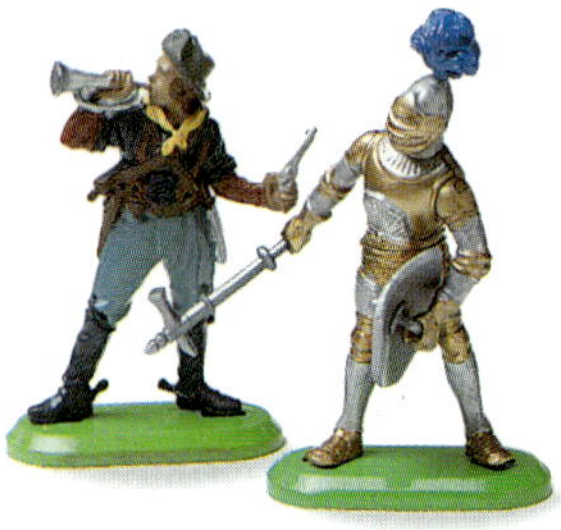

Spielzeugfiguren
Es macht Spaß, kleine Spielzeugfiguren aus Plastik zu skizzieren. Man stellt sie dazu am besten vor einen weißen Hintergrund.

Kleine Gegenstände und Figuren, wie zum Beispiel Spielzeugsoldaten oder Puppen, bieten ausgezeichnete Übungsmodelle zum Zeichnen der menschlichen Formen. Besonders empfehlenswert sind auch spezielle Modellpuppen aus Holz, die in Künstlerfachgeschäften erhältlich sind. Aufgrund ihrer beweglichen Gelenke kann man an ihnen die verschiedensten Körperhaltungen studieren. Der verkleinerte Maßstab und die vereinfachte Konstruktion dieser Puppen erleichtern die Erfassung der wesentlichen Gliederfunktionen.

Skizzieren Sie die Puppe zunächst in ihrer realen Größe mit Bleistift oder Conté-Kreide und dann in einem etwas größeren Maßstab. Sobald Sie etwas Sicherheit im Zeichnen von Menschen gewonnen haben, können Sie zu komplexeren Modellen, wie zum Beispiel kleinen Statuen in Museen, übergehen.

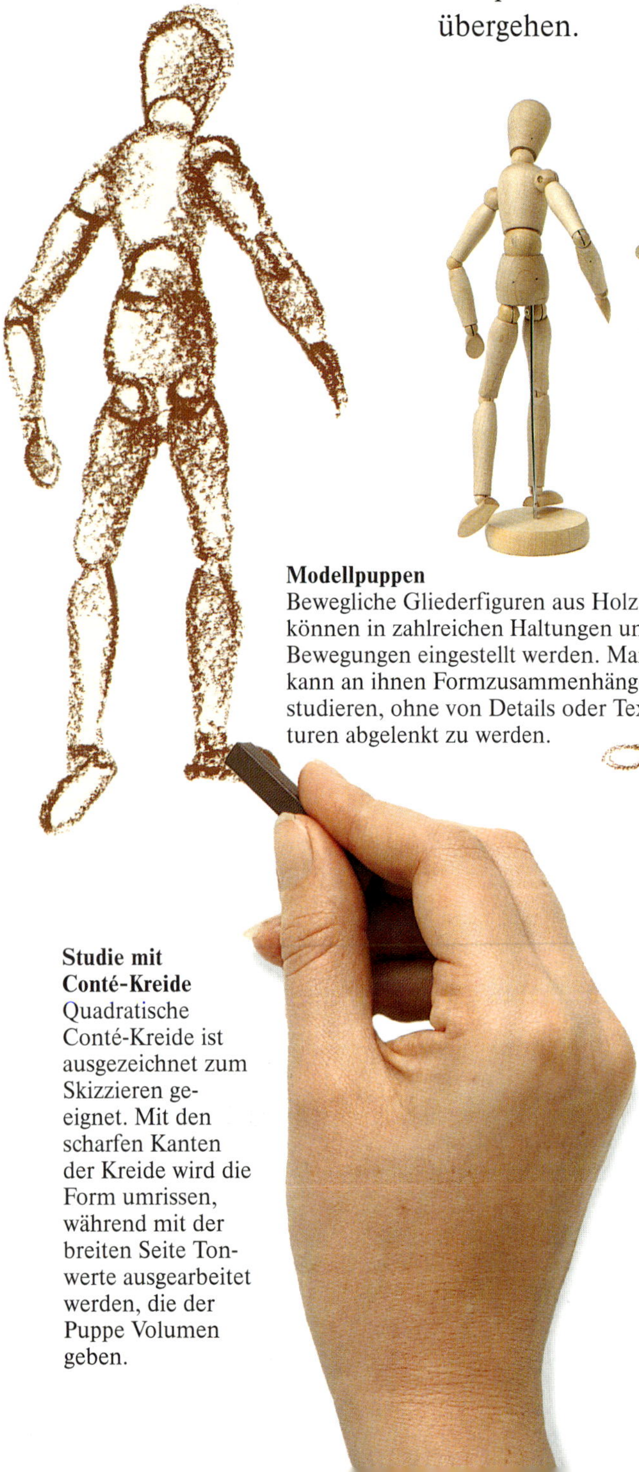

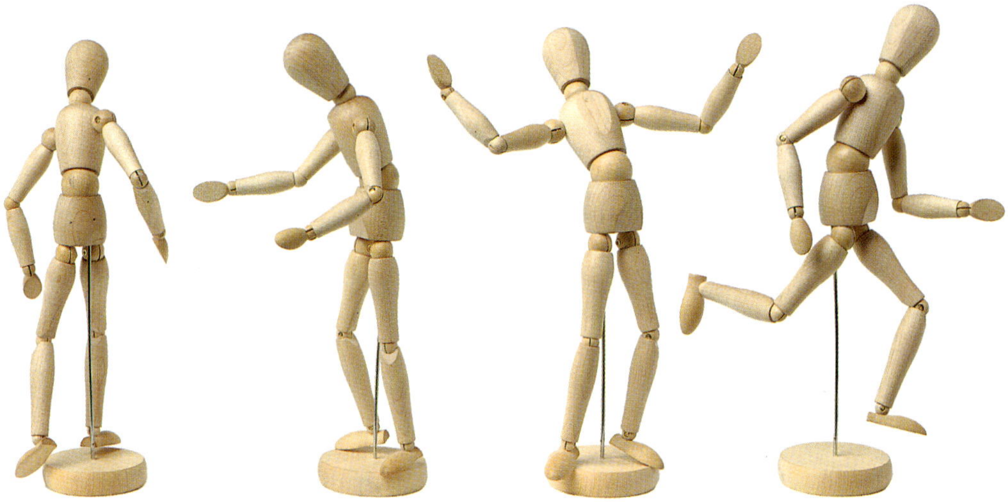

Modellpuppen
Bewegliche Gliederfiguren aus Holz können in zahlreichen Haltungen und Bewegungen eingestellt werden. Man kann an ihnen Formzusammenhänge studieren, ohne von Details oder Texturen abgelenkt zu werden.

Studie mit Conté-Kreide
Quadratische Conté-Kreide ist ausgezeichnet zum Skizzieren geeignet. Mit den scharfen Kanten der Kreide wird die Form umrissen, während mit der breiten Seite Tonwerte ausgearbeitet werden, die der Puppe Volumen geben.

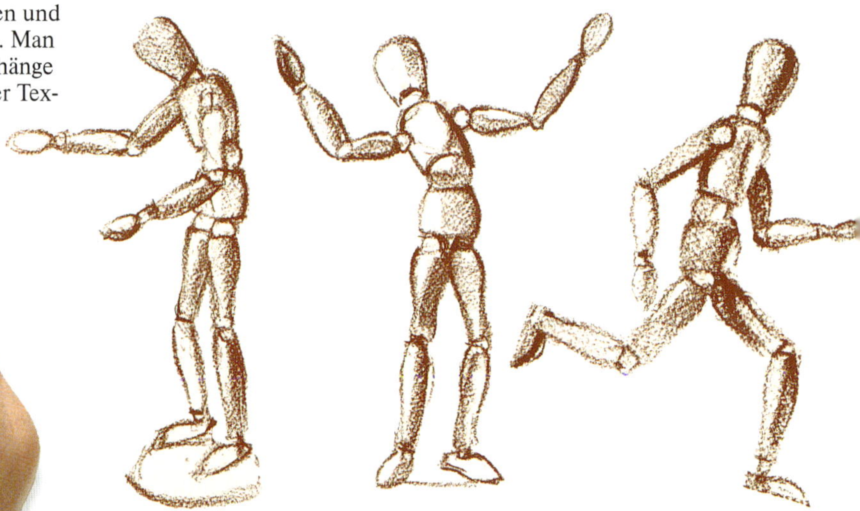

Pose und Stimmung
Diese Zeichnungen zeigen, daß man schon bei einem so einfachen schematischen Modell wie einer Gliederpuppe mit der Wiedergabe bestimmter Haltungen auch Stimmungen zum Ausdruck bringt. Die Figur links scheint fürsorglich auf das, was sie unsichtbar in den Armen hält, herunterzuschauen. In der Mitte hat die Figur die Arme erhoben und den Kopf in einer feierlichen Geste oder aus Begeisterung zurückgeworfen. Die rechte, sehr dynamische Figur scheint davonlaufen zu wollen.

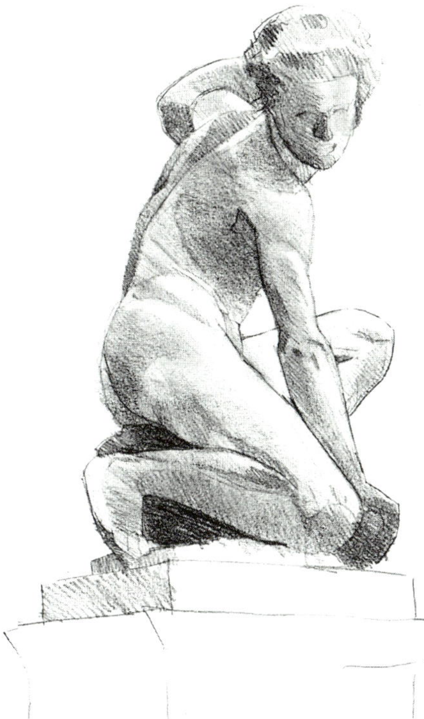

Skulpturen zeichnen
Auch ein Besuch in Museen und Galerien lohnt sich: Man findet dort Statuen, die ausgezeichnete Modelle darstellen. Beginnen Sie mit dem Zeichnen von kleinen Figuren, denn es ist leichter, ihre Gesamtform in einem Blick zu erfassen als bei großen Skulpturen. Konzentrieren Sie sich zunächst auf die ganze Figur, und versuchen Sie, ihre Formen zu vereinfachen und in verschiedenen Studien zu skizzieren.

Einen Blickpunkt wählen
Versuchen Sie für Ihre Zeichnung einen interessanten Blickwinkel zu finden. In der Zeichnung links zum Beispiel wird die Figur von schräg unten betrachtet. Der Knick im Oberkörper, der ausgestreckte Arm und die Haltung des Kopfes, die bei diesem Betrachterstandpunkt deutlich hervortreten, geben der Skizze Spannung und Bewegung.

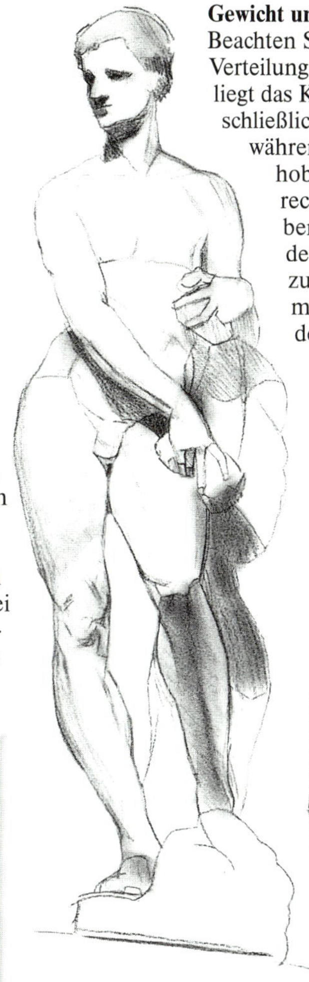

Gewicht und Balance
Beachten Sie in Ihrer Zeichnung die Verteilung des Körpergewichts. Hier liegt das Körpergewicht fast ausschließlich auf dem rechten Bein, während das linke leicht angehoben ist. Dadurch wird die rechte Hüfte herausgeschoben. Sie ist daher besonders deutlich zu sehen und wird zu einem der wichtigsten Elemente für die Komposition der Zeichnung.

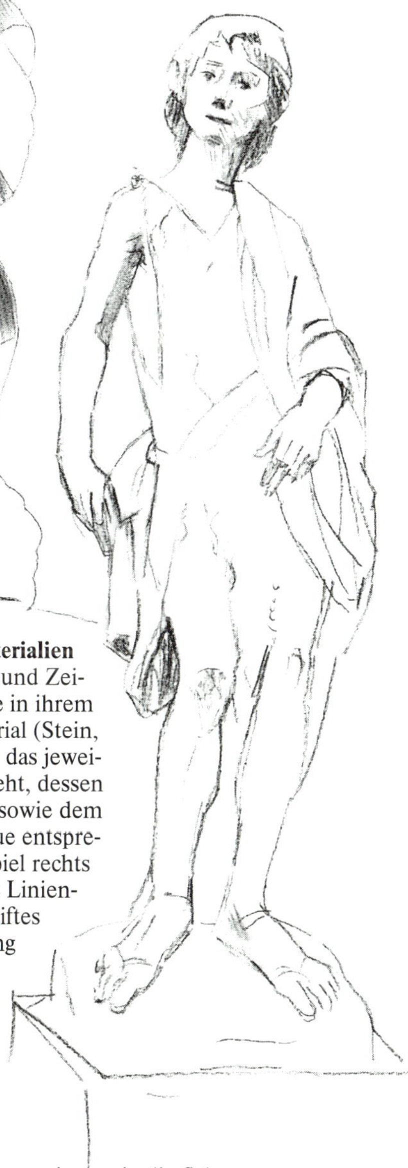

Wahl der Materialien
Wählen Sie Papiere und Zeicheninstrumente, die in ihrem Charakter dem Material (Stein, Holz etc.), aus dem das jeweilige Modell besteht, dessen Struktur und Textur sowie dem Ausdruck der Statue entsprechen. In dem Beispiel rechts fängt die weiche Linienführung eines Bleistiftes die graziöse Haltung des Motivs ein.

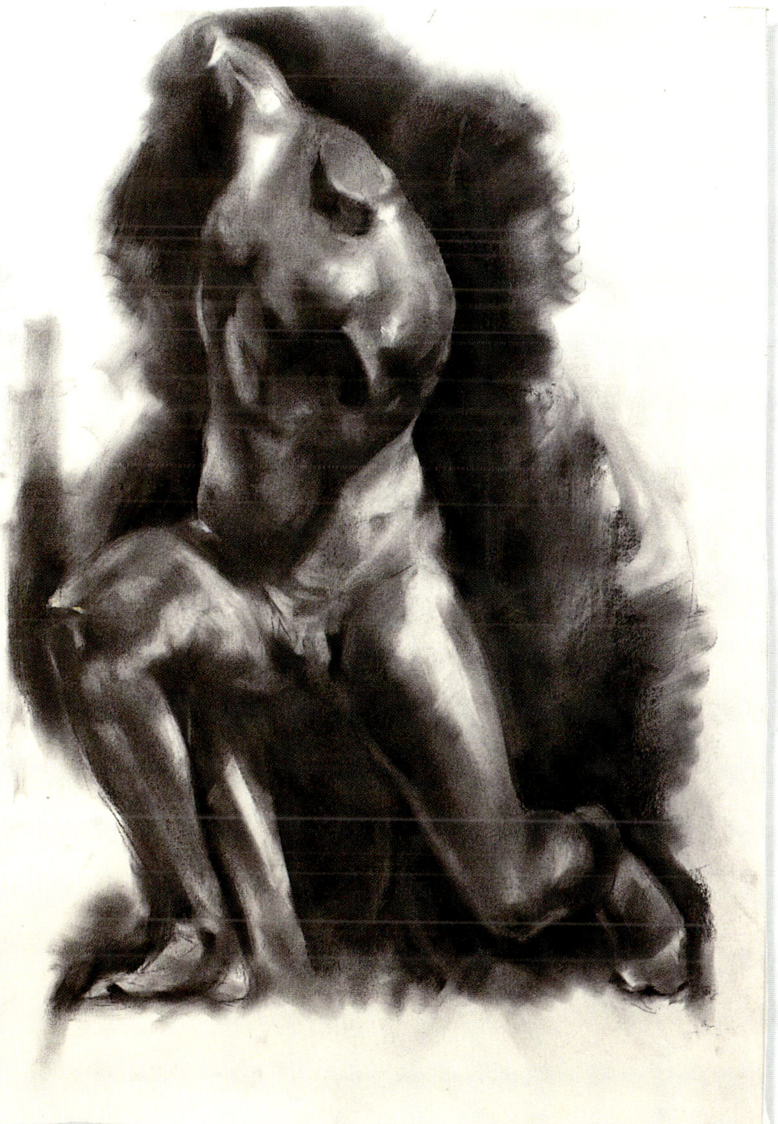

Statuen im Museum
Anfangs muß man immer ein wenig die Scheu vor dem Zeichnen in der Öffentlichkeit überwinden. Aber haben Sie keine Angst! Es ist eher selten, daß man wirklich von anderen Besuchern beobachtet wird. Meist ist es gar nicht schwierig, in einem Museum einen stillen Winkel zu finden, um in Ruhe zu skizzieren. Nach kleinen Figuren sollten Sie sich dann einmal an eine größere Statue wagen. Besonders geeignet ist hierfür die ausdrucksstarke Zeichenkohle. In dem Bild links zum Beispiel verdeutlichen die tiefschwarzen Töne der Kohle gut den glatten, hellen Stein, der aus den Schatten hervortritt.

Die Tage- und Skizzenbücher von Künstlern beinhalten oft vielfältige Studien, die sich mit der menschlichen Figur beschäftigen. Dabei kann es sich um spontan erfaßte Beobachtungen von Menschen handeln, die arbeiten oder spielen, oder um Bilder aus dem Familien- oder Freundeskreis, wie zum Beispiel bei den Zeichnungen von Nahem Shoa und Sue Sareen auf diesen Seiten. In Skizzenbüchern können auch Kompositionsskizzen für großformatige Arbeiten oder einfach beiläufige Momentaufnahmen festgehalten werden. Ein Skizzenbuch ist das Feld, in dem der Künstler seiner Fantasie und seinen Ideen freien Lauf lassen kann. Oft kommt man daher auch seiner Persönlichkeit beim Durchblättern des Skizzenbuchs näher als beim Betrachten seiner ausgearbeiteten Werke.

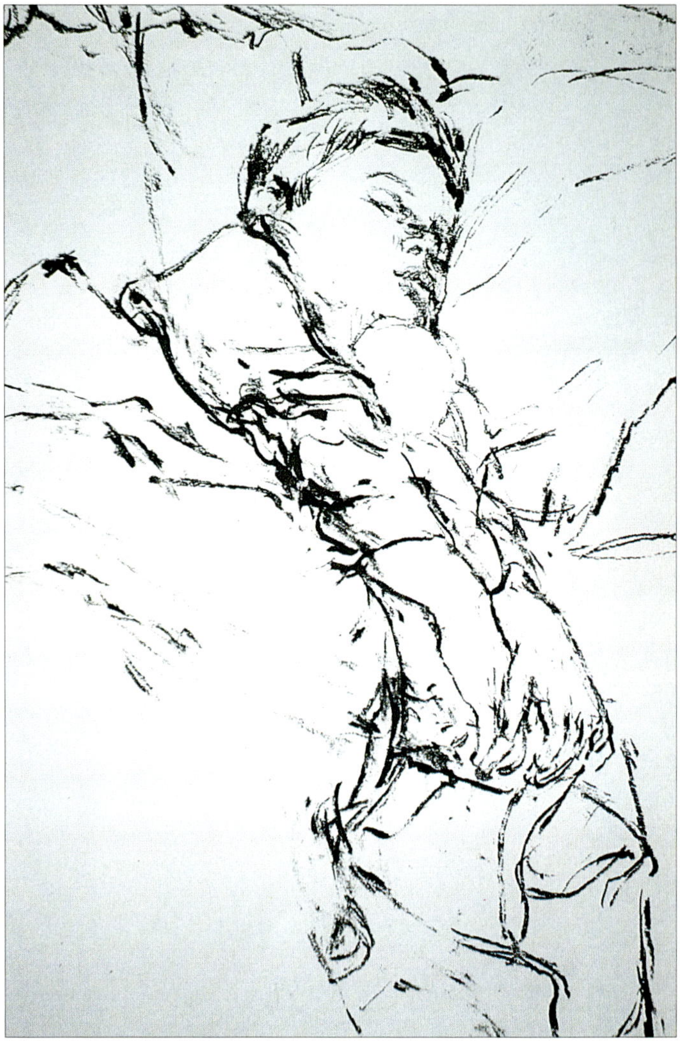

▶ **Sue Sareen, Seth** (51 x 40,5 cm)
Einen ganz eigenen Zauber besitzt die Welt der Kinder. Behutsam und liebevoll beschreibt diese Kohleskizze die Stimmung des Motivs: ein kleiner Junge, der schläft, vollkommen entspannt, den Kopf auf einem weichen Kissen. In kräftigen Kohlestrichen ist der Faltenwurf des Schlafanzuges wiedergegeben, Kissen und Decken wurden in nur wenigen Linien angedeutet. Interessant ist auch der gewählte Blickpunkt von schräg unten, denn die Diagonale, die die Stellung der Arme bildet, führt den Betrachter zum Mittelpunkt des Bildes, dem Gesicht des schlafenden Kindes.

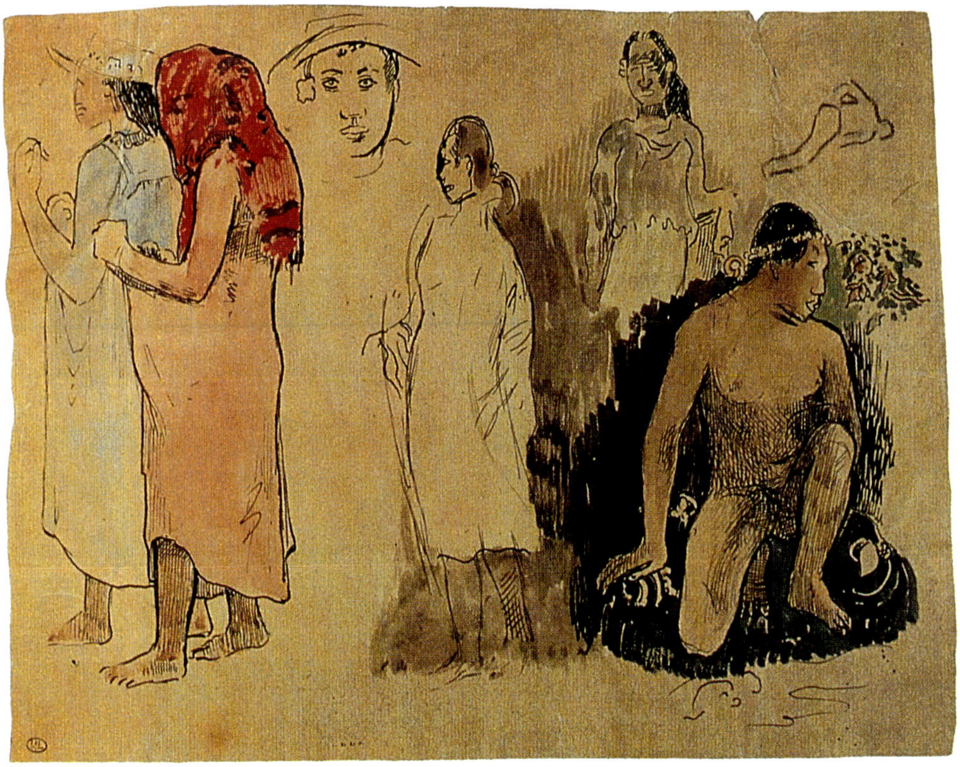

◀ **Paul Gauguin, Noa Noa (Seite aus dem Skizzenbuch), um 1893** (19,5 x 25,5 cm)
Diese Seite aus Gauguins Skizzenbuch zeigt verschiedene Momentaufnahmen und Eindrücke, die er auf seiner Reise nach Tahiti schnell und spontan festgehalten hat. In einer Zeit, die die Fotografie noch nicht in ihrer heutigen Form kannte, war dies seine einzige Möglichkeit, Erinnerungen zu bewahren und Ideen für spätere Bilder zu sammeln. In einigen Lavierungen hat er zudem Farbeindrücke verarbeitet, eine Vorgehensweise, die ebenfalls eine gute Erinnerungsstütze für spätere Bilder ist.

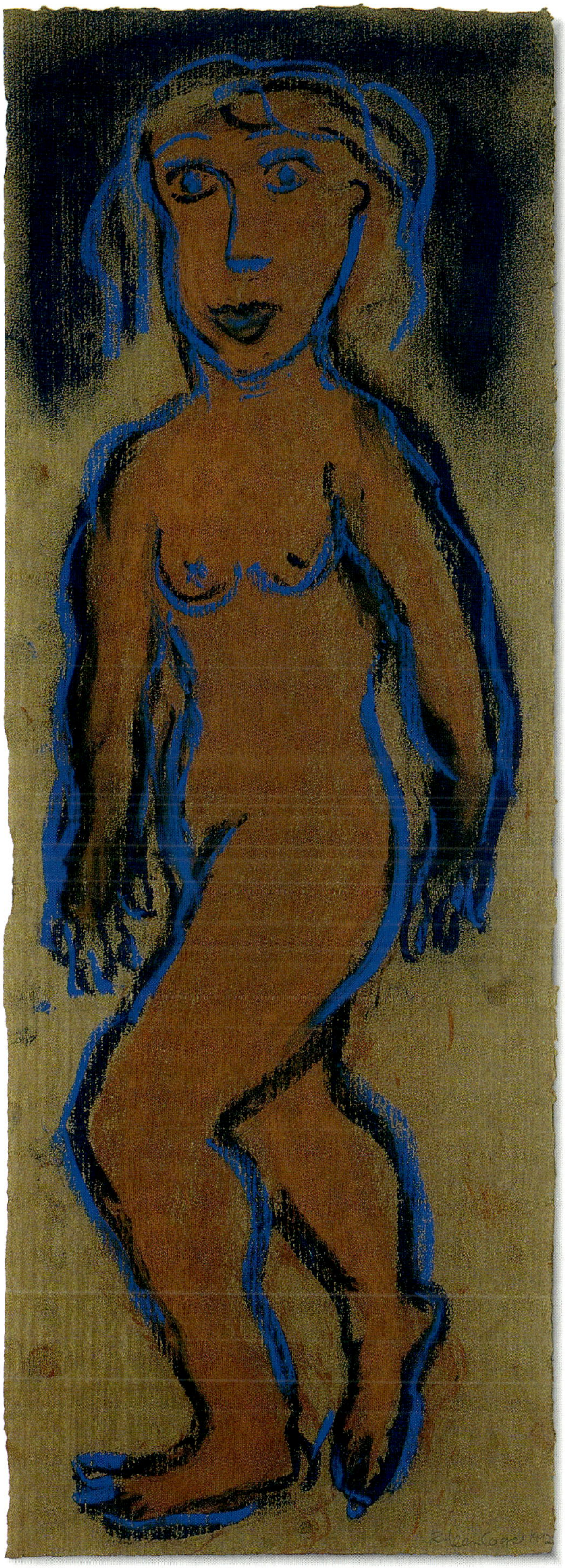

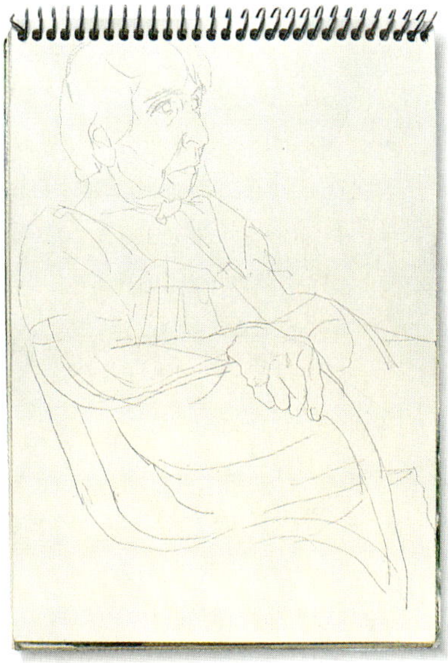

◀ **Nahem Shoa, Seite aus einem Skizzenblock** (12,5 x 19,5 cm)
Skizzenbücher werden in den verschiedensten Formaten und mit den unterschiedlichsten Papiersorten angeboten. Sie können mit einem gebundenen Buch arbeiten oder auch wie der Künstler hier mit einem Spiralblock. Auch die Wirkung jeder Skizze variiert mit den eingesetzten Mitteln: In diesem Beispiel ist mit nur wenigen Bleistiftstrichen eine sehr klare Zeichnung entstanden.

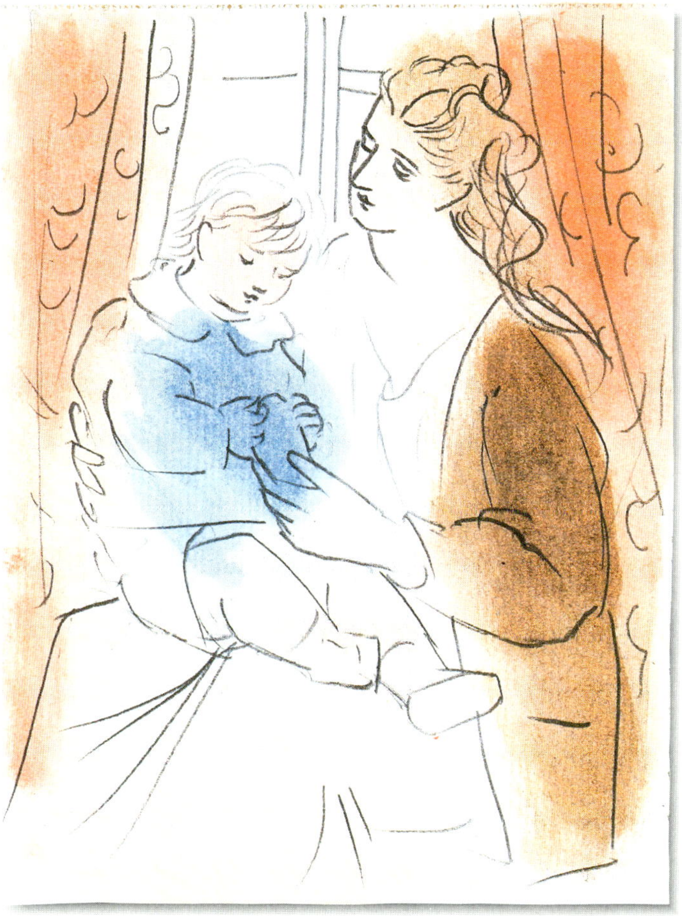

◀ **Eileen Cooper, Junge Frau** (66,7 x 24,2 cm)
Sehr expressiv ist diese Skizze in kräftigen Pastelltönen. Die warme Körperfarbe in Orangebraun wird durch die etwas kühlere Tönung des Papiers und die leuchtendblaue Umrißlinie der Figur verstärkt.

▲ **Pablo Picasso, Skizzenbuch Nr. 76, Seite 37, 1922** (15,5 x 11,5 cm)
Mit wenigen Bleistiftstrichen und einigen Farblavierungen ist es Picasso gelungen, die Haltung der Menschen sowie die Stimmung der Szene wiederzugeben. Die roten Gardinen rahmen die Menschen ein, die blaue Lavierung im Mittelpunkt zeigt das Wesentliche des Augenblicks, die Mutter, die das Kind füttert.

Das gründliche Studium der Anatomie ist in der heutigen Künstlerausbildung selten geworden. Doch je mehr man über den Aufbau des menschlichen Körpers lernt, desto leichter ist es auch, ihn zu zeichnen. Betrachtet man zum Beispiel Menschen in Zeichnungen und Gemälden von Künstlern wie Leonardo da Vinci oder Michelangelo, erkennt man, daß sie sich sehr intensiv mit der Anatomie auseinandergesetzt haben. Zudem haben das in unserer Zeit entstandene neue Körperbewußtsein und das Bedürfnis nach Fitneß zu einem Informationsbedarf über den Aufbau und die Funktionen des Körpers geführt.

Als Folge davon gibt es heute zahlreiche, leicht zugängliche Möglichkeiten, sich über dieses Thema zu informieren, wie zum Beispiel anschauliche anatomische Atlanten, genau konstruierte Modellfiguren oder auch Computermodelle.

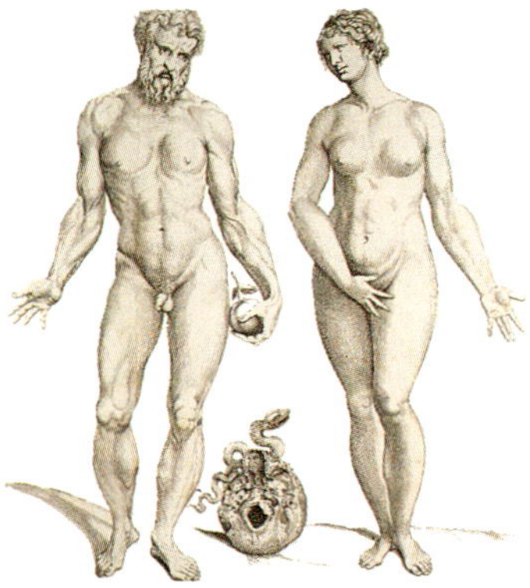

Frühe Anatomie
In dem Werk „De humani corporis fabricia“ des Anatomen Vesalius aus dem 16. Jahrhundert wurden die traditionellen Theorien über den menschlichen Körper erstmals einer Revision unterzogen.

Das menschliche Skelett
Das Skelett ist eine perfekt ineinandergreifende Maschinerie fester Knochen und Knorpel, die den Körper stützen, die inneren Organe schützen und in Verbindung mit den Muskeln die Bewegung des Körpers ermöglichen. Frauen und Männer haben ähnliche Skelette. Der weibliche Brustkorb ist jedoch schmaler und kürzer als der männliche, und das weibliche Becken und das Kreuzbein sind weiter. Zum Zeichnen besonders gut geeignet ist ein Plastikmodell. Sie können daran den Aufbau des Skelettes in verschiedenen Stellungen und aus unterschiedlichen Blickwinkeln in Ruhe studieren. Solche Übungen erleichtern das spätere Aktzeichnen erheblich.

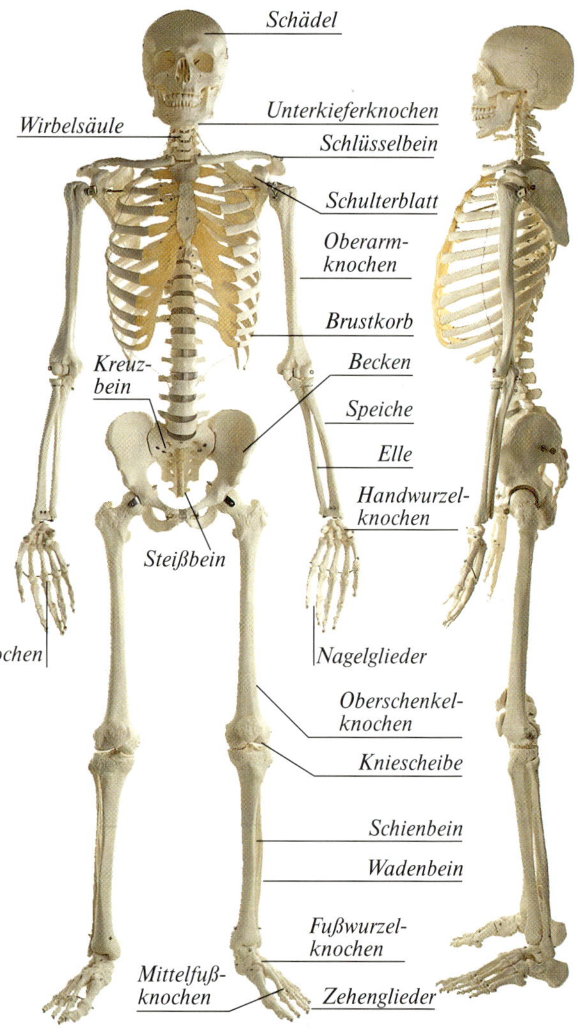

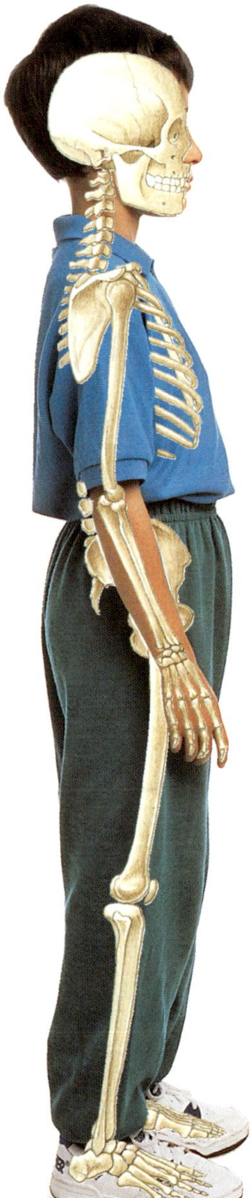

Das Kugelgelenk in der Hüfte erlaubt Bewegungen in alle Richtungen.

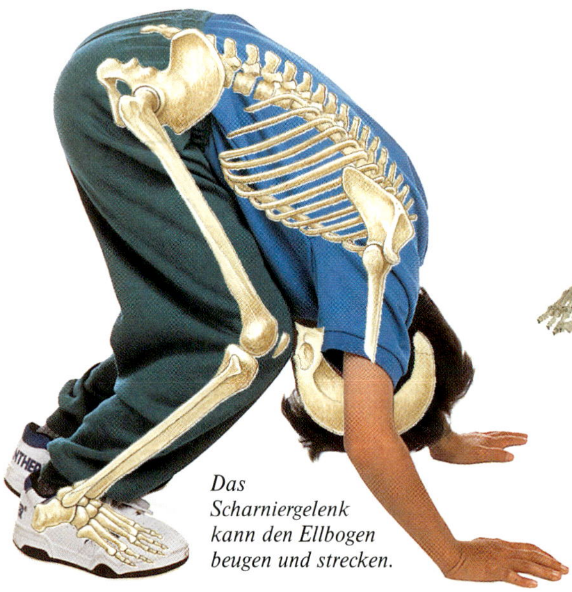

Das Scharniergelenk kann den Ellbogen beugen und strecken.

Die Bewegung des Körpers
Lernen Sie die verschiedenen Gelenke im Körper kennen: Scharniergelenke erlauben nur Bewegungen auf einer Ebene, während Kugelgelenke Bewegungsabläufe in alle Richtungen zulassen. Zapfengelenke, wie das hintere Gelenk von Speiche und Elle des Vorderarms, ermöglichen Drehungen um die Achse des Knochens.

Die Muskelstruktur
Bewegung beruht auf der Kontraktion von Muskeln, die entweder direkt oder mit Sehnen an Knochen und Knorpeln befestigt sind. Körperformen sehen sehr unterschiedlich aus, je nachdem ob die jeweiligen Muskeln angespannt oder gelöst sind. Frauen und Männer verfügen grundsätzlich über die gleichen Muskeln, dennoch ist der Körperbau von Männern häufig kräftiger. Anhand von Plastikmodellen (rechts) oder Fachpublikationen kann man sich über die wichtigsten Muskelarten informieren.

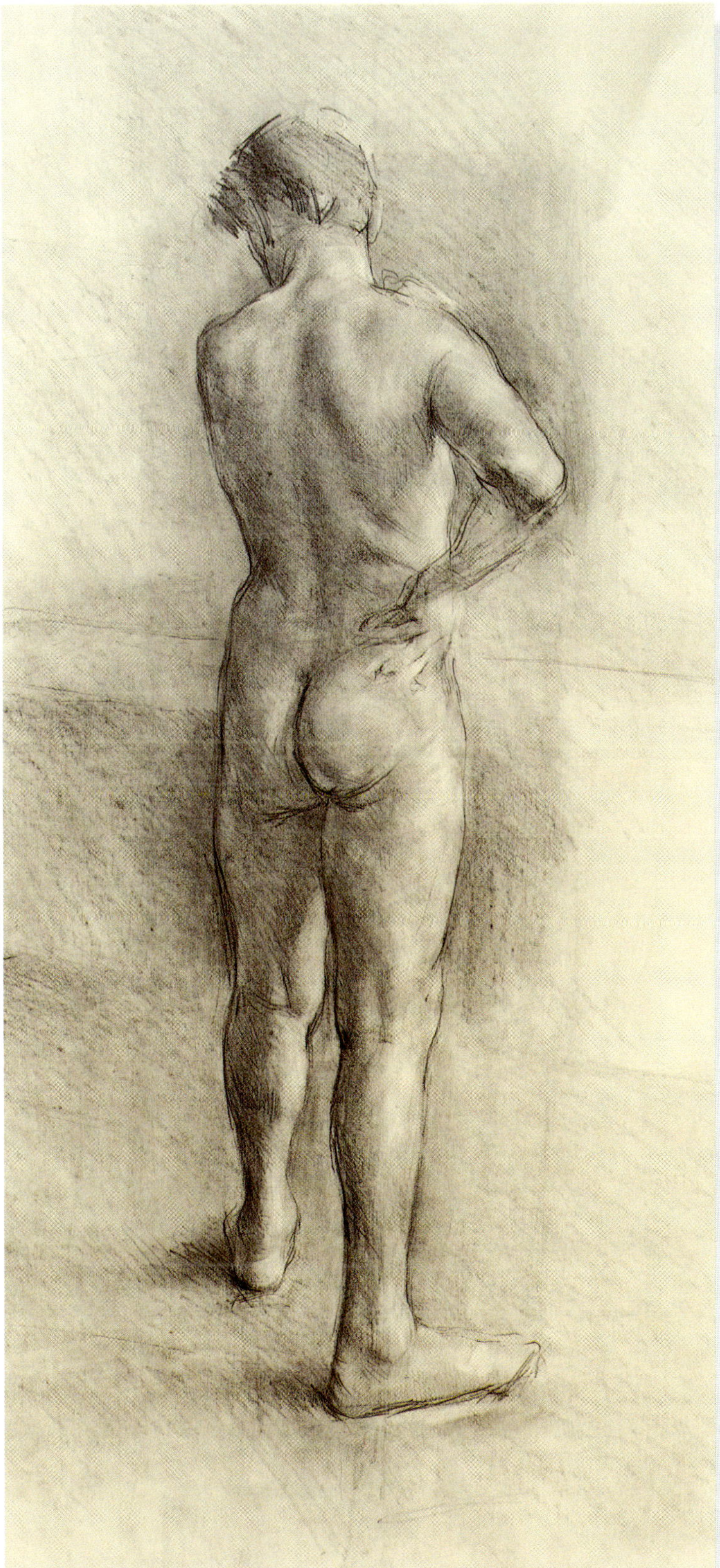

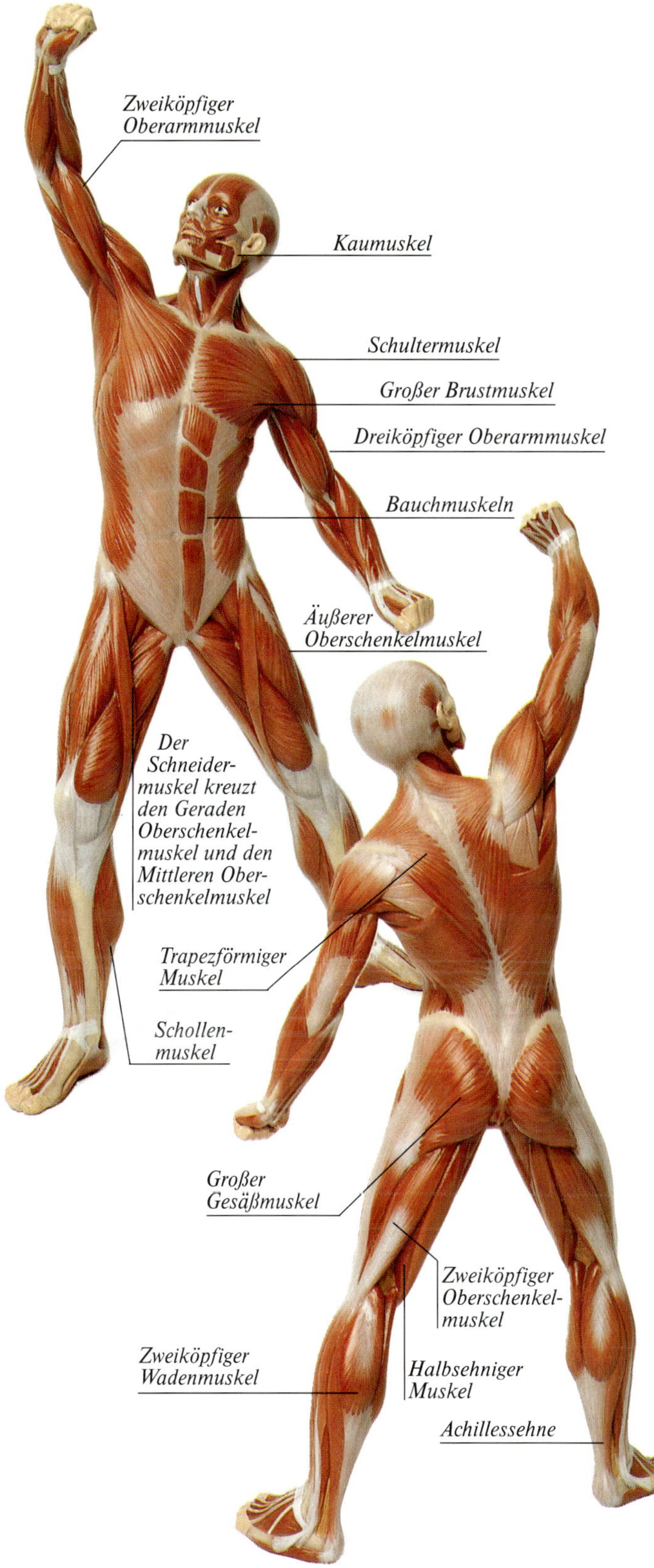

Muskelformen zeichnen
Nicht viele Menschen besitzen einen so durchtrainierten Körper, daß der Muskelaufbau deutlich zu erkennen ist. Dennoch sollte man sein Modell genau beobachten und beim Zeichnen das Knochengerüst und die wichtigsten Muskelpartien berücksichtigen. In dieser Bleistiftzeichnung wurde die Körperform mit Hilfe von Schattierungen sehr plastisch modelliert. Die Hell-Dunkel-Verteilung bzw. Licht-Schatten-Aufteilung auf dem Körper unterstützt die Plastizität.

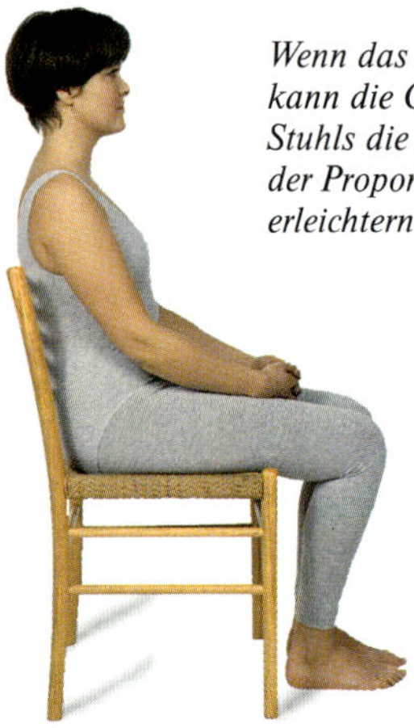

Wenn das Modell sitzt, kann die Größe des Stuhls die Einschätzung der Proportionen erleichtern.

Beim Zeichnen von Menschen muß man sehr genau auf die Größenverhältnisse zwischen den einzelnen Körperteilen und dem ganzen Körper achten. Häufig wird zum Beispiel der Kopf im Verhältnis zum Körper zu klein oder zu groß gezeichnet.
Um sich über die Proportionen eines Menschen klarzuwerden, sollte man ihn ausmessen. Dabei hält man einen Bleistift in Armeslänge von sich und mißt die relativen Abstände zwischen den einzelnen Körperteilen. Vergessen Sie jedoch niemals, daß die Körperform jedes Menschen unterschiedlich ist und seine ganz eigenen Charakteristika besitzt.

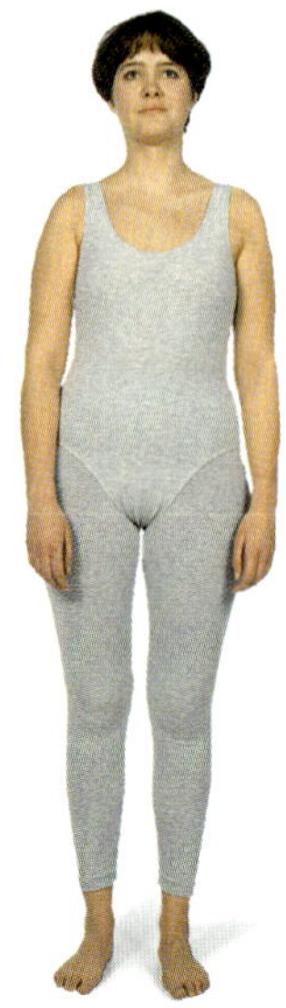

Die weibliche Körperform unterscheidet sich von der männlichen. Die Taille ist schmaler und die Hüften sind breiter.

Grundproportionen
Leonardo da Vinci hat an seiner berühmten Kreisfigur die Grundproportionen des menschlichen Körpers demonstriert: Beine und Arme des Mannes sind so ausgestreckt, daß sich die Mittelfinger in Höhe des Scheitels befinden. Der Nabel bildet dann das Zentrum eines Kreises, dessen Durchmesser von den Fingerspitzen bis zu den Zehen reicht.

Proportionen des Kopfes
Der Abstand zwischen Kinn und Nase sowie zwischen Augenbrauen und Haaransatz entspricht ungefähr der Länge eines Ohres und macht etwa ein Drittel der Größe des Gesichts aus.

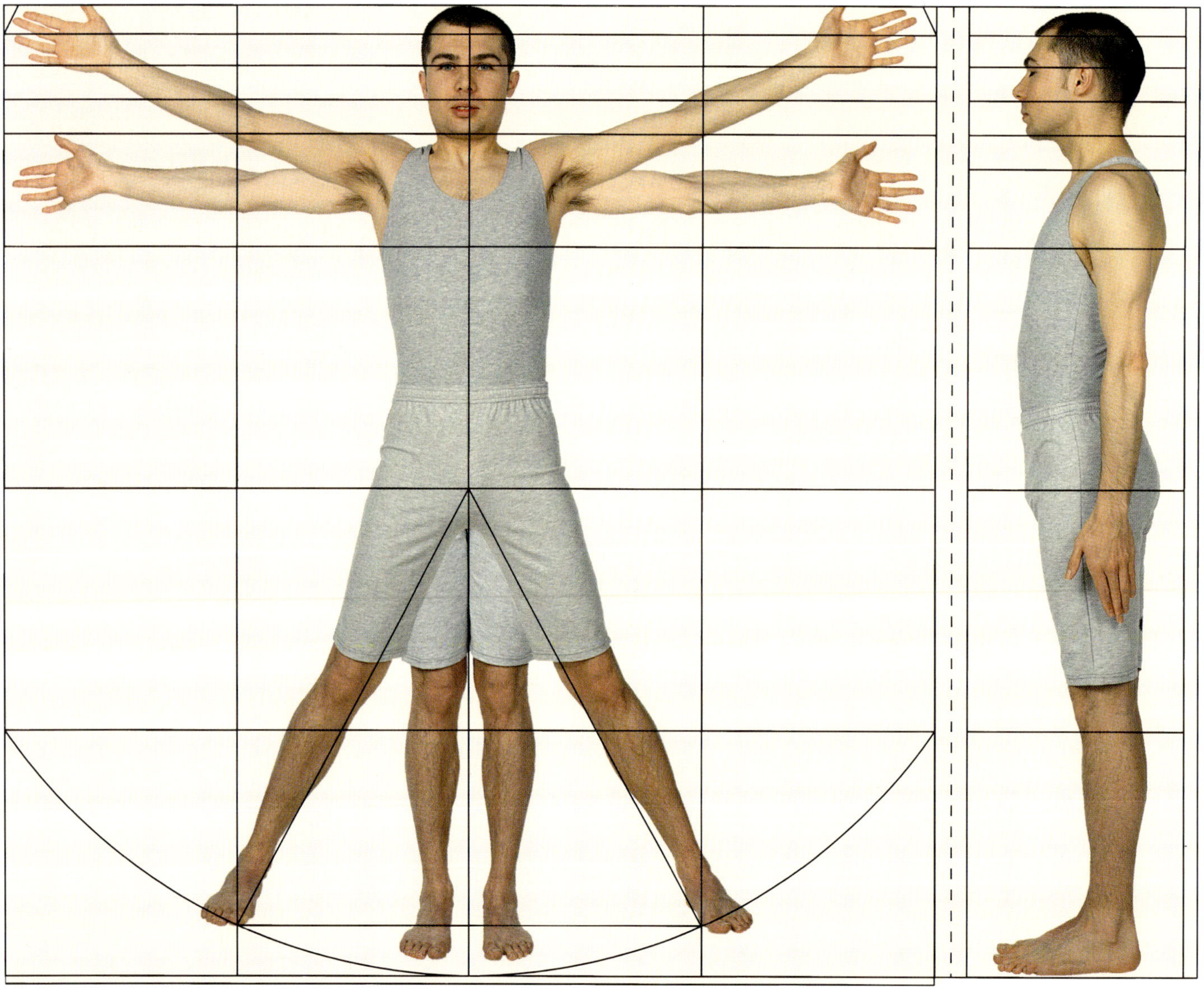

Der Kopf der Figur verkürzt sich nach hinten, und die Füße im Vordergrund wirken im Verhältnis dazu extrem groß.

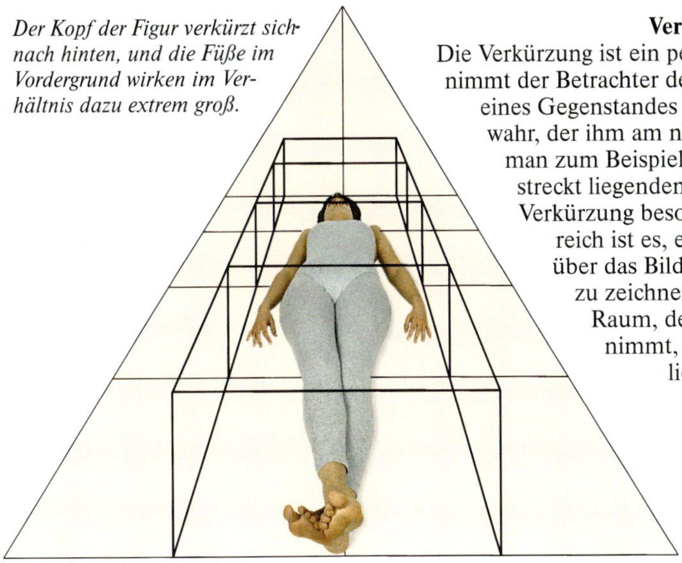

Verkürzung
Die Verkürzung ist ein perspektivischer Effekt: Immer nimmt der Betrachter den Teil eines Menschen oder eines Gegenstandes proportional am größten wahr, der ihm am nächsten liegt. Betrachtet man zum Beispiel wie hier einen ausgestreckt liegenden Menschen, wird die Verkürzung besonders deutlich. Hilfreich ist es, einmal ein Raster über das Bild eines Menschen zu zeichnen, um sich den Raum, den dieser einnimmt, zu verdeutlichen.

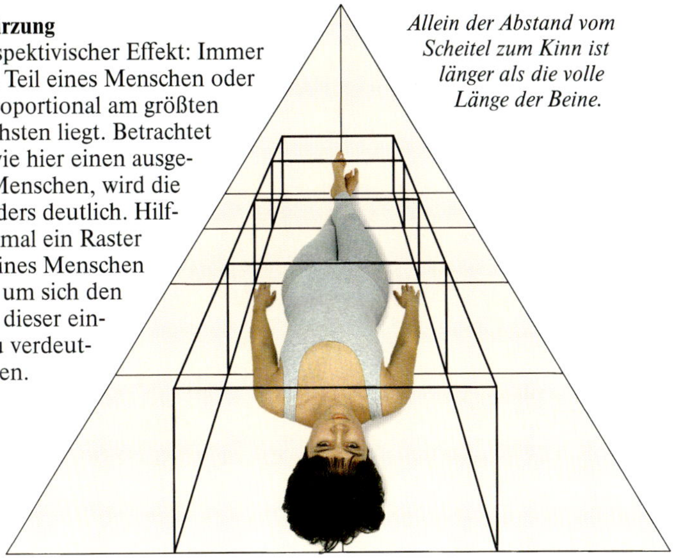

Allein der Abstand vom Scheitel zum Kinn ist länger als die volle Länge der Beine.

Besondere Faktoren
Manchmal ist es schwer, Verzerrungen, die durch perspektivische Verkürzung entstehen, mit dem Wissen über die realen Körpermaße in Einklang zu bringen. Versuchen Sie, den Menschen immer erst in einfachen Umrißlinien zu erfassen.

Sitzende Menschen
Bei einem sitzenden Menschen liefert der Stuhl nützliche Anhaltspunkte, um die relativen Proportionen des Modells auszumessen. Dabei muß auch in diesem Beispiel die Verkürzung berücksichtigt werden, da sich der nach vorne gebeugte Körper vom Betrachter entfernt. Hilfreich sind die perspektivischen Linien der Bodenbretter, die die Verkürzung in der Zeichnung betonen.

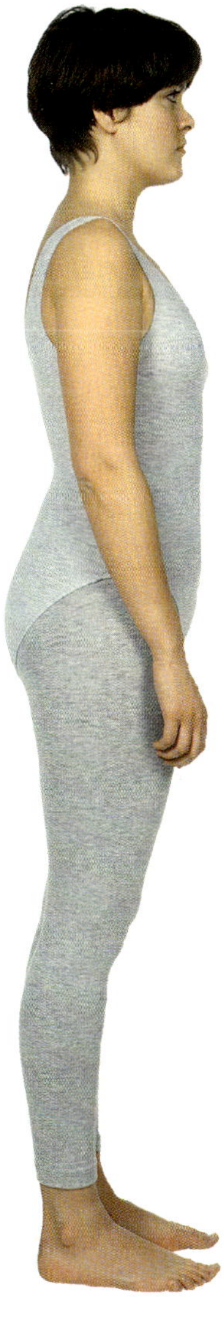

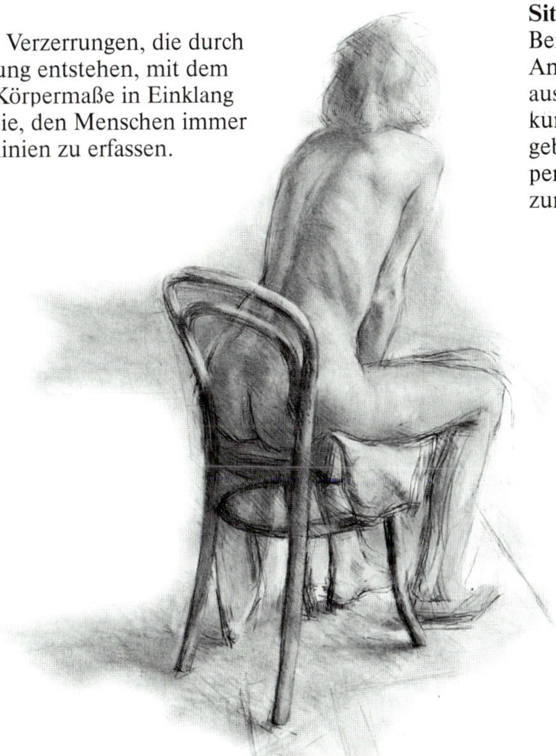

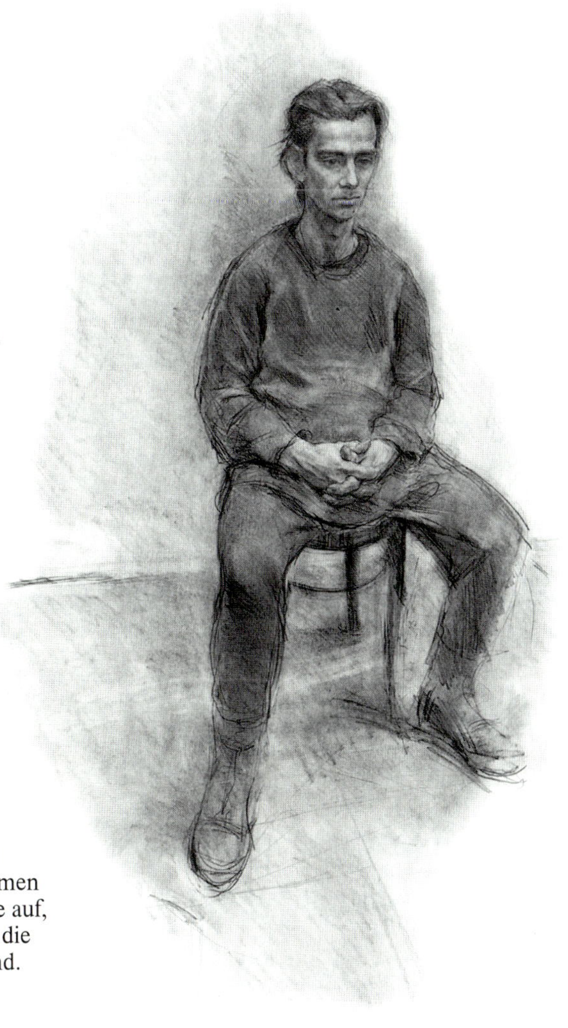

Menschen im Profil
Eine gute Übung ist auch, den Körper eines stehenden Menschen in Seitenansicht zu studieren. Da nur ein Arm und ein Bein zu sehen sind, sind Formen und Strukturen weniger kompliziert, und man kann die volle Länge der Figur mit einigen Blicken erfassen.

Blickwinkel
Je nach Blickwinkel werden die Formen eines Menschen komplizierter oder einfacher. Hier erleichtert der hohe Blickwinkel die Wiedergabe. Man sieht eine Übereinstimmung zwischen den abgerundeten Flächen der Figur und der runden Form des Stuhls. Die Oberschenkellinien verlaufen parallel zum Boden nach vorne und nehmen somit die Richtung der Sitzfläche auf, während die Unterschenkel, wie die Stuhlbeine, senkrecht gestellt sind.

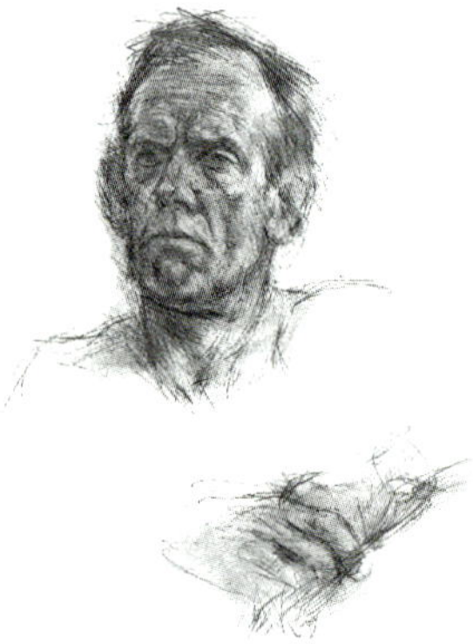

Einige wenige kräftige Bleistiftstriche wurden über verwischte Tonwertflächen gesetzt, wodurch die Form des Kopfes und der gefalteten Hände mit plastischer Deutlichkeit hervortritt.

Einer der besten Wege, die Zusammenhänge des Körpers kennenzulernen, ist die genaue Betrachtung einzelner Körperteile. Für viele Menschen ist es zum Beispiel besonders schwierig, Hände, die sehr komplex und beweglich sind, zu zeichnen. Gerade sie aber verraten viel über einen Menschen, und es lohnt sich, intensivere Studien anzufertigen, um sie genau zeichnen zu können. Dasselbe gilt für Köpfe, den Gesichtsausdruck und die Füße eines Menschen. Wenn Sie sich länger mit diesen einzelnen Körperteilen auseinandersetzen, werden Sie bald bemerken, wie sehr Ihr Bild bei einer exakten Wiedergabe an Ausdruckskraft gewinnen kann.

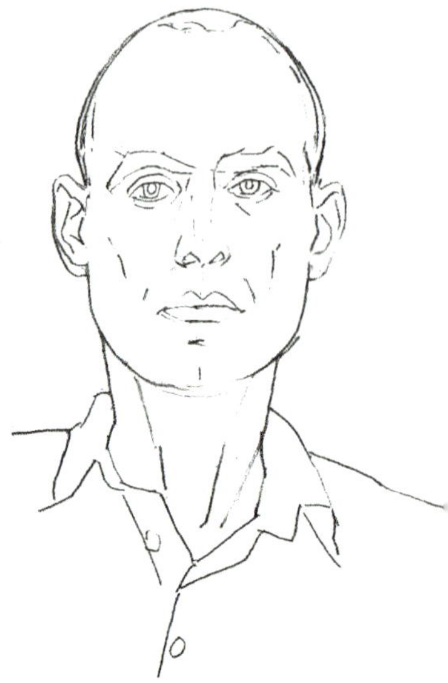

Lineares Porträt
Schon in einer einfachen spontanen Linienzeichnung kann mit wenigen Strichen die Form der Schädelknochen unter der Haut deutlich herausgearbeitet werden.

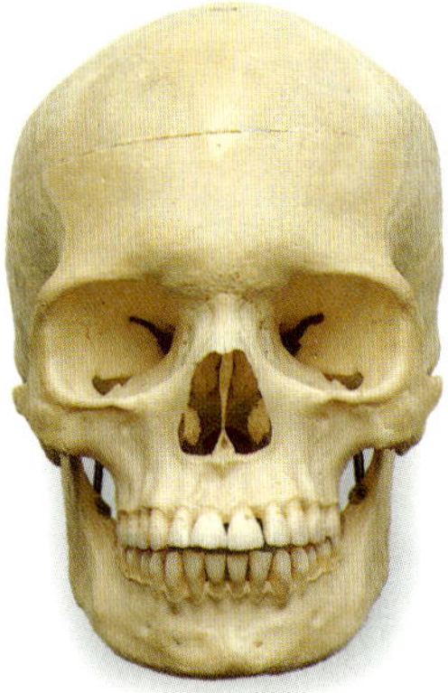

Der menschliche Schädel besteht aus 22 Knochen, darunter 8 Schädel- und 12 Gesichtsknochen.

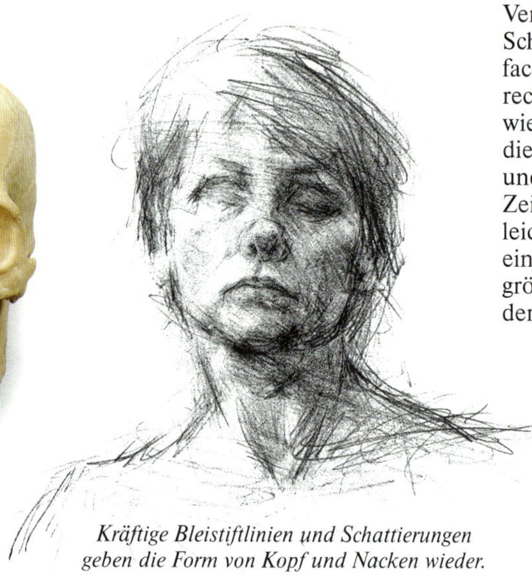

Kräftige Bleistiftlinien und Schattierungen geben die Form von Kopf und Nacken wieder.

Der Schädel
Vergleichen Sie die Form des Schädels (ganz links) mit den enface-Zeichnungen (links und oben rechts), und Sie werden bemerken, wie stark die Gesichtszüge durch die Schädelstruktur vorgegeben und geprägt werden. In beiden Zeichnungen wird das Gesicht leicht von unten betrachtet. Bei einem solchen Blickwinkel vergrößert sich der Kiefer, während der Schädel selbst schmaler wirkt.

Kopfbewegungen
Besonders wichtig für den Ausdruck eines Menschen ist auch seine Kopfhaltung: Betrachtet man zum Beispiel einen Menschen, der die Augen geschlossen hat, von vorne, scheint er in einer Traumwelt versunken zu sein. Eine leichte Neigung des Kopfes zur Seite kann dagegen ein Gefühl der Resignation vermitteln. Wie wichtig die Haltung des Kopfes ist, können Sie an den vier Beispielen unten erkennen.

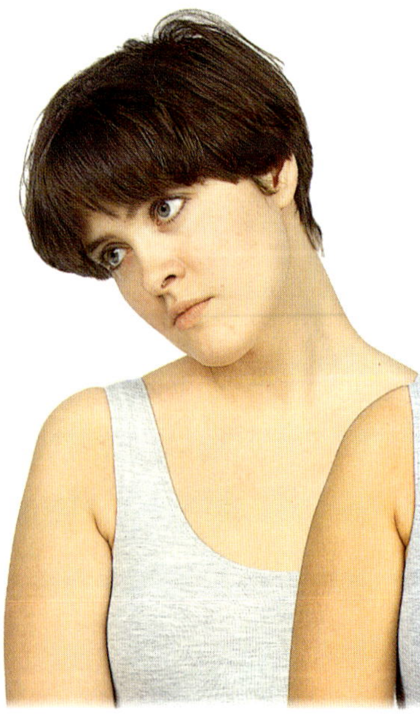

Ist der Kopf zur Seite geneigt, tritt die Nackenlinie stärker hervor.

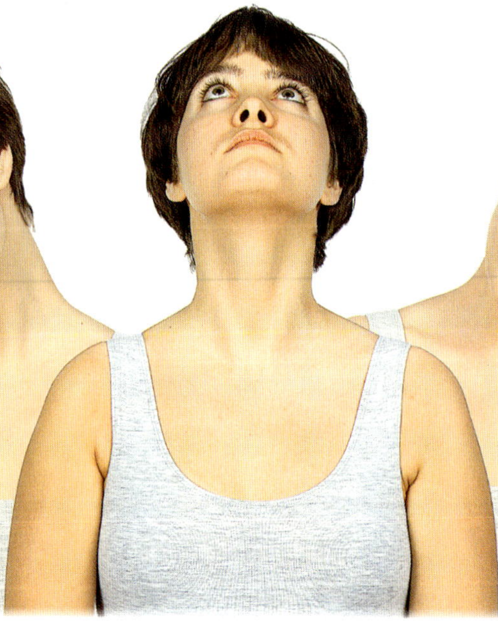

Eine ungewöhnliche Perspektive ergibt sich, wenn der Kopf zurückgelegt wird.

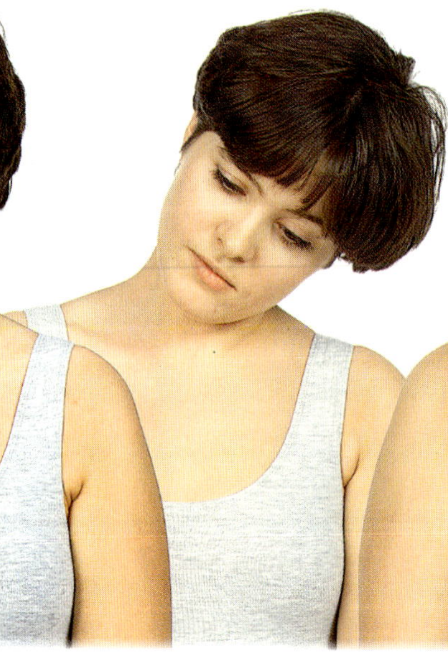

Ist der Kopf zur Seite geneigt und der Blick dabei gesenkt, wirkt das Gesicht besonders ausdrucksvoll.

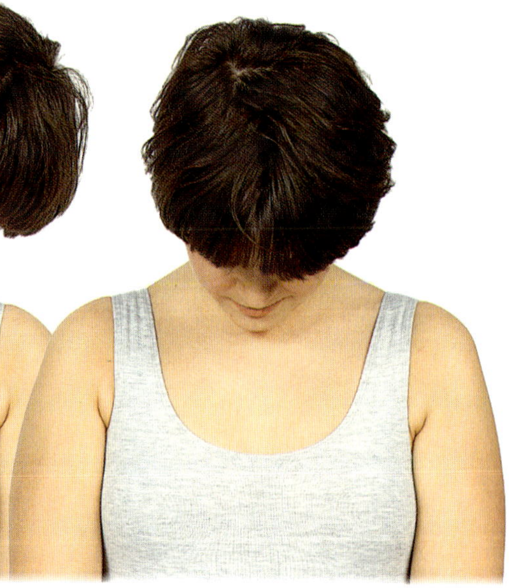

Wenn der Kopf nach vorne gesenkt wird, wirkt das Gesicht verkürzt.

Hände
Ähnlich wie beim Kopf zeigt auch die Oberfläche der Hände das darunterliegende Knochengerüst, vor allem auf dem Handrücken. Die Knochen der Finger werden Phalanx genannt, die Daumen besitzen je zwei, die anderen Finger je drei Fingerglieder. Diese wiederum sind durch die Zwischenfingerglieder miteinander verbunden, die man bei gebogenen Fingern als Knöchel sieht. Acht kleine Handwurzelknochen geben dem Handgelenk seine Beweglichkeit und Stärke. Legen Sie als Anfangsübung Ihre Hand auf ein Blatt Papier, und zeichnen Sie die Umrisse nach. Versuchen Sie dann in Skizzen die knochigen Erhebungen genau auszuarbeiten.

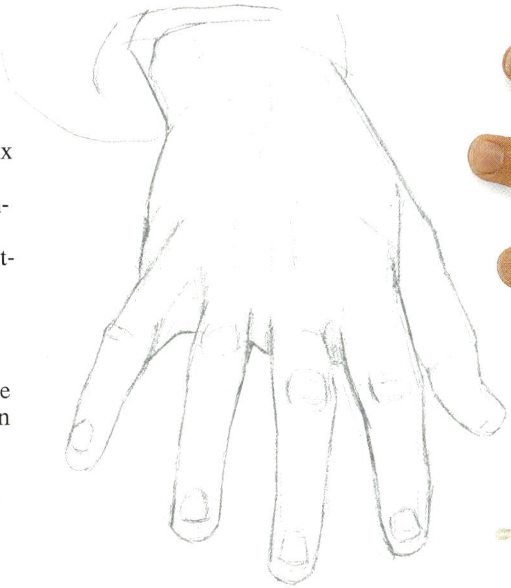

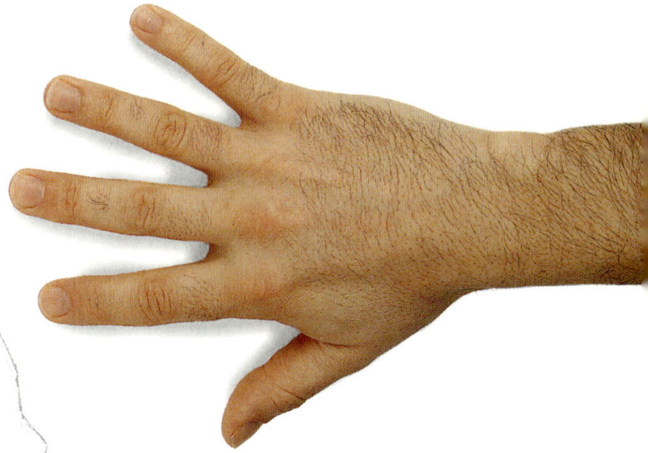

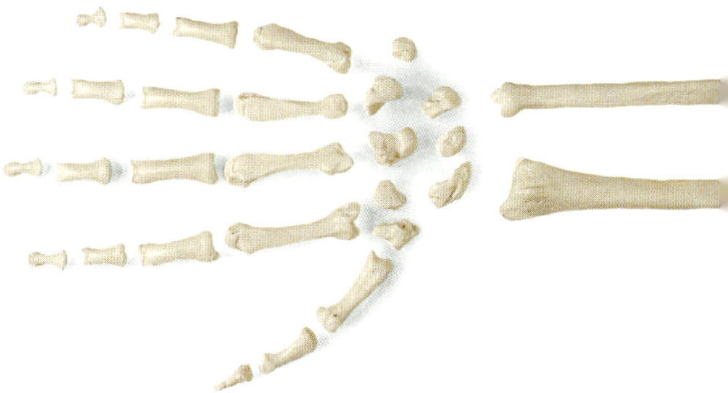

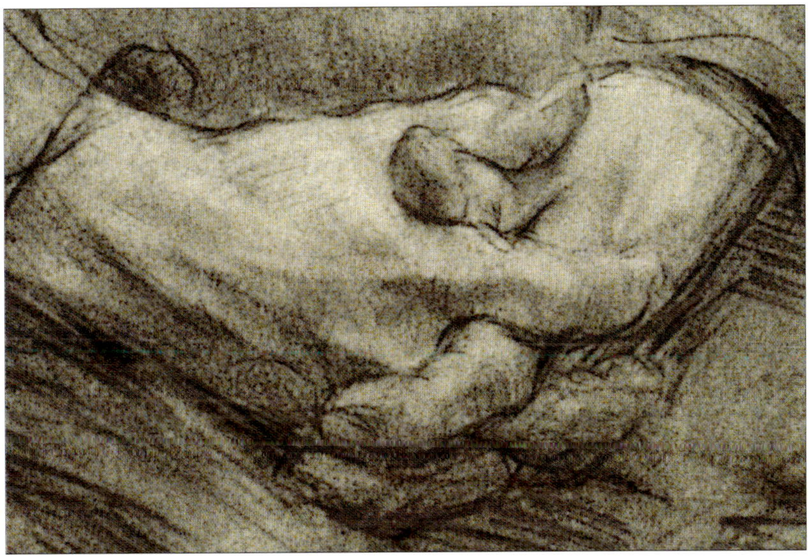

Handhaltungen
Hände können in den unterschiedlichsten Haltungen gezeichnet werden. In vielen Stellungen sind sie jedoch gefaltet, eine Form, die am Anfang sehr kompliziert wirkt. Sie werden aber schnell feststellen, wieviel einfacher es wird, diese zu zeichnen, wenn man die klare Knochenstruktur unter der Haut im Auge behält. Skizzieren Sie so oft wie möglich Hände mit Kohle oder weichem Graphitstift. In dieser Tonwertstudie zum Beispiel treten die langen Sehnen des Handgelenks deutlich hervor. Die Proportionen der Finger wurden genau ausgemessen.

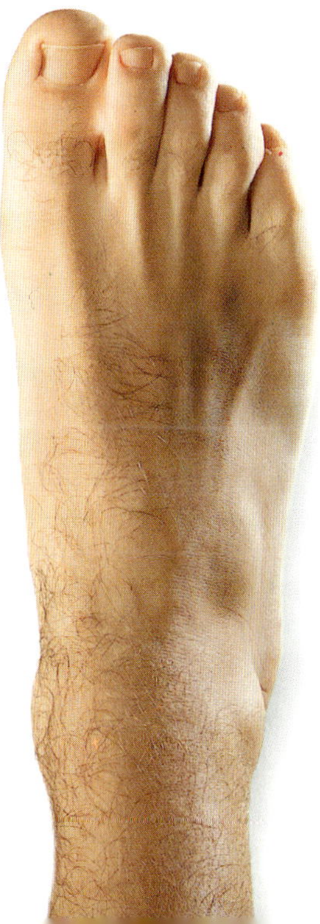

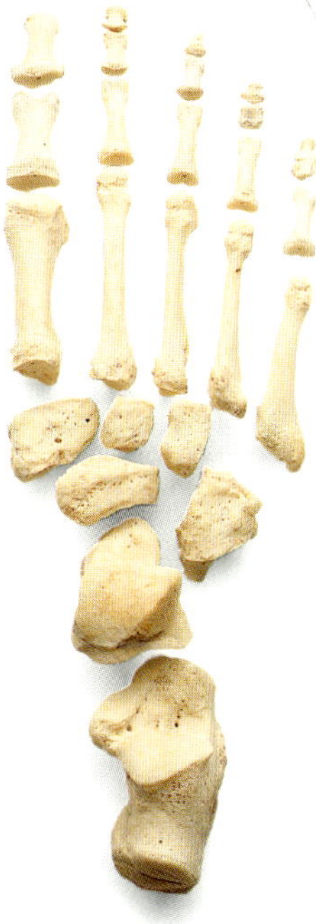

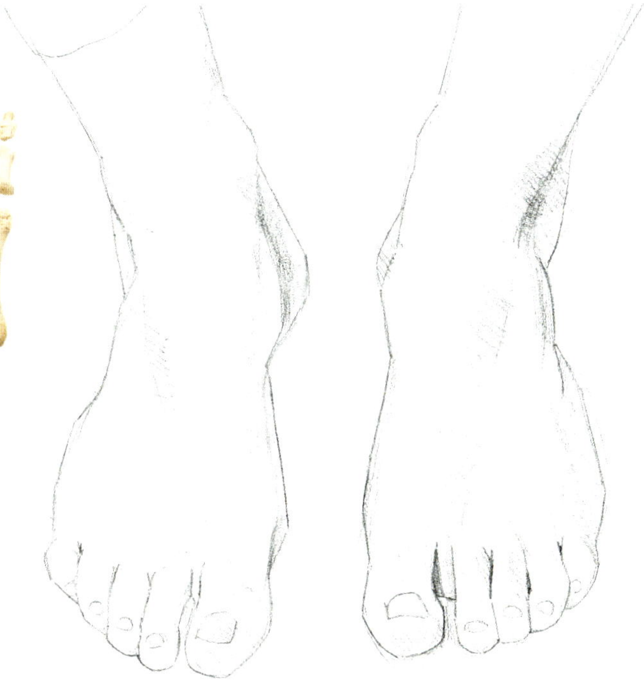

Füße
Das Fußskelett ähnelt dem der Hand: Wie die Finger bestehen die Zehen aus je drei Knochengliedern, die großen Zehen wie die Daumen aus je zwei. Diese wiederum sind mit den Fußwurzelknochen verbunden. Die Zehenglieder sind zwar im Verhältnis zu den anderen Knochen sehr klein, jedoch trägt der Fuß das Gewicht des ganzen Körpers, und die meisten seiner Knochen sind daher zugleich auch schwer und kräftig.

Die lange Tradition der medizinischen Anatomiezeichnung wie auch eine natürliche Neugier zu erfahren, was sich unter der Haut befindet, hat viele Künstler dazu veranlaßt, detaillierte anatomische Zeichnungen und Studien anzufertigen. Leonardo da Vinci zum Beispiel sezierte eigenhändig zehn Leichen, um seinen Drang nach Wissen um anatomische Genauigkeit zu befriedigen. So weit braucht man natürlich heute nicht mehr zu gehen, zumal es inzwischen ein großes Angebot an leicht zugänglichen Informationsmaterialien gibt (siehe Seite 22–23). Die Konzentration auf einzelne Körperteile wie Arme und Hände bleibt jedoch weiterhin ein beliebtes Element beim Zeichnen von Menschen, und viele Künstler haben sich in den verschiedensten Techniken mit ihnen auseinandergesetzt.

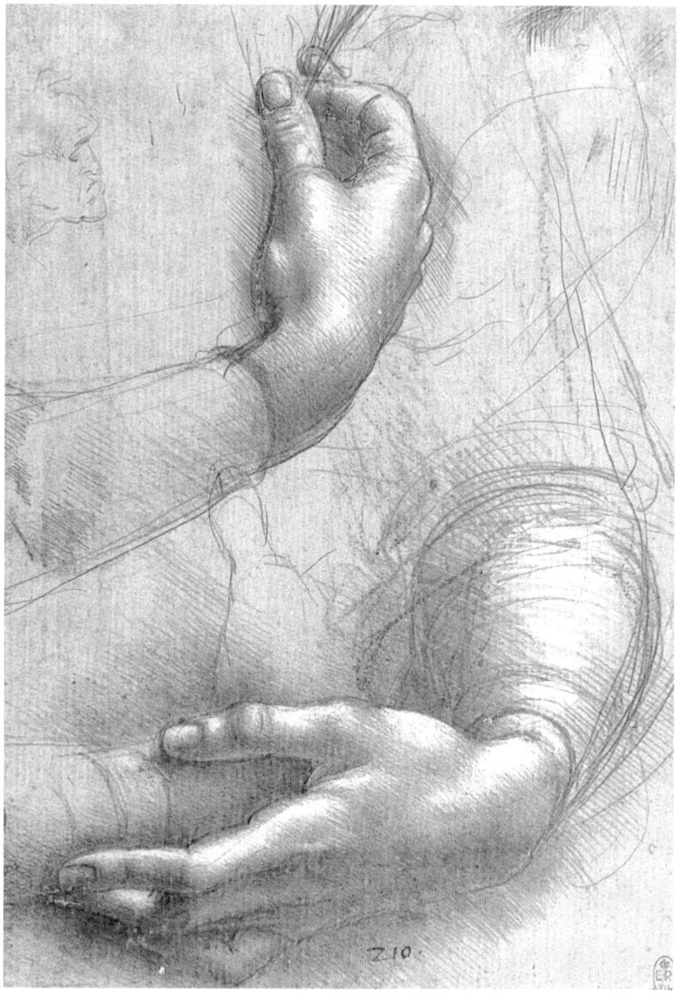

▶ **Leonardo da Vinci, Studie von Armen und Händen, 1474** (21,4 x 15 cm)
Leonardo wendete hier eine ganz bestimmte Technik an: Er zeichnete das Motiv mit Metallstift auf einen speziell dafür vorbereiteten, cremefarbigen Grund und setzte die Lichtpunkte mit Weiß ein. Dadurch erzielte er eine Anmut und zugleich aber auch eine Plastizität, die auf einem weißen Grund nur schwer zu erreichen gewesen wäre.

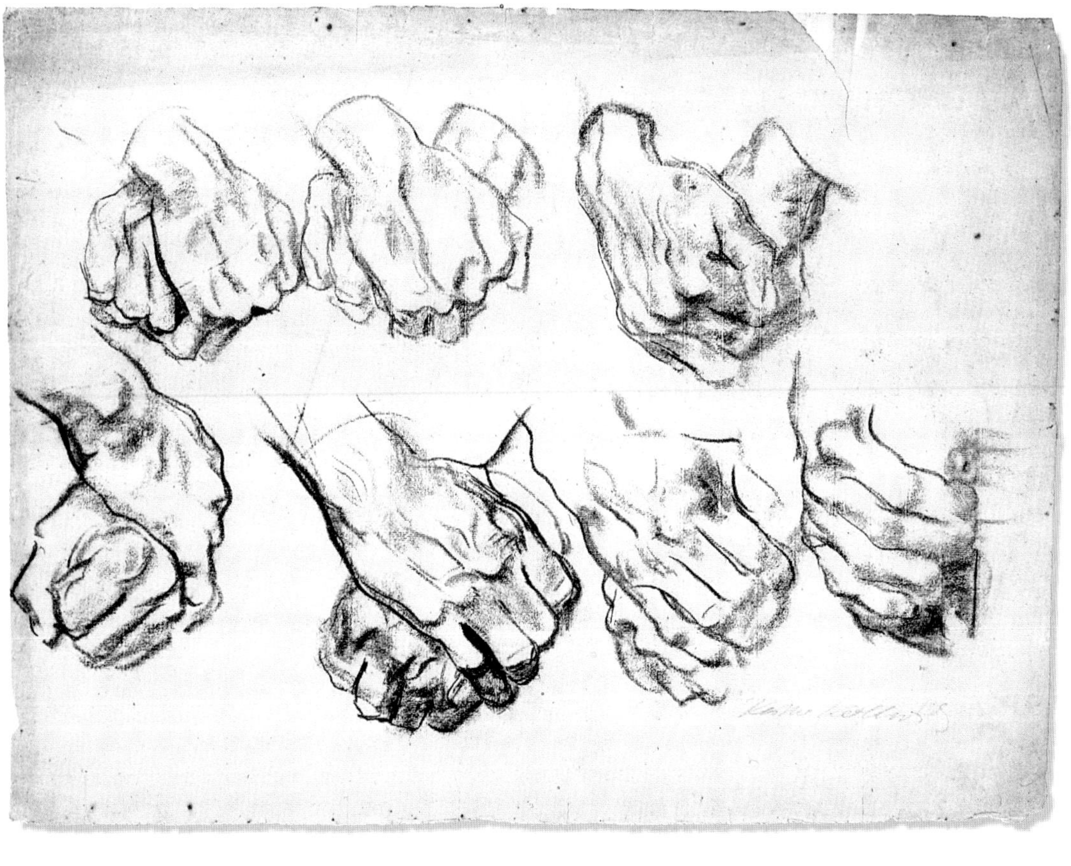

◀ **Käthe Kollwitz, Sieben Handstudien, um 1925,** (56,5 x 76 cm)
Die Kohlezeichnungen von Käthe Kollwitz sind nicht nur genaue anatomische Studien, die mittels Linie und Tonwert die Handformen und -haltungen deutlich herausarbeiten, sondern sie besitzen zugleich auch eine starke emotionale Ausstrahlung. Die Künstlerin setzt die fest verklammerten Hände als Metapher für den menschlichen Lebenskampf ein.

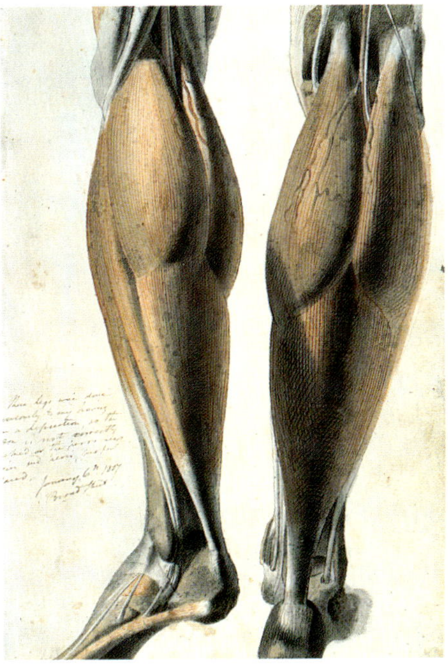

◄ **Benjamin Robert Haydon, Anatomische Zeichnung von zwei Beinen, 1807** (46 x 32,3 cm)
Diese lavierte Federzeichnung von Benjamin Robert Haydon analysiert die unteren Beinmuskeln. Sehr genaue Schraffuren definieren die Form des etwas größeren mittleren Kopfs der inneren Wadenmuskeln und den seitlichen Kopf daneben. Mit feinen Federstrichen wird die Wadenmuskelsehne wiedergegeben, die zum Knöchel läuft, wo sie an der Ferse die Achillessehne bildet.

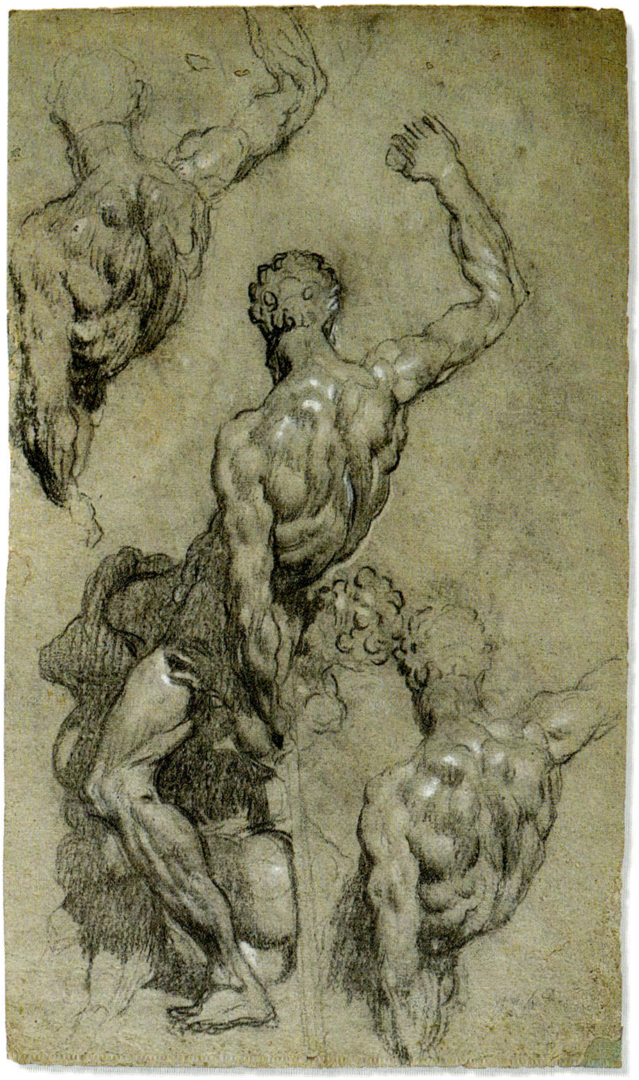

▲ **Jacopo Tintoretto, Studien nach Michelangelos „Samson und die Philister", um 1545–55** (45,2 x 27,3 cm)
Tintoretto bewunderte Michelangelos Skulpturen sehr und arbeitete nach Tonkopien von dessen Werken, um seine anatomischen Zeichnungen zu verbessern. Er soll seine Modelle in sehr ausdrucksvoller Weise angeleuchtet haben, um Lichter und Schatten zu verstärken. In diesem Bild hat er mit Kohle auf graugrünem Papier gezeichnet.

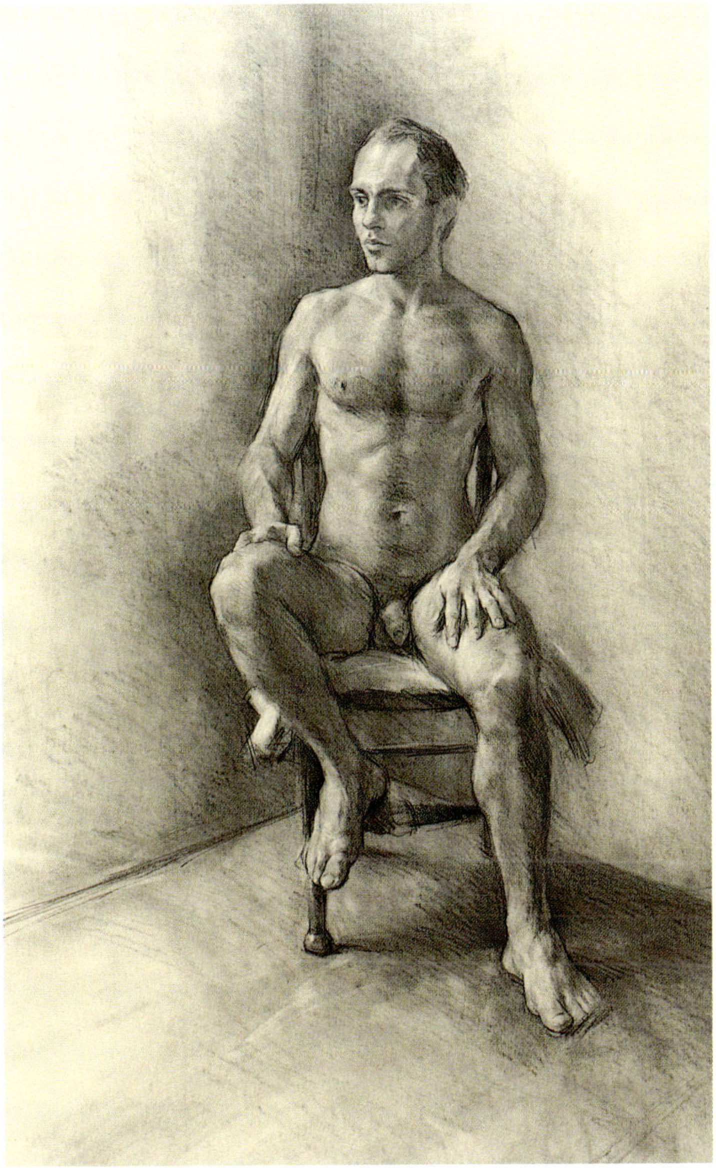

◄ **Neale Worley, Italienischer männlicher Akt** (63 x 45 cm)
Eine gut beobachtete, sehr genau und lebendig gezeichnete Aktstudie ist dieses Bild von Neale Worley. Um die Textur der Hautoberfläche herauszuarbeiten, wurde der weiche Bleistift an vielen Stellen mit den Fingern auf dem Papier verrieben. Anschließend wurden dann aus diesen verwischten Partien wieder Lichter mit dem Radiergummi abgehoben.

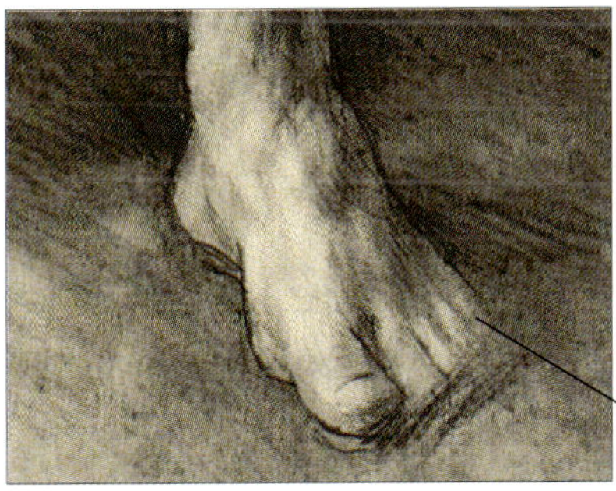

Dieser Ausschnitt zeigt, wie genau Licht- und Schattenstellen wiedergegeben wurden, wodurch die anatomische Form plastisch hervortritt.

Wohl kaum ein anderes künstlerisches Genre erfordert eine solch hohe Konzentration wie das Aktzeichnen. Meist besteht die erste Schwierigkeit jedoch darin, jemanden zu finden, der sich als Modell zur Verfügung stellt. Man kann zum Beispiel Familienmitglieder oder einen Freund bitten, Modell zu stehen. Achten Sie dabei darauf, daß der- oder diejenige eine bequeme Pose einnimmt, und planen Sie regelmäßige Pausen ein. Empfehlenswerter ist das Zeichnen in einer Aktklasse; Aktkurse werden in fast jeder größeren Stadt angeboten. Das Zusammensein, der Austausch und auch die Auseinandersetzung mit anderen Künstlern fördern die Konzentration und wirken sich meist sehr positiv auf die Weiterentwicklung von Stil und Technik aus. Zudem stehen Ihnen in diesen Kursen professionelle Modelle zur Verfügung.

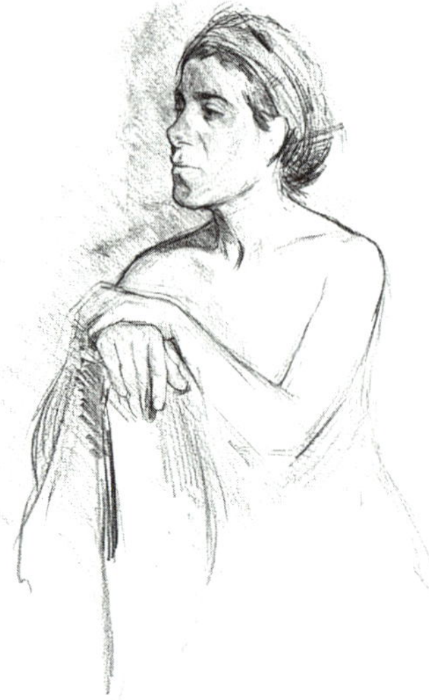

Beim Aktzeichnen kann man sich in den verschiedenen Sitzungen auf einzelne Teile des Menschen konzentrieren.

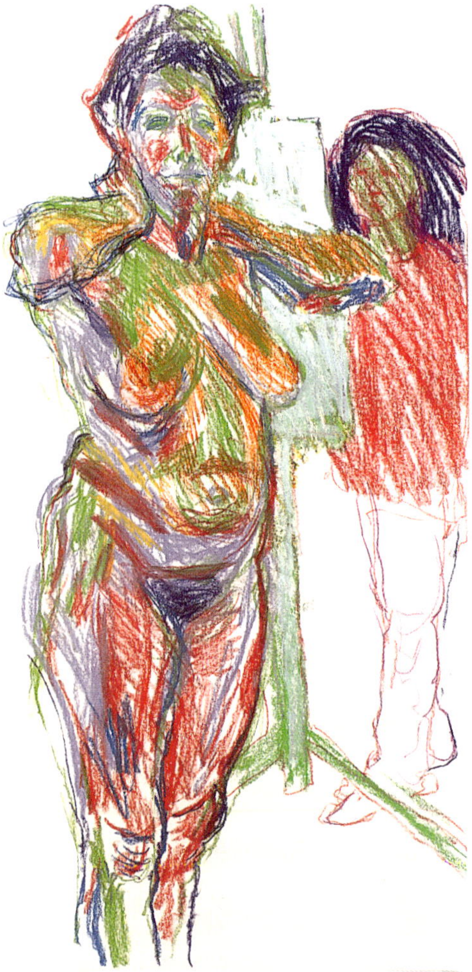

Aktfiguren
Akte können auch sehr gut farbig ausgearbeitet werden. In der linken Studie zum Beispiel wurde mit kräftigen kontrastreichen Farben - Rot, Orange, Violett und Grün - experimentiert. Die auffällige Farbzusammenstellung besitzt eine ganz eigene Aussagefähigkeit und gibt dem Modell eine schillernde Lebendigkeit.

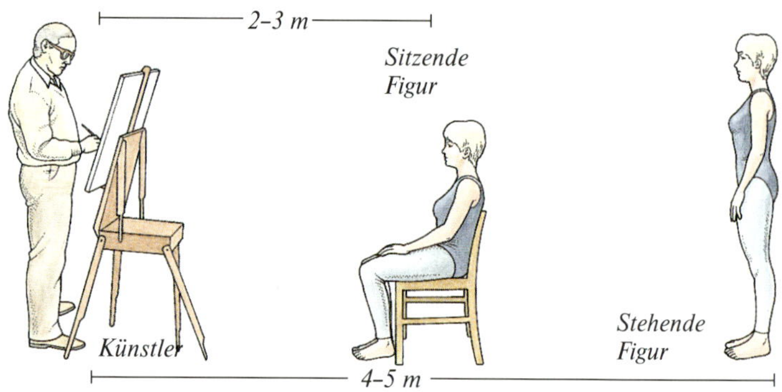

Ideale Abstände
Legen Sie vor dem Zeichnen den Abstand zwischen Ihnen und dem Modell fest. Wichtig ist, daß Sie all das bequem mit einem Blick erfassen können, was Sie zeichnen wollen. Für eine stehende Figur sollte der Abstand etwa 4-5 Meter betragen und 2-3 Meter für eine sitzende Figur oder eine Halbfigur.

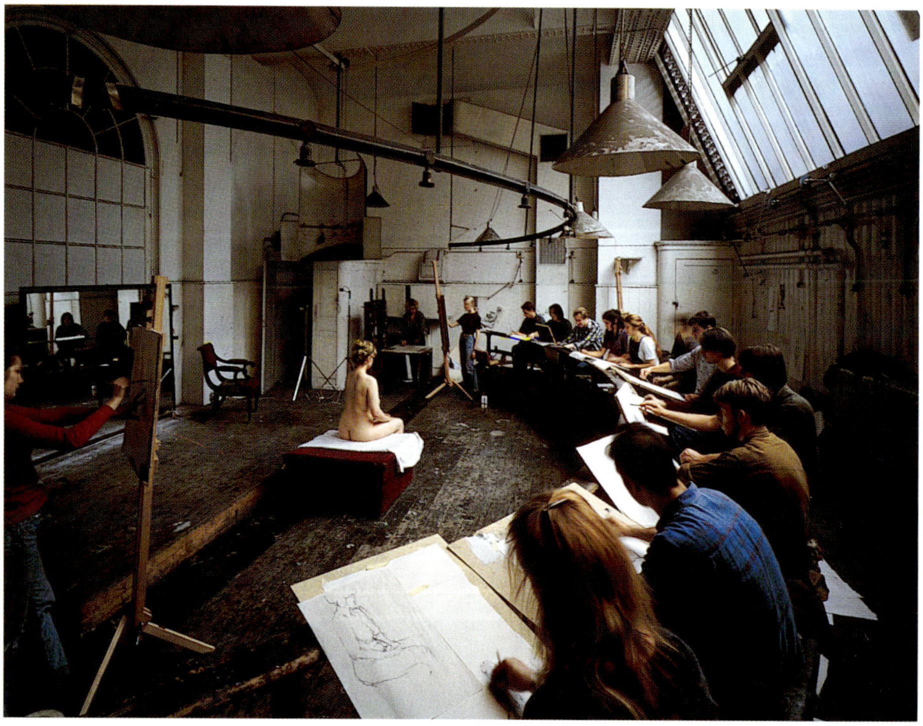

Aktzeichenklassen
Rechts sehen Sie eine Aufnahme des Aktsaals der Royal Academy of Arts in London. Die Entfernung zwischen dem Modell und den Studenten beträgt ungefähr vier Meter, das aus den hohen Fenstern einfallende Nordlicht ergibt eine ideale natürliche und gleichmäßige Beleuchtung.

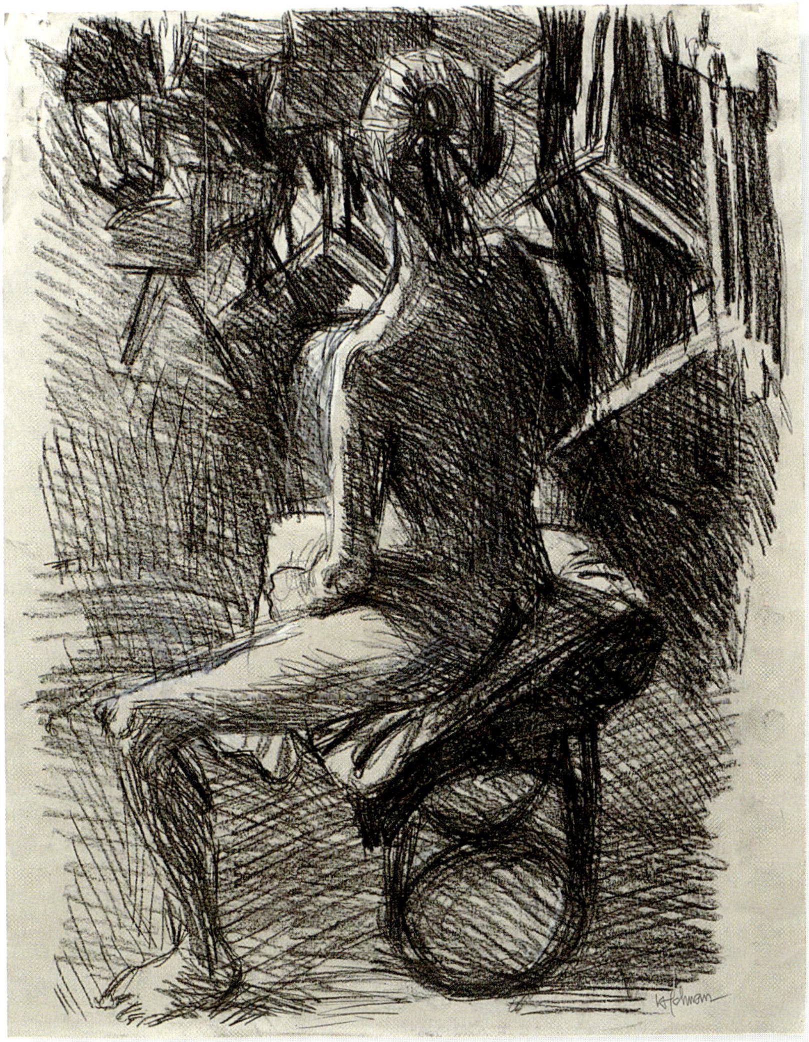

Zur Beleuchtung des Modells
Probieren Sie verschiedene Beleuchtungsmöglichkeiten aus, um mit den Hell-Dunkel-Werten Ihrer Zeichnung zu experimentieren. Bei hellem, direktem Licht entstehen harte, deutliche Hell-Dunkel-Kontraste, während die Tonwerte bei indirektem, gedämpftem Licht weicher und gleichmäßiger werden. In diesem Beispiel links wird die Figur mit einem hellen Licht von rechts beleuchtet.

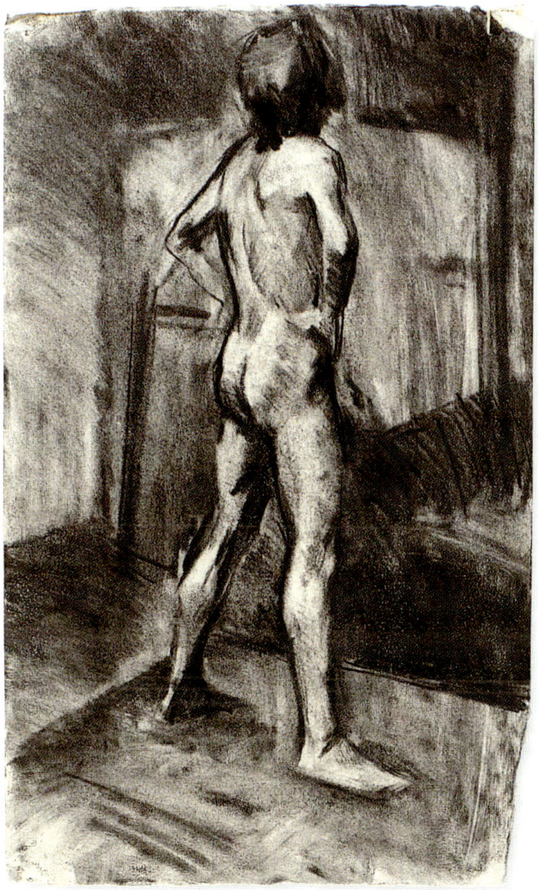

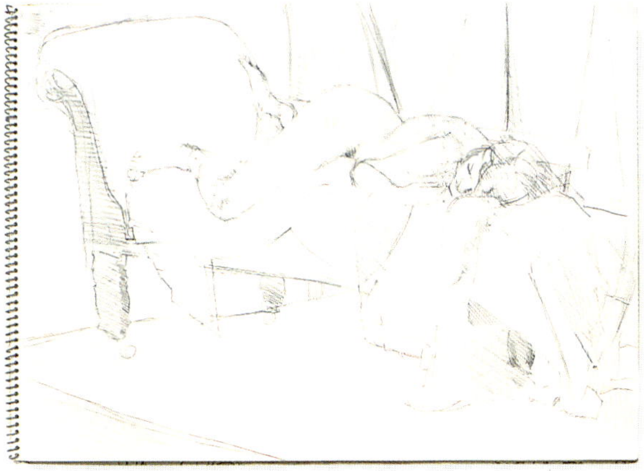

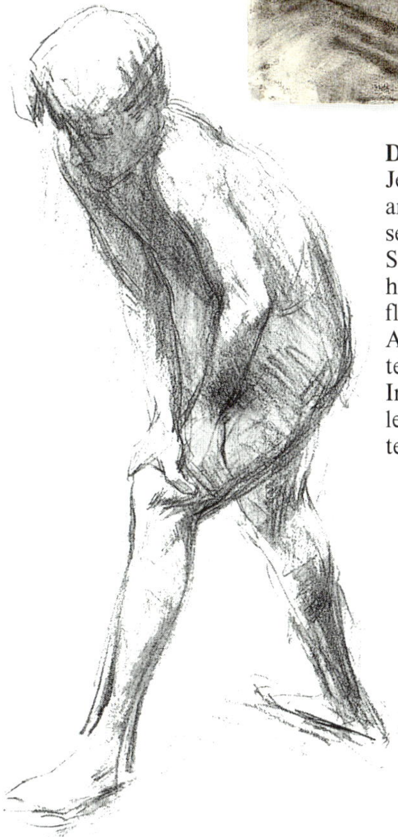

Die Wahl des Zeichenmittels
Jedes Zeicheninstrument besitzt eine andere Wirkungsweise. Besonders vielseitig kann Kohle eingesetzt werden. Sie läßt die jeweilige Textur des Papiers hervortreten und kann zu weichen flächigen Tonwerten verrieben werden. Aber auch Konturen lassen sich in satten, tiefschwarzen Strichen einfangen. In der Zeichnung oben hat der Künstler diese unterschiedlichen Eigenschaften der Kohle ausgenutzt.

Liegende Menschen
Sehr gut eignet sich eine klassische reine Bleistiftzeichnung zur Wiedergabe der entspannten Pose eines liegenden Modells. Eine besondere Wirkung wird dann erzielt, wenn die Linien nicht mehrmals wiederholt werden. Verwenden Sie darum - wie auch der Künstler in dem Beispiel oben - einen harten Bleistift, mit dem Sie deutliche, klare Linien erhalten, oder radieren Sie überflüssige Striche wieder aus. Denken Sie bei der Wahl des Bleistifts daran, wie die unterschiedlichen Härtegrade die jeweilige Linienführung beeinflussen.

Ungewöhnliche Stellungen
Ungewöhnliche Stellungen können besonders ausdrucksstark sein. Die Figur links, mit den Händen das linke Knie umgreifend, strahlt Kraft und Bewegung aus. Es ist eine schwierige Stellung für das Modell, die es nicht lange einnehmen kann. Der Künstler mußte daher sehr schnell arbeiten, um die Haltung in kurzer Zeit einzufangen.

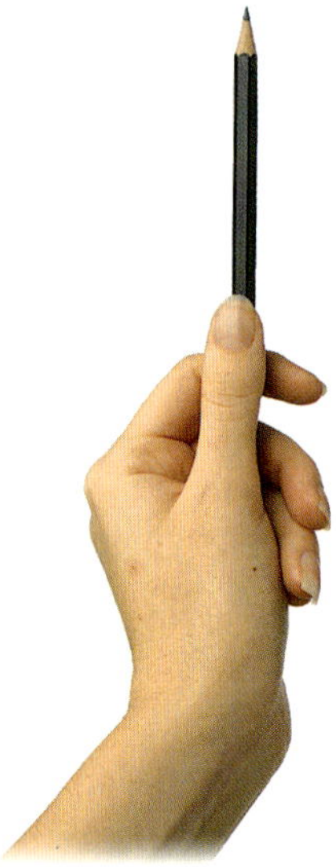

Es gibt verschiedene grundlegende Zeichentechniken, die in einer ausgearbeiteten Zeichnung zusammenwirken. Am Anfang ist es sehr hilfreich, jede von ihnen zunächst einzeln zu betrachten und kennenzulernen. Konzentrieren Sie sich in den ersten Aktsitzungen darauf, die Figur in nur einer einzigen Linie zu erfassen. Die Linie kann von dem hauchdünnen Strich eines Bleistifts bis zu den dicken, festen Strichen eines Graphitstifts oder einer Zeichenkohle variieren. Die Linienführung selbst richtet sich nach der Persönlichkeit des Künstlers und nach Art der Pose.
Linien können kräftig und ausdrucksstark gezogen werden (siehe Seite 38–39) oder sorgfältig und bedächtig, um die Formen des Modells genau zu erfassen. In beiden hier gezeigten Studien wurde zunächst mit zarten, dünnen Linien eine Vorzeichnung angelegt und diese dann kräftiger nachgezogen.

Messen Sie Abstände mit einem Bleistift aus.

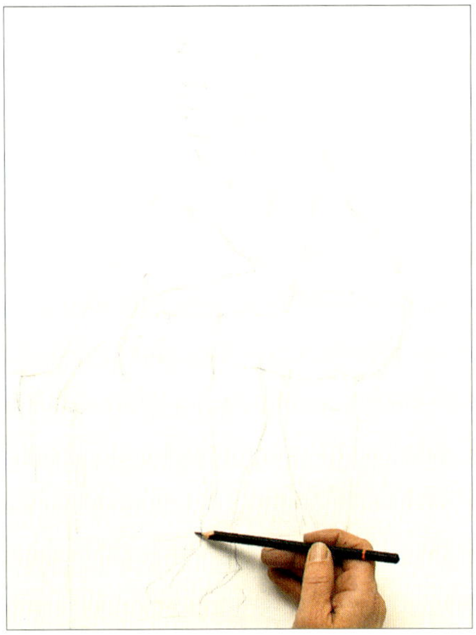

▲ **1** Versuchen Sie mit halbgeschlossenen Augen die ganze Form der Figur zu erfassen. Die Vorzeichnung wird in sehr lockeren und leichten Strichen mit einem weichen Bleistift (zum Beispiel 3B) skizziert. Diese ersten Hilfslinien dienen als Grundgerüst für die genauere Zeichnung.

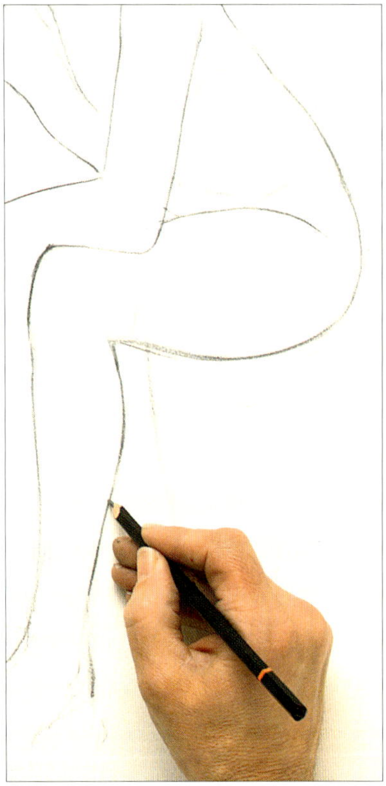

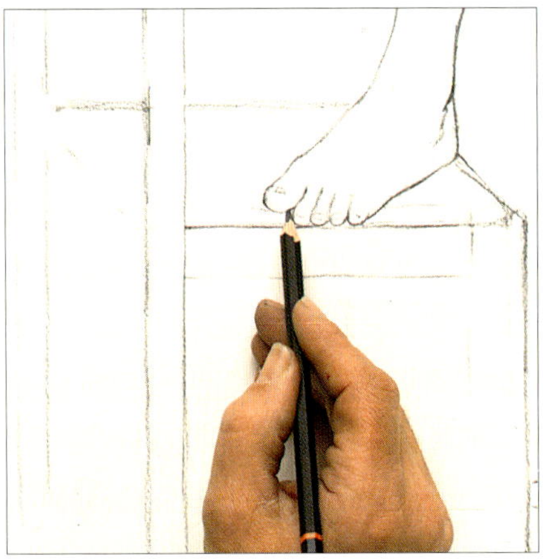

◀ **2** Beachten Sie die Tonwertunterschiede zwischen dem Hintergrund und der Figur. Dort, wo die Figur hell ist und der Hintergrund dunkel, wird die Linie etwas kräftiger nachgezeichnet als dort, wo dieser Kontrast weniger stark ist. Ein solcher wechselnder Linienduktus gibt der Figur Plastizität.

◀ **3** Ziehen Sie nun mit festeren Strichen die Konturen nach, und radieren Sie überflüssige oder falsche Bleistiftlinien aus. Zum Schluß werden Details wie Finger und Zehen ausgearbeitet.

Negative Flächen
Die von Teilen des Körpers oder Gegenständen (hier zum Beispiel der Stuhl) umschlossenen Flächen des Hintergrundes nennt man „negative Flächen“. Diese Flächen müssen ebenso genau wiedergegeben werden wie der Mensch selbst, um stimmige Proportionen zu erhalten.

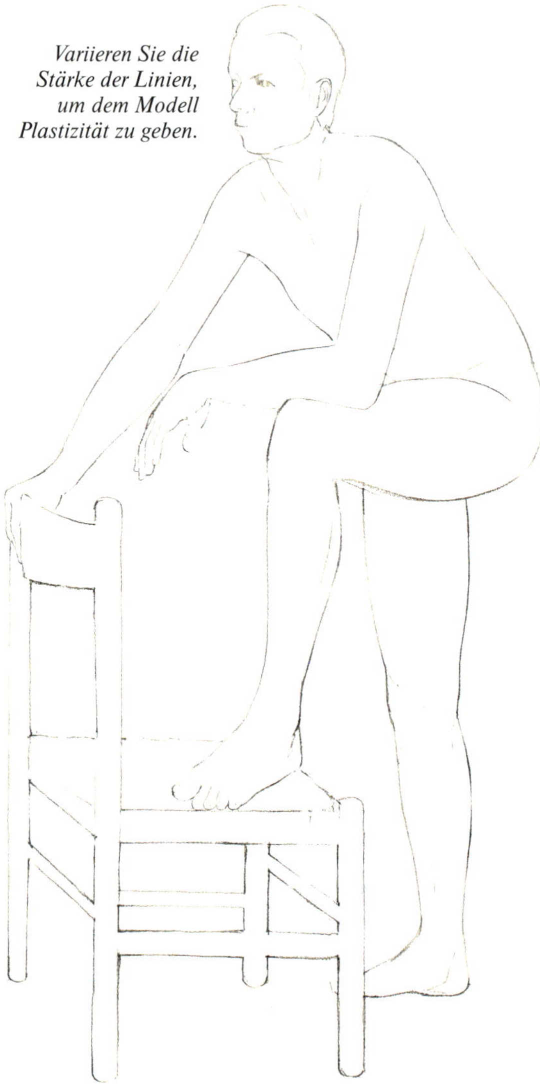

Variieren Sie die Stärke der Linien, um dem Modell Plastizität zu geben.

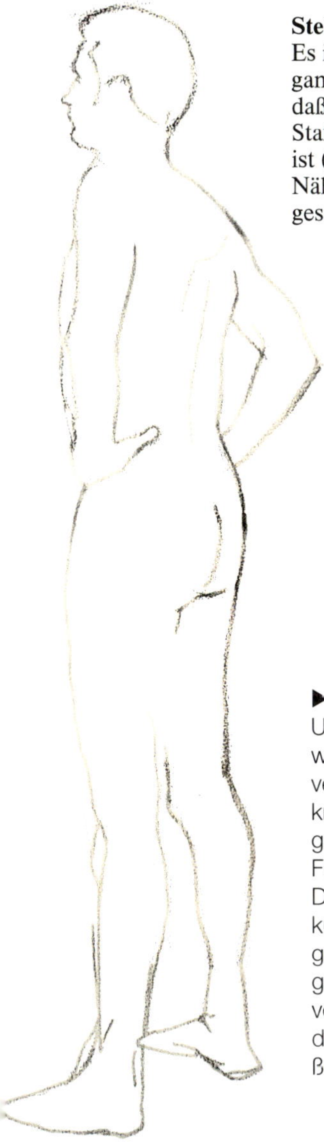

Stehende Menschen
Es ist wichtig, daß Sie einen Menschen ganz sehen. Achten Sie daher darauf, daß die Entfernung zwischen Ihrer Staffelei und dem Modell groß genug ist (siehe Seite 30–31). Aus zu großer Nähe betrachtet, wird es schwierig, die gesamte Figur zu erfassen.

▶ **1** Auch mit Zeichenkohle können die Umrisse eines Menschen in leichten Strichen skizziert werden. Fehlerhafte Linien werden vorsichtig mit dem Radierer oder mit dem Finger entfernt. Stellen Sie sich vor dem Setzen der Linie ihren Verlauf vor. Dabei können Sie auch rund um die Figur Markierungspunkte einsetzen, die Sie dann mit den Linien verbinden.

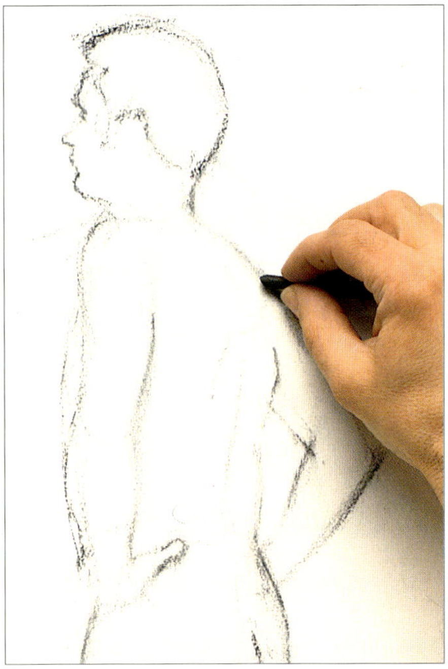

Material

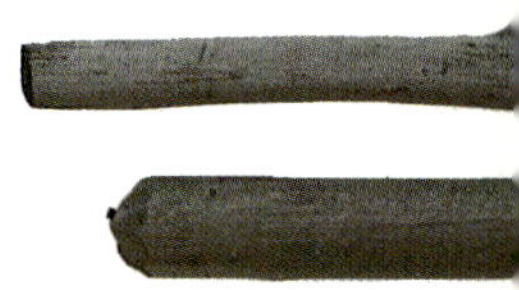

Zeichenkohle

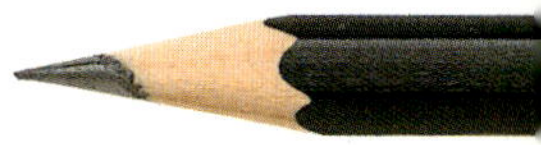

3B-Bleistift

Plastikradierer

▶ **2** Nachdem die Umrisse skizziert wurden, werden nun verschiedene kurze, kräftige Kohlestriche gesetzt, um der Figur Festigkeit zu geben. Diese dunkleren, in kurzen Abständen gesetzten geschwungenen Striche werden vom Auge als eine durchgehende fließende Linie gelesen.

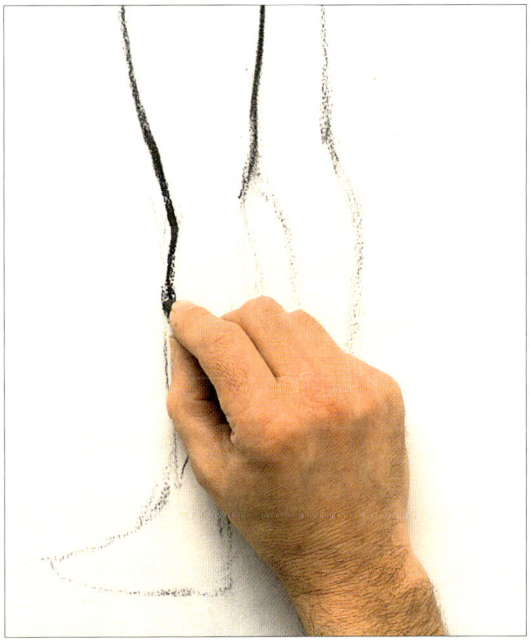

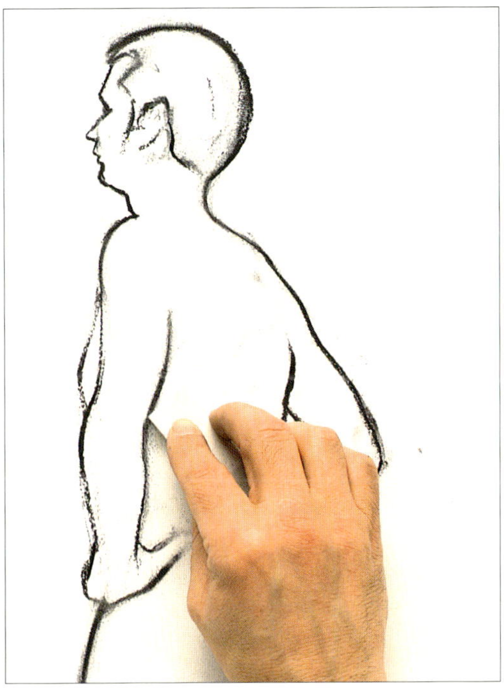

◀ **3** Mit der scharfen Kante eines Plastikradierers werden die Linien noch etwas ausgebessert. Durch diese Technik der stärkeren und schwächeren Linienführung gelingt es, die Muskelspannungen des Körpers wiederzugeben.

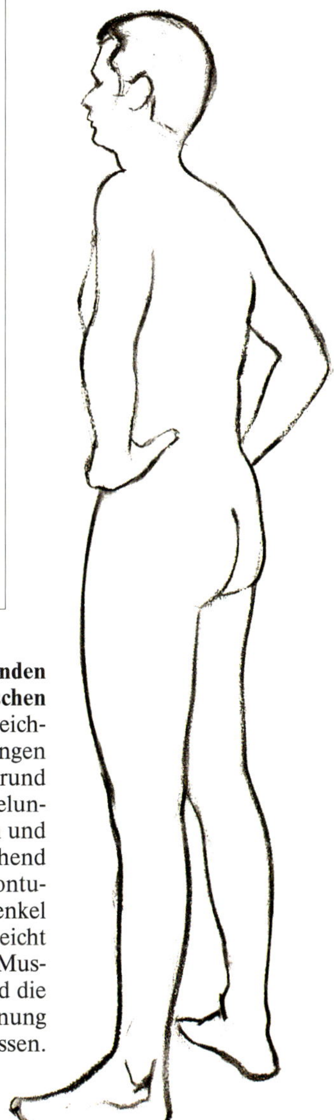

Studie eines stehenden Menschen
Obwohl es in dieser Zeichnung keine Schattierungen und keinen Hintergrund gibt, ist es dennoch gelungen, die Figur plastisch und fest auf dem Boden stehend wiederzugeben. Die Konturen im Bereich der Schenkel und Waden sind leicht geschwungen, um die Muskeln anzudeuten und die einfache Linienzeichnung lebendig werden zu lassen.

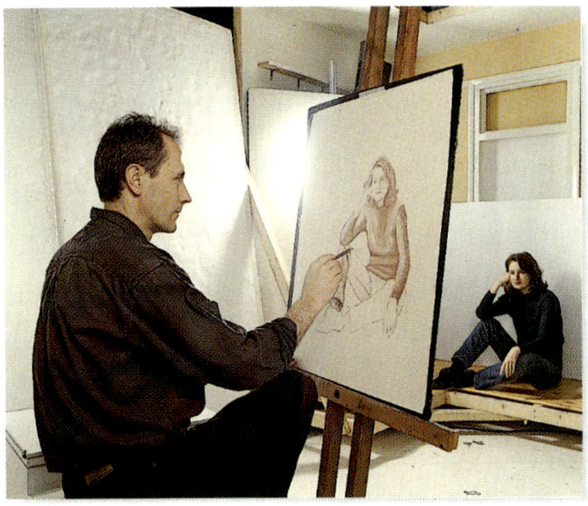

Beleuchtung
Experimentieren Sie mit verschiedenen Beleuchtungen, um die damit verbundenen unterschiedlichen Tonwerte studieren zu können. Helles Licht verstärkt den Licht-Schatten-Kontrast auf der Kleidung.

Wie wir gesehen haben, kann auch eine einfache Linienzeichnung Plastizität andeuten, doch erst die Modellierung von Tonwerten gibt einer Figur wirklich Form und Volumen. Die Unterscheidung zwischen Linie und Tonwert ist etwas willkürlich, denn auch Tonwerte können aus Linien entstehen, und in den meisten Zeichnungen sind beide Elemente unmittelbar miteinander verbunden.

Es gibt viele Möglichkeiten, Tonwerte durch Hell-Dunkel-Abstufungen zu gestalten. Experimentieren Sie mit verschiedenen Schattiertechniken und unterschiedlichen Zeichenmitteln. Hier wurde im ersten Beispiel mit Conté-Kreide gearbeitet und im zweiten mit einem Conté-Stift, der vor allem eine genauere Ausarbeitung von Details zuläßt.

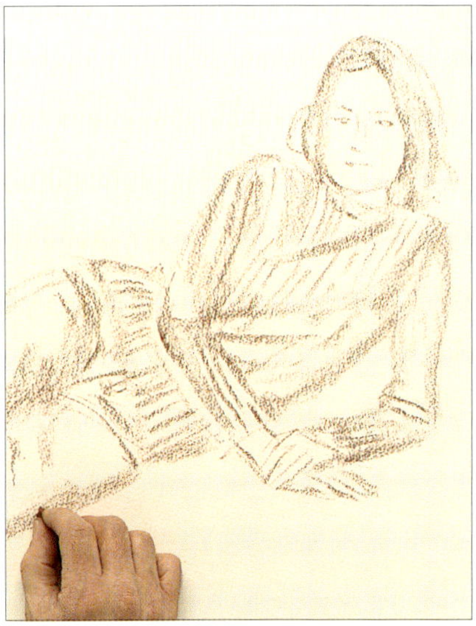

◀ **1** Zunächst werden mit der Breitseite der braunen Conté-Kreide die Umrisse der Figur leicht skizziert. Die Kleidung des Modells liegt sehr eng an und folgt daher relativ genau den Körperformen. Die Papierkörnung bricht den Kreidestrich auf, wodurch wirkungsvolle Halbtöne entstehen.

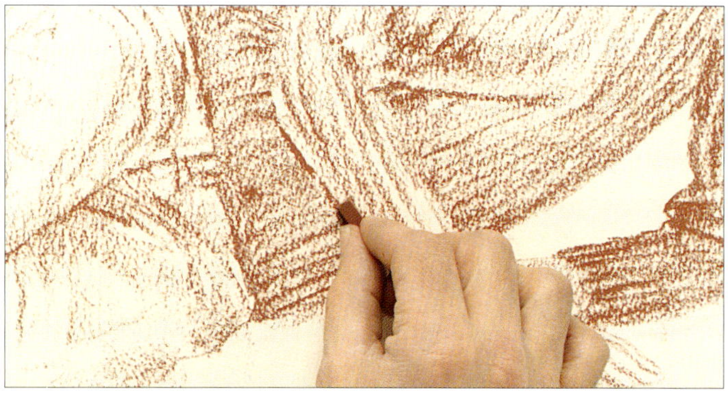

▲ **2** Um am Unterarm eine Schattenzone anzudeuten und den Arm vom Körper abzuheben, wird die Kreide hier fester aufgedrückt. Solch kräftige Striche müssen allerdings vorsichtig eingesetzt werden, um die Tonwertübergänge weich und fließend zu halten.

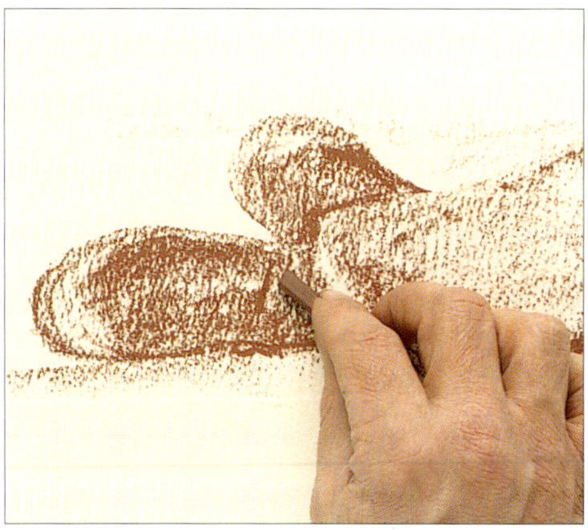

▶ **3** Die Schuhe erhalten den gleichen kräftigen Ton wie die Schatten des Pullovers, wodurch ein Zusammenhalt in der Zeichnung entsteht. Details wie Schuhbänder und Ösen sollten in einer solchen einfachen Tonwertstudie nicht ausgearbeitet werden. Vielmehr kommt es zunächst darauf an, die Hell-Dunkel-Verteilungen ihres Modells festzuhalten.

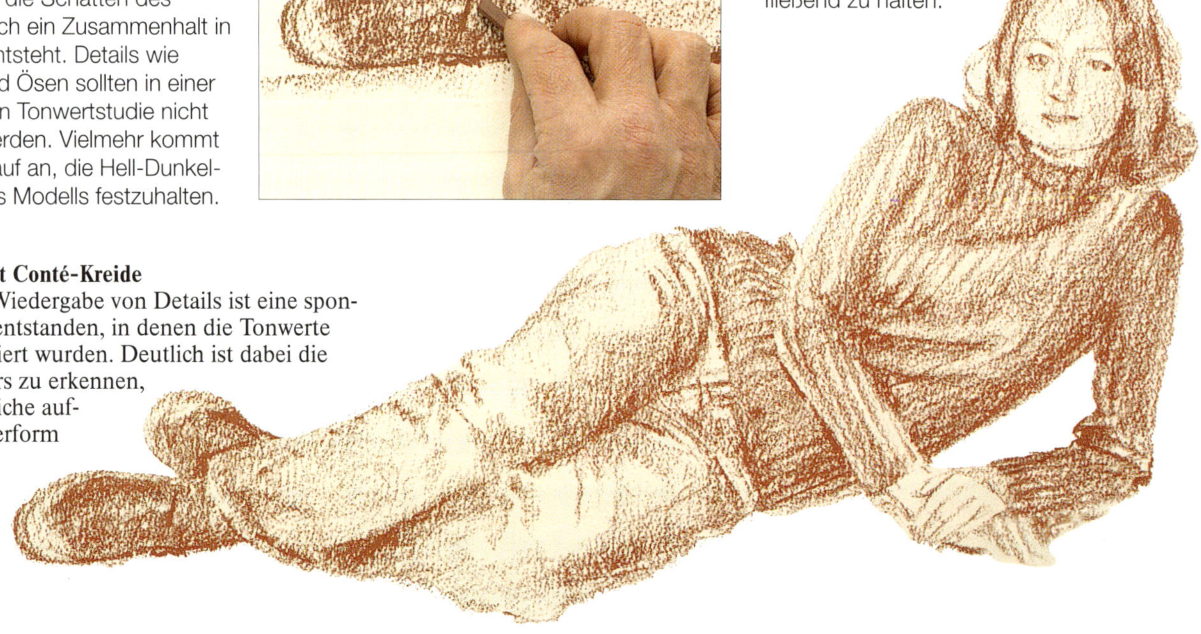

Tonwertstudie mit Conté-Kreide
Ohne genauere Wiedergabe von Details ist eine spontane Zeichnung entstanden, in denen die Tonwerte geschickt modelliert wurden. Deutlich ist dabei die Textur des Papiers zu erkennen, die die Kreidestriche aufbricht. Die Körperform des liegenden Modells ist auf diese Weise plastisch herausgearbeitet worden.

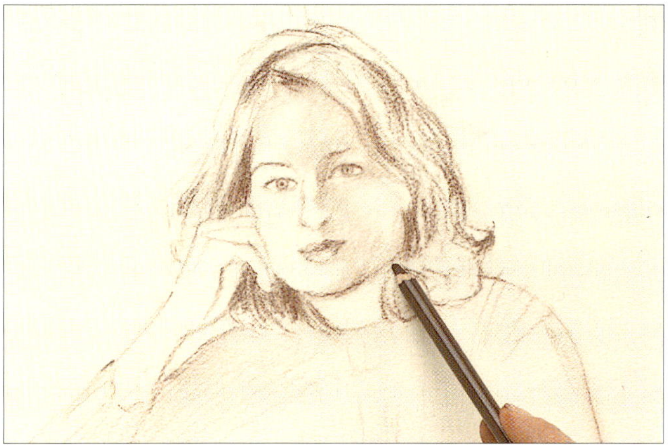

▲ **1** In diesem Übungsbeispiel wird mit einem Stift gezeichnet. Wieder werden als erstes die Umrisse des Modells skizziert und danach zunächst Gesicht und Haar genauer ausgearbeitet. Durch den feinen Strich des Stiftes können nun auch feinere Details erfaßt werden. Das Haar und der Schatten unterhalb des Kinns werden mit leichten Schattierungen modelliert.

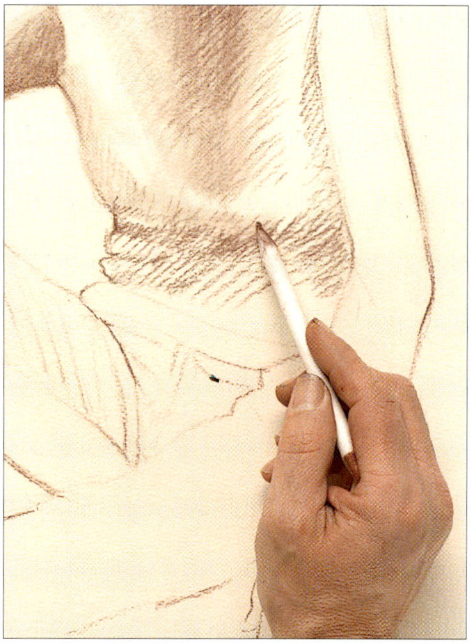

Material

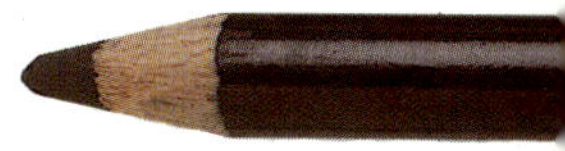

Brauner Conté-Stift

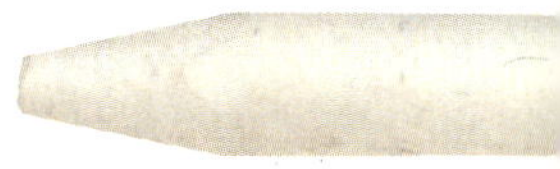

Torchon

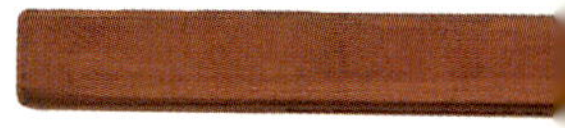

Braune Conté-Kreide

Plastikradierer

▲ **2** Nun werden in leichten Schraffuren diagonale Strichlagen über die senkrecht verlaufenden Linien des Pullovers gesetzt und mit dieser Schattiertechnik dann die gesamte Kleidung der Figur überarbeitet. Mit einem Torchon werden die Striche anschließend etwas verwischt, um weichere Übergänge zu erhalten.

▶ **3** Nachdem die Hell-Dunkel-Werte der Kleidung festgelegt worden sind, wird an manchen Stellen der Ton durch mehrmaliges Schraffieren weiter verstärkt. Die Socken zum Beispiel liegen unterhalb der Hosenbeine im Schatten und müssen daher in kräftigen Tönen gezeichnet werden.

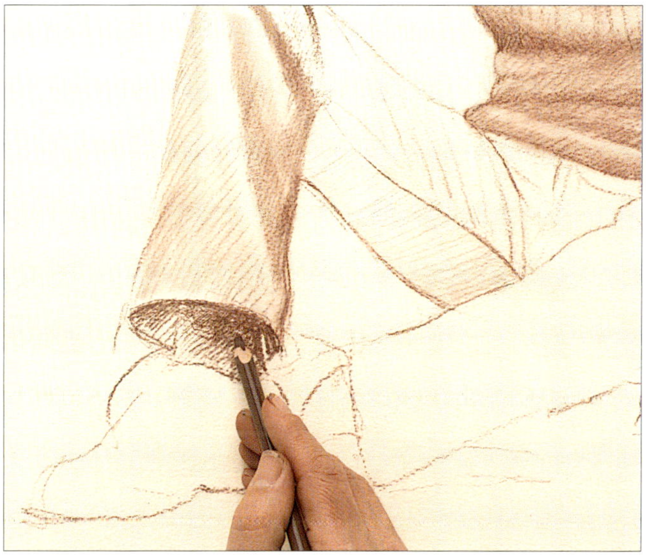

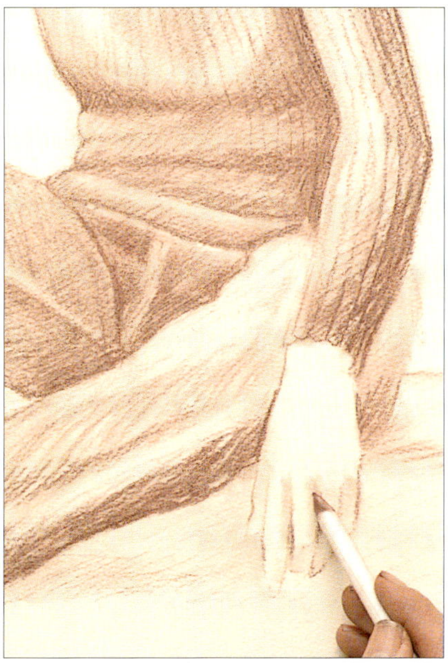

◀ **4** Die linke Hand des Modells bleibt fast weiß, um den Verlauf des von oben einfallenden hellen Lichtes anzudeuten. Zu schroffe Linien werden nochmals mit dem Torchon abgedämpft.

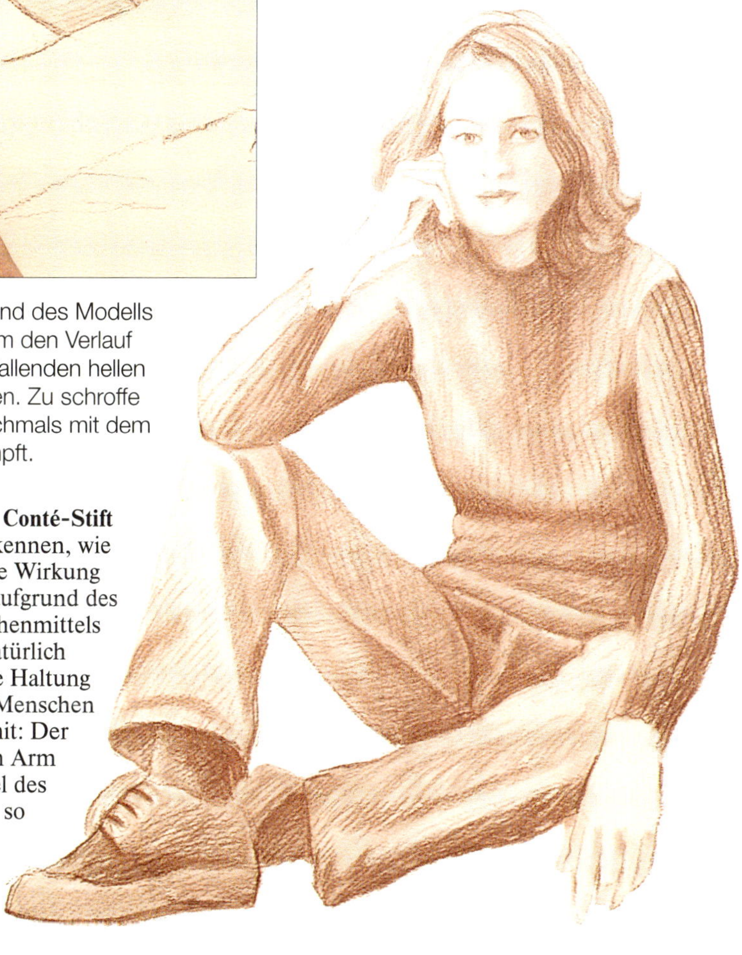

Tonwertstudie mit Conté-Stift
Deutlich ist zu erkennen, wie unterschiedlich die Wirkung einer Zeichnung aufgrund des verwendeten Zeichenmittels sein kann. Und natürlich bestimmt auch die Haltung des dargestellten Menschen die Bildwirkung mit: Der Winkel im rechten Arm nimmt den Winkel des linken Beines auf, so daß eine kreisförmige Bewegung entsteht.

Es ist eine besondere Kunst, ein Modell stundenlang genau zu beobachten, seine Körperformen, seine Haltung, seinen Gesichtsausdruck und seinen Charakter intensiv zu studieren und dennoch eine Zeichnung entstehen zu lassen, die von Lebendigkeit, Bewegung und Spontanität geprägt ist.
Wie unterschiedlich man dabei an ein Motiv herantreten kann, verdeutlichen die hier gezeigten Bildbeispiele. Die Stilbreite reicht von den ornamentalen Flächen bei Henri de Toulouse-Lautrec über die vereinzelt gesetzten Farbtupfen bei David Jones und dem dramatischen Hell-Dunkel bei Linda Hardwicke bis zu den weichen Tönen von George Michael Moser.

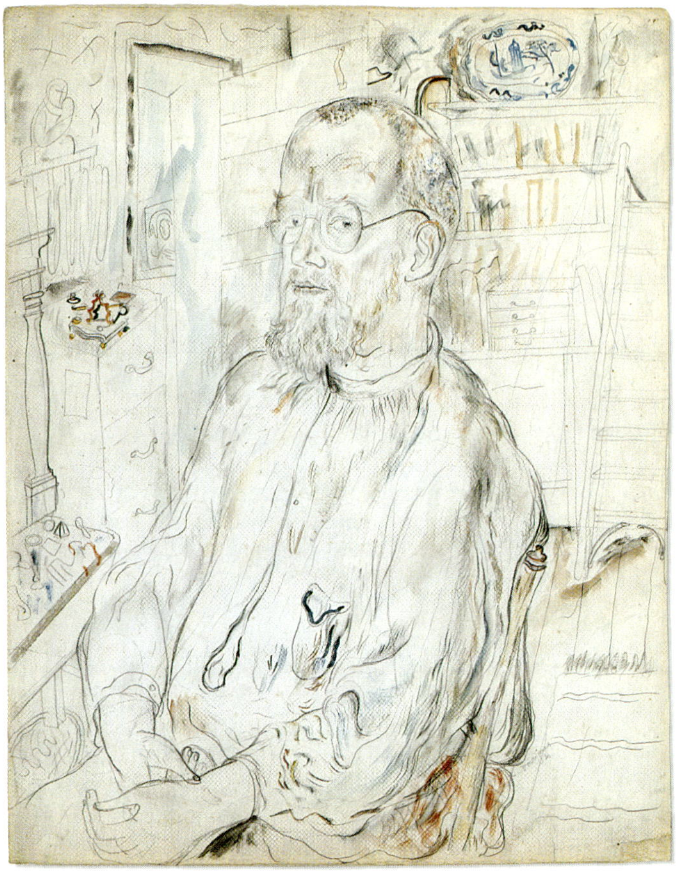

▲ **David Jones, Eric Gill, 1930** (61 x 48,2 cm)
Das Modell, selber ein versierter Künstler, blickt wachsam auf seinen Kollegen, der ihn zeichnet. David Jones arbeitet ausgesprochen genau, wobei er die ganze Fläche des Papiers ausnutzt. Er tritt dabei sehr nah an sein Modell heran, fast als wäre er kurzsichtig. Jeder Bleistiftstrich, jeder Aquarellfleck ist gezielt gesetzt worden; manche Stellen, wie zum Beispiel der rote Fleck unterhalb des linken Arms, werden dabei besonders hervorgehoben.

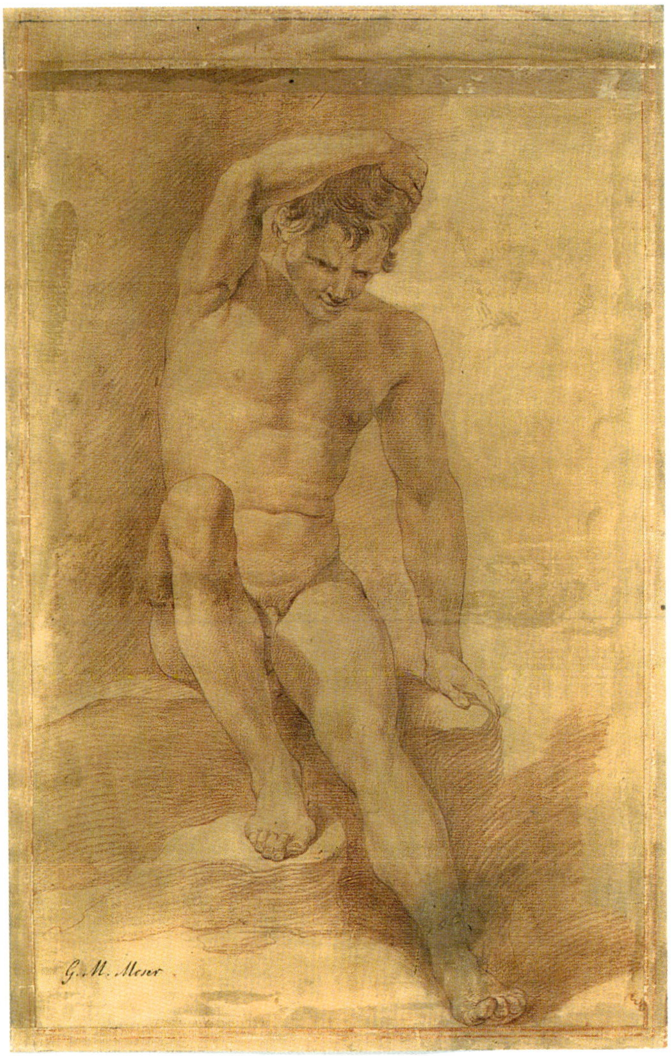

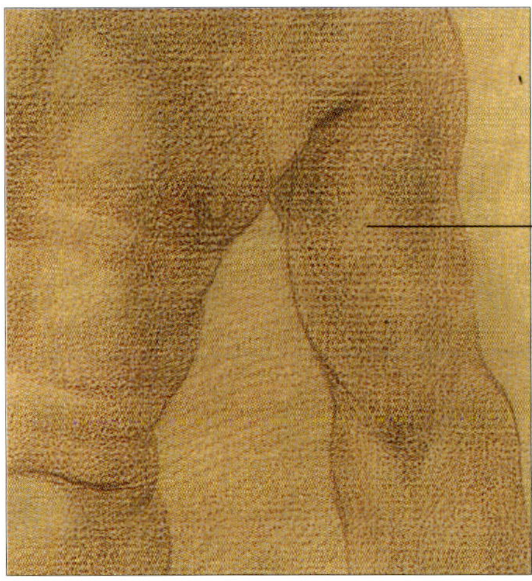

Das feine Schattieren der Tonwerte unterstützt die plastische Wirkung der Zeichnung.

◄ **George Michael Moser, Männlicher Akt aus der Akademie** (57 x 38 cm)
Diese Kreidezeichnung wurde mit ausgefeilten genauen Schattierungen modelliert. Allerdings zeigt sich hier auch ein häufig auftretendes Problem bei langen Sitzungen: Konzentriert man sich zu lange auf eine Körperstelle, kann man die Größenverhältnisse der gesamten Figur aus dem Auge verlieren. So stimmen hier der rechte und der linke Arm in ihren Proportionen nicht überein.

► **Henri de Toulouse-Lautrec, Im Nouveau Cirque, Clown und fünf ausgestopfte Hemden, um 1892**
(59,5 x 40,5 cm)
Sehr lebendig wirkt diese Glasfensterstudie. Die Zuschauerin ist ganz gefangen von der Tanzvorführung in der Arena. Durch die geschwungenen Arme der sich nach hinten biegenden Tänzerin und den rechten Ärmel der Zuschauerin ergibt sich eine Ellipse in der Komposition.

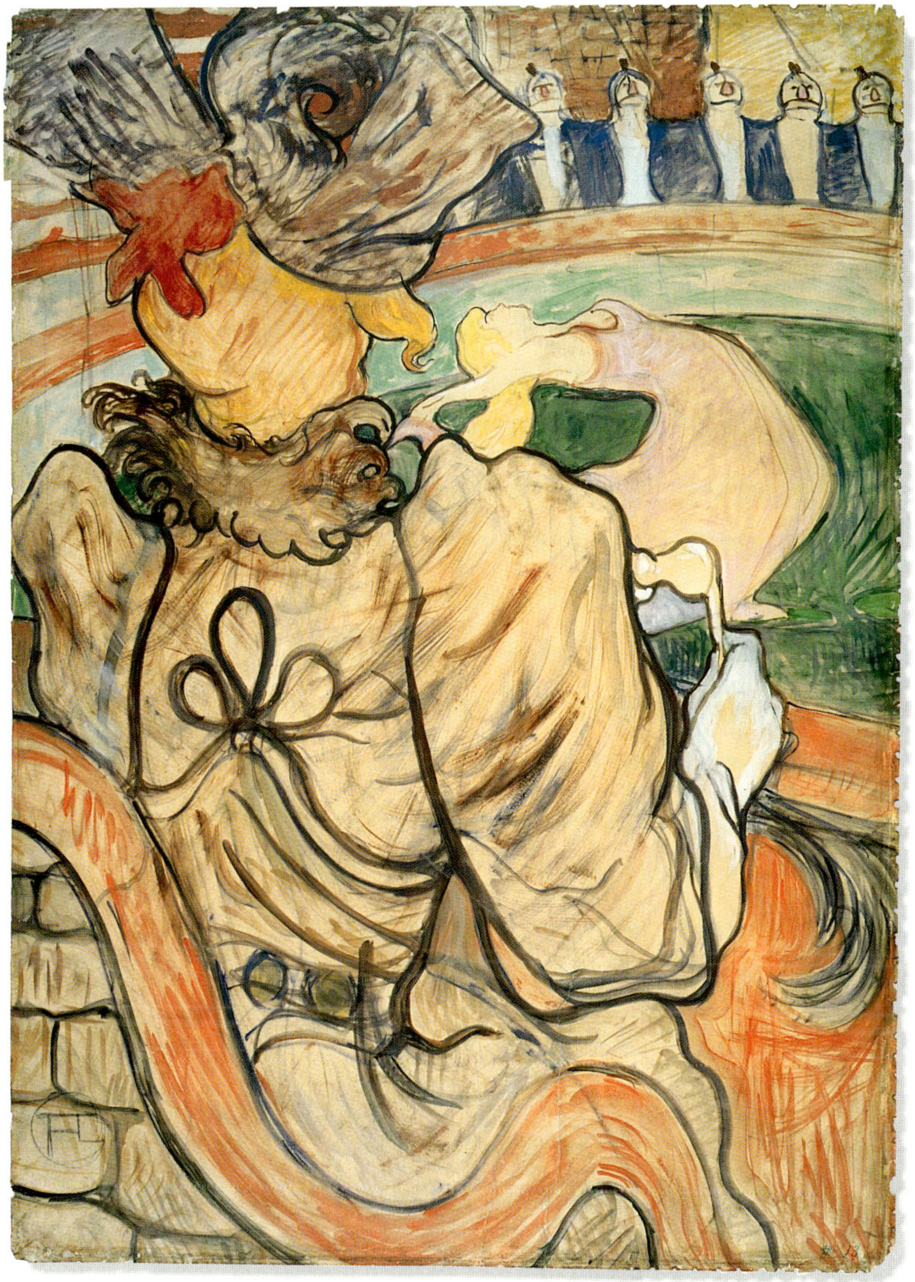

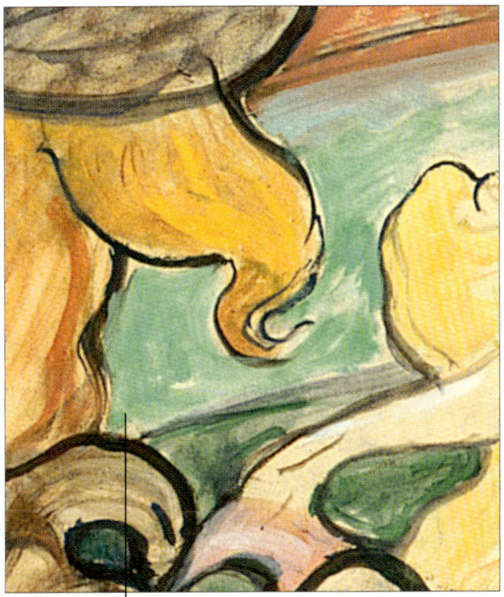

Der Ausschnitt zeigt die reinen, intensiven Farben des Bildes. Die sprühende Lebendigkeit der Studie wird zudem durch den lockeren Pinselduktus unterstützt.

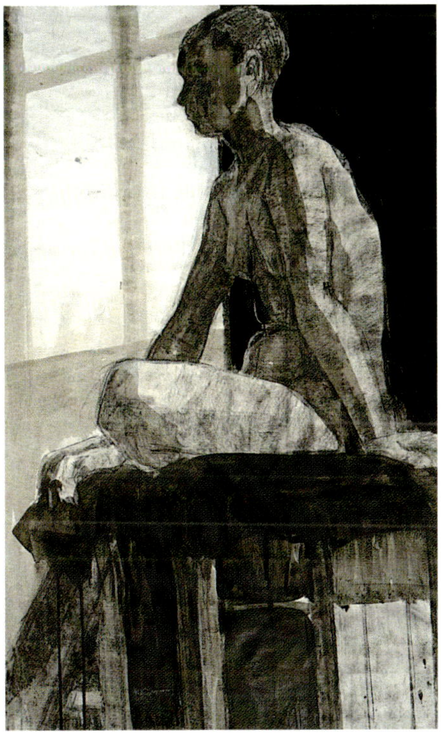

◄ **Linda Hardwicke, Turmspitze** (80 x 59 cm)
Fast wie eine Skulptur, als sei sie in ihre eigene Welt versunken, wirkt diese Frau. Unterstützt wird dies durch den distanzierten niedrigen Betrachterstandpunkt. Die Frau sitzt links vor einem dunklen Hintergrund, der ihren Rumpf umfaßt, und rechts vor einem hellen Fenster, das ihr Profil betont. Das Wechselspiel zwischen Licht und Schatten gibt der Komposition Spannung.

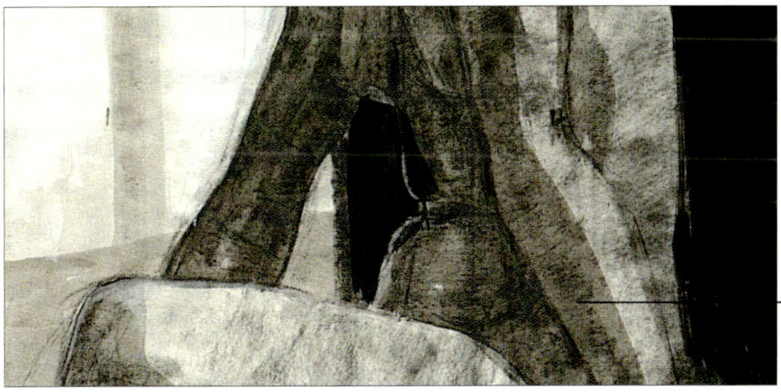

Die Kohlezeichnung wurde aus mehreren, eng verbundenen Tonwertflächen aufgebaut und dann mit Tuschelavierungen übergangen.

Besonders spannend kann auch der Versuch sein, hin und wieder Menschen in einer ganz direkten Technik zu zeichnen. Dabei hält man sein Modell in fünf, zehn oder fünfzehn Minuten ohne Vorskizze fest und ohne die Zeichnung nachzubessern. Um einen Menschen so direkt und schnell zeichnen zu können, muß man sich natürlich sehr auf das Modell und jeden einzelnen gesetzten Strich konzentrieren. Wenn Sie statt Bleistift oder Kohle eine Feder oder einen Pinsel verwenden, werden Sie gar nicht erst in Versuchung kommen, die Zeichnung mit dem Radierer zu verbessern. Die glatte, präzise Linienqualität eines Tintenkugelschreibers oder Faserschreibers ist für diese rasche unmittelbare Art zu arbeiten allerdings am besten geeignet. Die direkte Zeichenmethode ist anspruchsvoll, und man muß lernen, auch einige Ungenauigkeiten in Kauf zu nehmen.
Dann jedoch erhält man Bilder von großer Spontanität und Lebendigkeit.

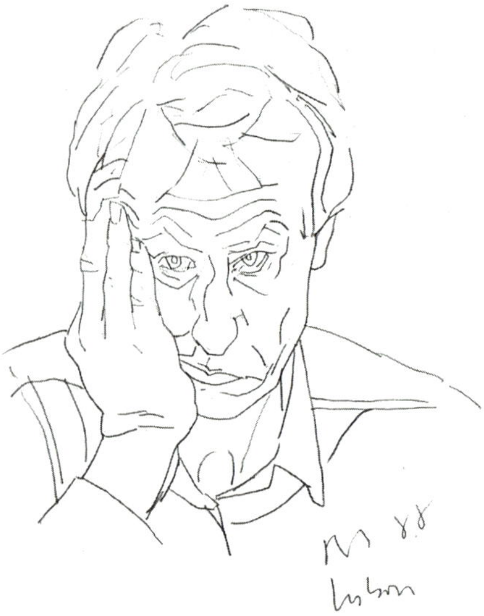

Selbstporträt
Eine gute Übung für die ersten direkten Linienzeichnungen ist das Selbstporträt. Mit einigen wenigen, sicher gesetzten Linien eines Druckminenstiftes wurde dieser Gesichtsausdruck wiedergegeben.

Einen Anhaltspunkt finden
Jede Pose bringt neue, unerwartete Blickwinkel und sollte vor dem Zeichnen deshalb immer einige Minuten genau studiert werden. Suchen Sie einen ersten Anhaltspunkt, wie zum Beispiel das Gesicht, und arbeiten Sie von dort aus weiter. Versuchen Sie jede Linie zu der vorherigen in Beziehung zu setzen.

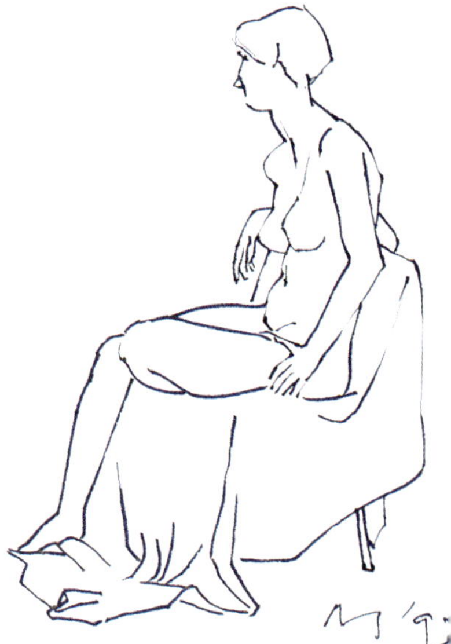

Flüssige Striche
Stellen Sie sich vor dem Zeichnen die Linienführung im Geiste vor. Hier gibt der blaue Tintenkugelschreiber die Konturen der Figur in einer Folge kurzer, aber flüssiger Striche wieder.

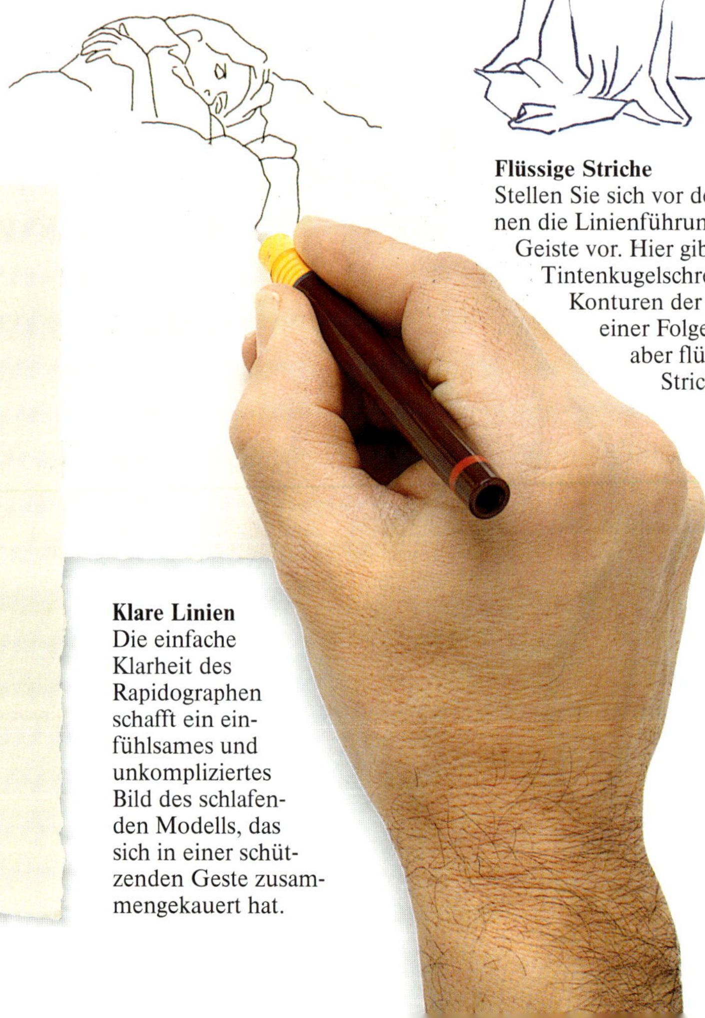

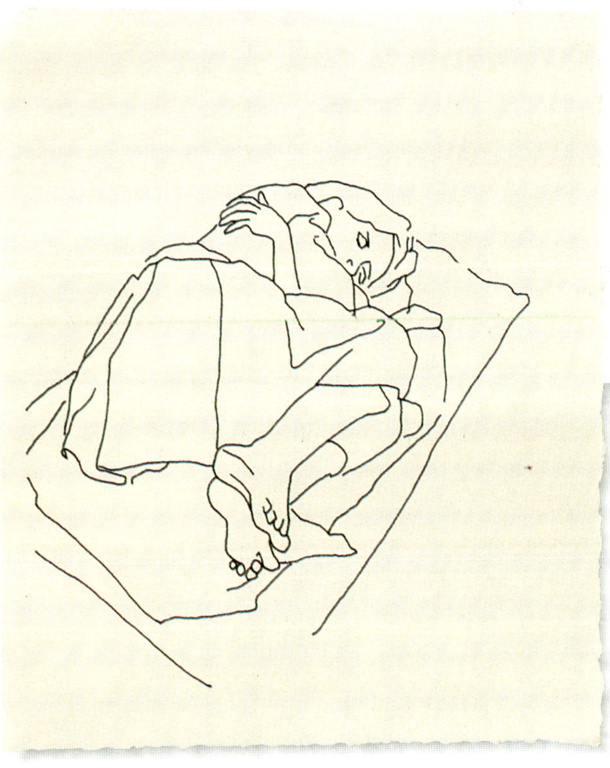

Klare Linien
Die einfache Klarheit des Rapidographen schafft ein einfühlsames und unkompliziertes Bild des schlafenden Modells, das sich in einer schützenden Geste zusammengekauert hat.

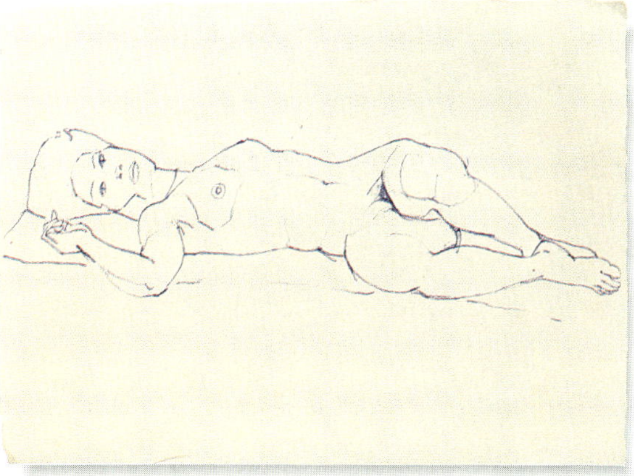

Die Linien des Kugelschreibers wirken noch etwas zaghaft.

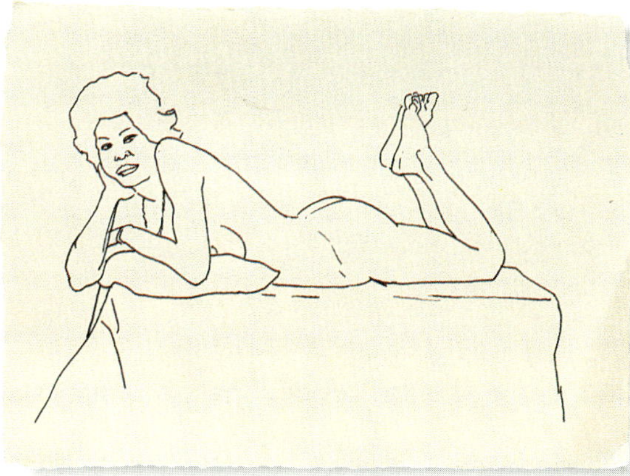

Der schwarze Faserstift gibt das Modell schon kräftiger wieder.

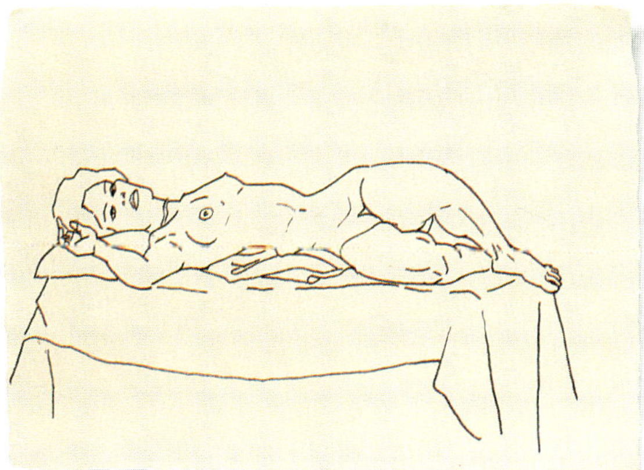

Details der Umgebung werden auf ein Minimum reduziert.

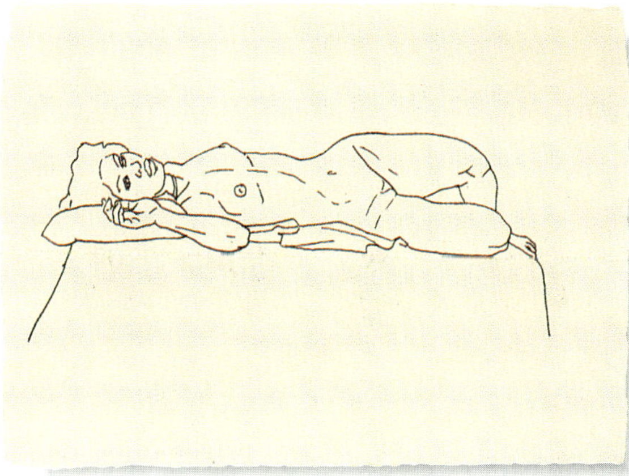

In wenigen flüssigen Linien wird die Form erfaßt.

Material

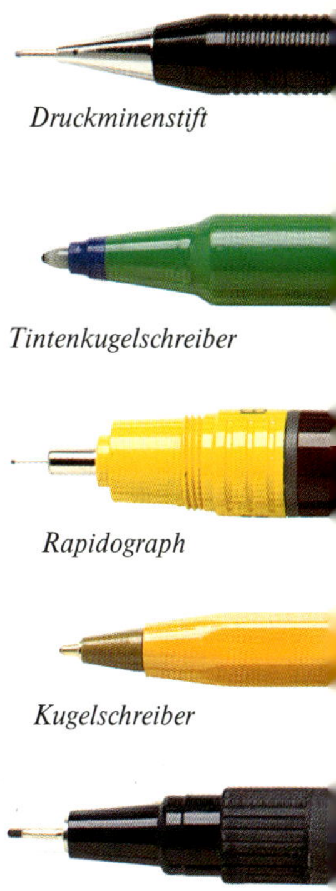

Druckminenstift

Tintenkugelschreiber

Rapidograph

Kugelschreiber

Faserstift

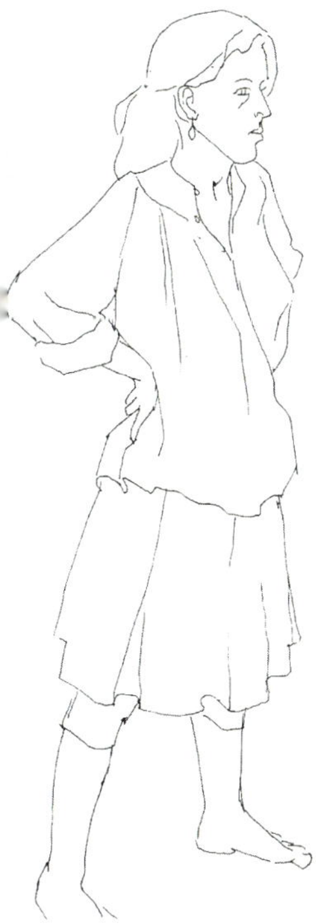

Serie von Studien
Viele Erfahrungen kann man sammeln, wenn man mehrere Studien von ähnlichen Posen anfertigt und dabei immer wieder das Zeichengerät wechselt. Die erste Skizze oben links in blauem Tintenkugelschreiber wirkt weit zarter als die Studien in schwarzem Faserstift.

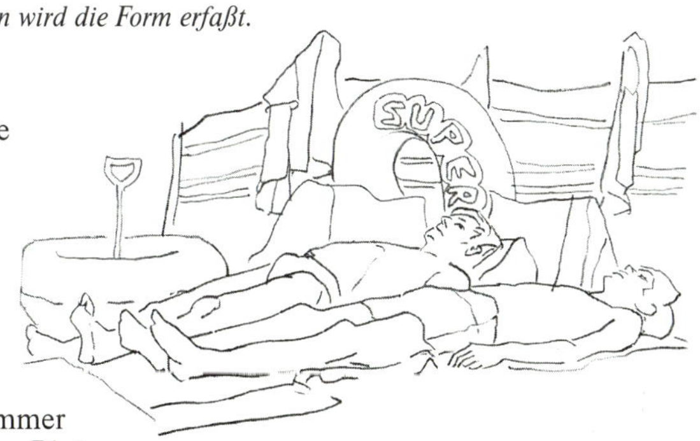

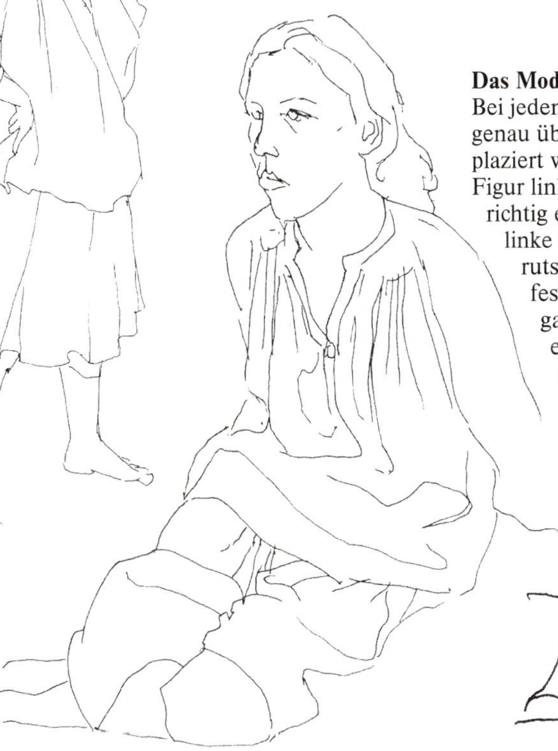

Das Modell plazieren
Bei jedem Modell sollte man immer genau überlegen, wie es auf dem Blatt plaziert werden soll. Die stehende Figur links ist in den Proportionen richtig erfaßt worden, doch ist der linke Fuß aus dem Blatt herausgerutscht. Wenn Sie beim Zeichnen feststellen, daß ihr Modell nicht ganz aufs Blatt paßt, sollten Sie es trotzdem auf der zur Verfügung stehenden Fläche soweit wie möglich ausarbeiten.

Im Freien skizzieren
Ihre Übungen im Atelier werden sich besonders dann als sehr hilfreich erweisen, wenn Sie Menschen im Freien skizzieren wollen. Ideale Motive für eine direkte Zeichnung sind zum Beispiel Menschen, die sich am Strand sonnen. Später wiederum kann man solche Zeichnungen dann im Atelier zum Beispiel farblich weiter ausarbeiten.

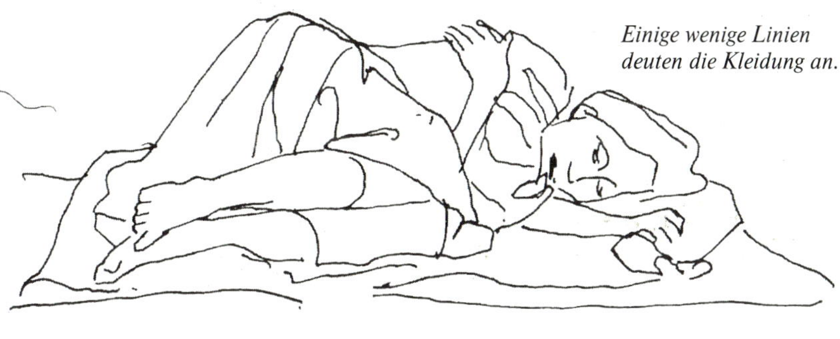

Einige wenige Linien deuten die Kleidung an.

Menschen zu zeichnen, die sich bewegen, stellt sicher eine der größten Herausforderungen an den Künstler dar. Man kann das Modell bitten, eine Bewegung mehrmals hintereinander auszuführen und zu wiederholen oder in einer Bewegung innezuhalten, um sie rasch zu skizzieren. Manche Künstler verwenden dabei lange Stöcke, an deren Spitze Zeichenkohle befestigt ist, wodurch beim Zeichnen ein natürlicher Bewegungsfluß in der Linienführung entsteht. Diese Methode eignet sich vor allem für schnelle Skizzen, weniger jedoch für genauere Studien. Will man einen Bewegungsablauf detaillierter ausarbeiten, sind Fotovorlagen fast unerläßlich.

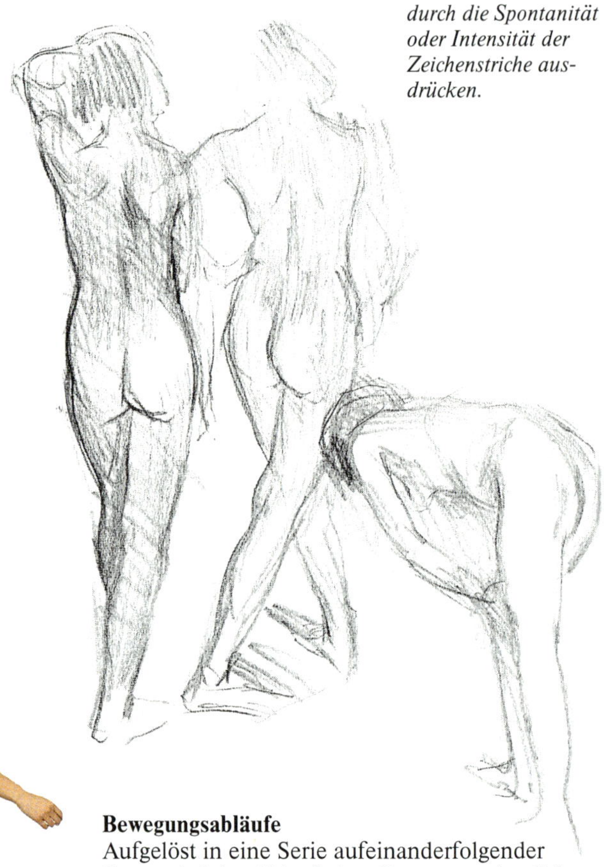

Man kann Bewegung durch die Spontanität oder Intensität der Zeichenstriche ausdrücken.

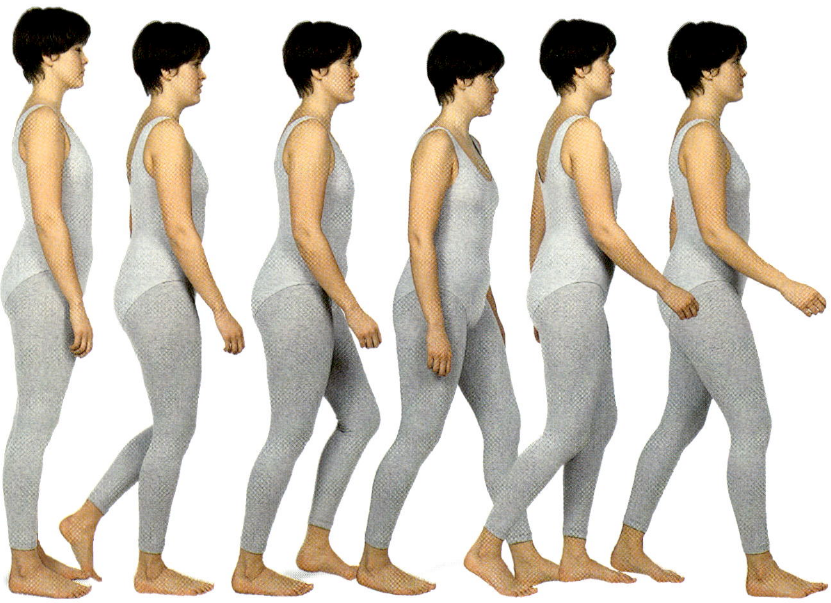

Bei jedem Schritt verlagert sich das Gleichgewicht.

Bewegungsabläufe
Aufgelöst in eine Serie aufeinanderfolgender Fotos wird der Ablauf einer Bewegung deutlich. Mit Hilfe solch einer Reihe von Aufnahmen lassen sich die Bewegungsmomente herauskristallisieren, die für den gesamten Bewegungsablauf besonders typisch sind. Diese kann man dann in die Zeichnung übertragen. Hier ist es das dritte Foto von links, das den Bewegungsablauf eines gehenden Menschen besonders deutlich widerspiegelt.

Rennender Mensch
Auch bei einem sich schnell bewegenden Menschen wie einem Sprinter sollte man die fließenden Bewegungen in einzelne statische Sequenzen auflösen und diese dann zeichnen. Hier wurde der Bewegungsablauf eines startenden Läufers in mehreren Fotos festgehalten. Danach wird ein Foto als Basis für eine Zeichnung ausgewählt, das den Bewegungsmoment festhält, der den gesamten Bewegungsablauf am besten wiedergibt.

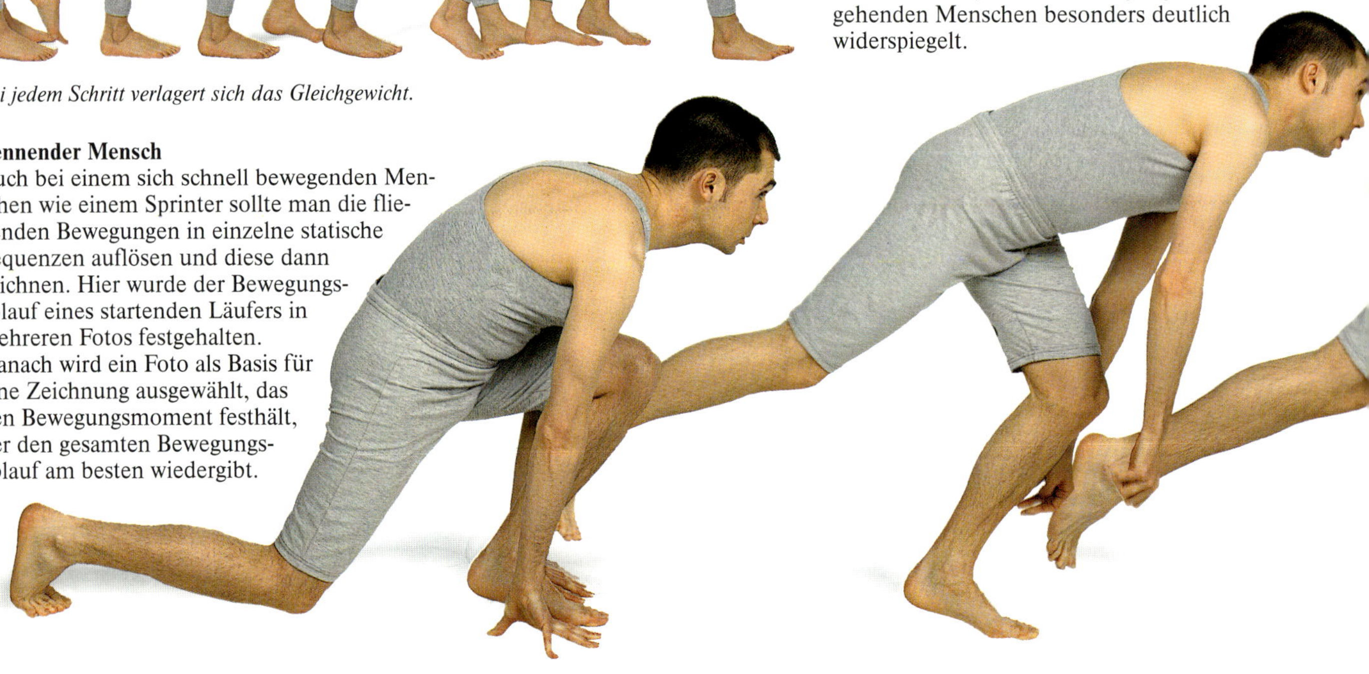

Fotografien
Fotografie, Film und Video lösen die komplexesten Bewegungsabläufe in klare Bilder auf. Dadurch wird es den Künstlern heute möglich, jeden beliebigen Bewegungsablauf - von Schwimmern, Tauchern, Leichtathleten, Tänzern und selbst von Fallschirmspringern - zu studieren und so ganz neue Menschenbilder zu schaffen. Kein Modell wäre zum Beispiel in der Lage, die rechts im Foto gezeigte Bewegung einer Turmspringerin auch nur für Sekunden im Atelier nachzustellen. Die Fotografie dagegen bietet zahlreiche detaillierte Informationen und ist somit eine ausgezeichnete Vorlage für das Zeichnen von Bewegungen.

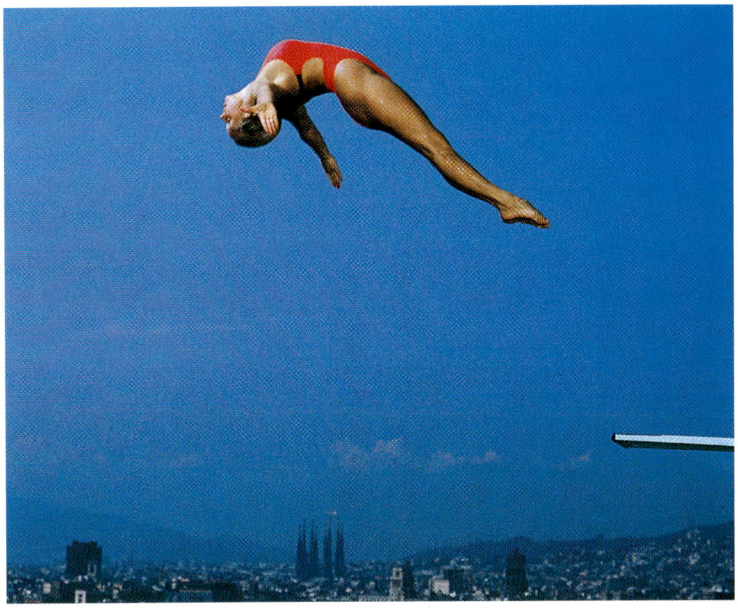

Für Zeichnungen sich bewegender Menschen, zum Beispiel bei Drehungen und Wendungen des Körpers, ist ein gutes Verständnis der Anatomie nötig.

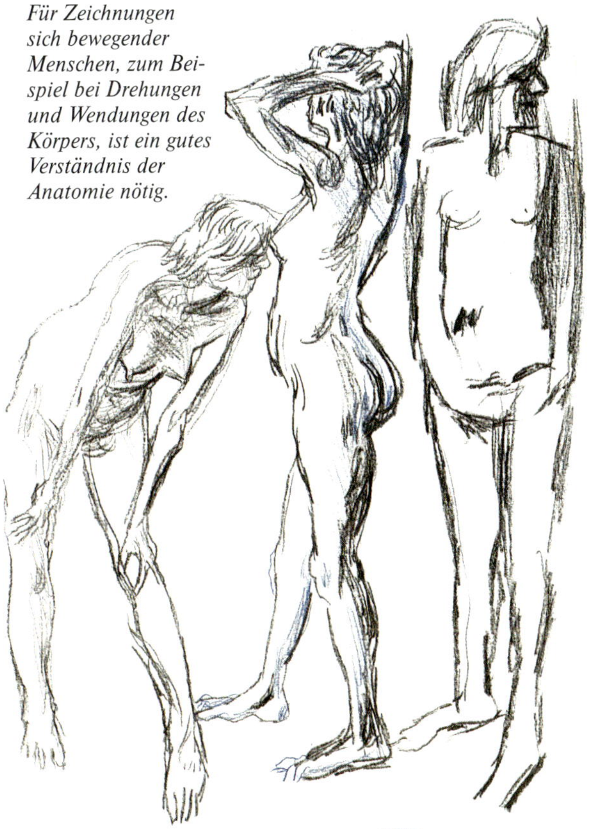

Eine Folge von Posen
Wenn man einen Menschen hintereinander in mehreren Bewegungsmomenten zeichnet, fängt man die Gesamtbewegung meist besser ein als in einer einzigen statischen Pose und gewinnt zugleich ein Gefühl für die schrittweise Abfolge dieser Bewegung. Auch ungewöhnlichere Haltungen, wie die hier gezeigte einer Frau, die ihre Hände auf den Knien abstützt, können Bewegung andeuten. Und nicht zuletzt spielt natürlich ein lockerer, flüssiger Zeichenstil eine wichtige Rolle. Für diese Arbeitsweise sind weiche Pastellkreiden, Kreide oder Kohle am besten geeignet.

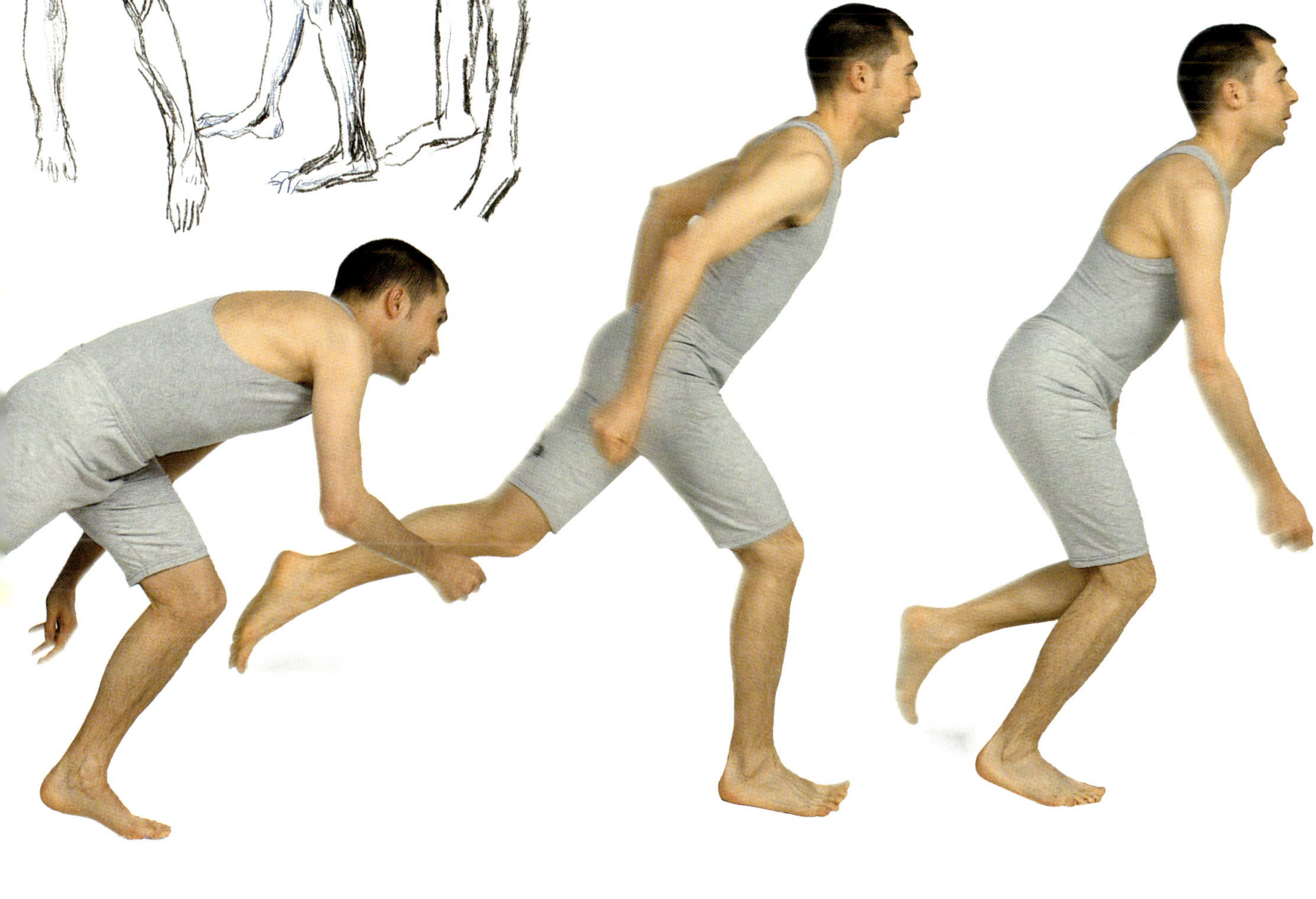

Will man nicht nach Fotovorlagen arbeiten, sondern ein sich bewegendes Modell direkt zeichnen, ist ein rascher flexibler Einsatz von Zeichenmittel und Technik erforderlich.
Bei den ständig wechselnden Posen einer solchen Figur muß man den Bleistift oder die Kohle möglichst rasch über das Papier gleiten lassen, um den Bewegungsablauf erfassen zu können. Diese schnellen Zeichnungen mißlingen natürlich häufiger, sind jedoch auch eine spannende Herausforderung.

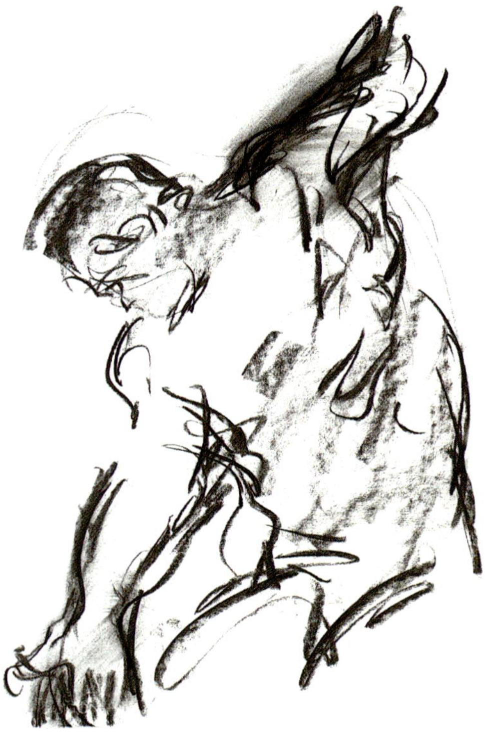

Flüssige Linien
Ausgezeichnet geeignet zur Wiedergabe von Bewegungen ist Kohle. In der Studie oben wurden dicke Kohlestücke verwendet, um Rumpf, Arme, Kopf und Hüften der Figur in gestischen Linien zu umreißen. Für sich allein betrachtet, würden einige dieser Linien abstrakt wirken. Doch im Zusammenspiel entsteht daraus das kraftvolle Bild eines Mannes, der sich diagonal in die Zeichenfläche streckt. Der relativ kleine Kopf gibt den Maßstab für den mächtigen Rumpf der Figur vor, die in der Bewegung nach Gleichgewicht sucht.

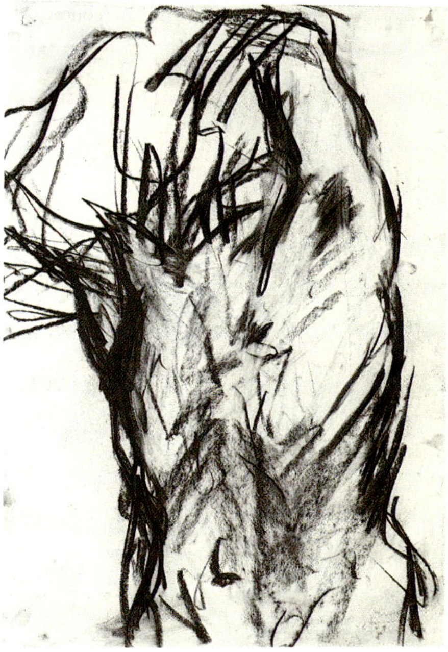

Gut wiedergegeben ist die Dehnung des Körpers.

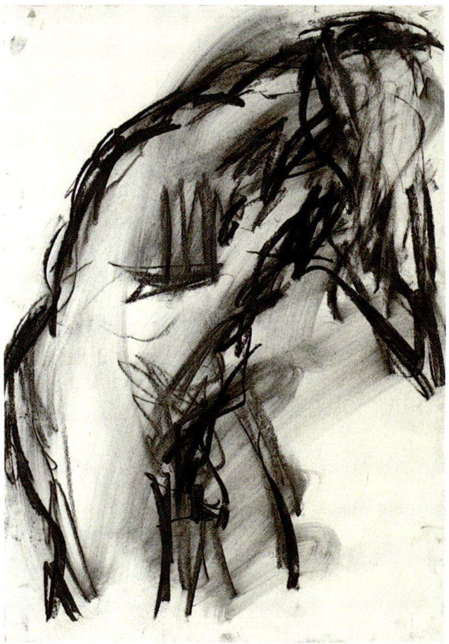

Muskelanspannung in Armen und Nacken.

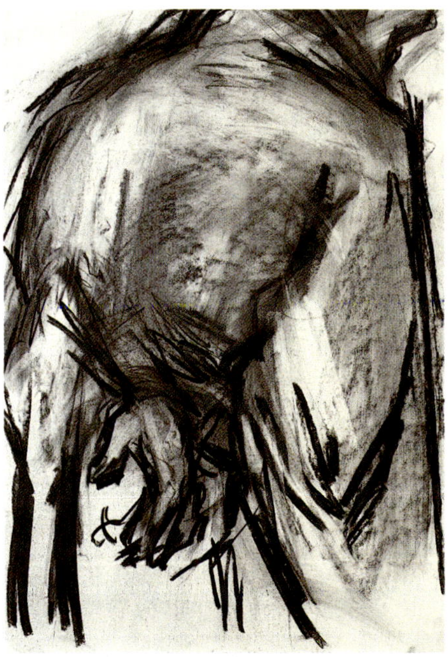

Die fest verschränkten Hände liegen im Zentrum.

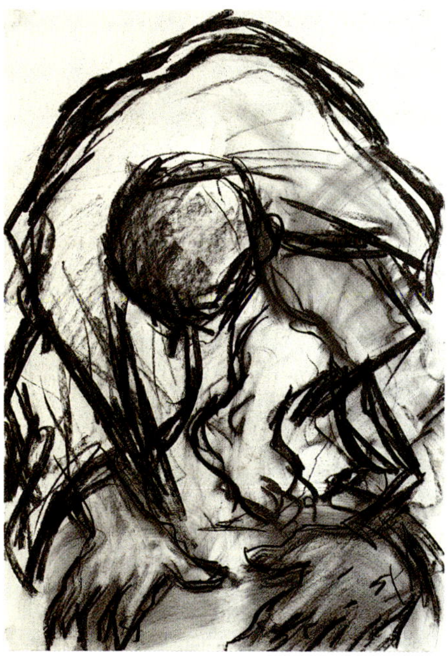

Das Zentrum liegt in der unteren Hälfte.

Sich entkleidender Mensch
Eine Folge von Posen, in denen sich das Modell entkleidet, kann leicht wiederholt werden. In der ersten Kohlezeichnung (oben links) wird die leichte Dehnung des Körpers durch dunkle, feste Strichlagen eingefangen, während die Kleidung offener gezeichnet wurde, um den Lichteinfall wiederzugeben. In der zweiten Zeichnung (oben) ist der Körper angespannter, da sich der Mann nach vorne beugt, um das Kleidungsstück über den Kopf zu ziehen.

Das Zentrum einer Bewegung
Interessant ist es auch, sich auf einen Punkt der Bewegung zu konzentrieren. Ganz links liegt die gesamte Aufmerksamkeit auf den Händen, die das Modell auf dem Rücken verschränkt hat. Der Kopf der Figur wird von der oberen Blattkante angeschnitten. In der zweiten Zeichnung liegt das Zentrum in der unteren Hälfte der Komposition, wo die Figur mit ihren Händen etwas auf dem Boden zu suchen scheint.

Springender Mensch
Selbst die Zeichnung eines springenden Menschen gelingt durch die Auflösung in mehrere Bewegungsphasen.

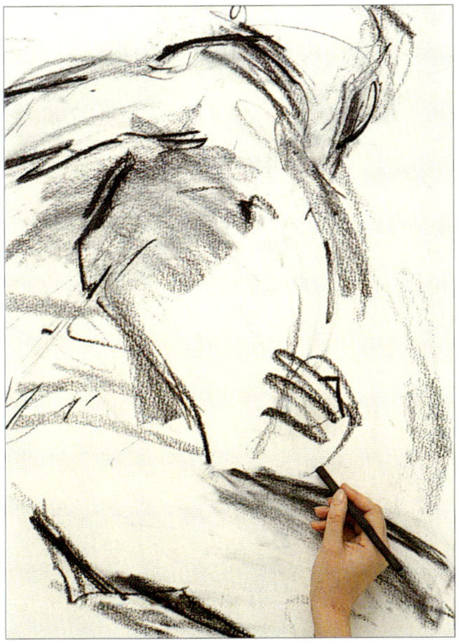

◀ **1** Mit wenigen Linien werden zunächst wesentliche Bewegungszüge festgehalten. Mit der Breitseite der Reißkohle werden weiche, breite Strichlagen angelegt und mit dem Ende der Kohle klarere, kräftige Linien gezogen.

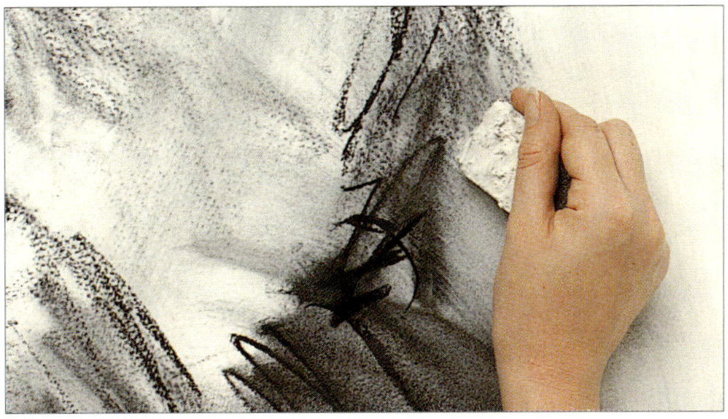

◀ **2** Rumpf und Arme werden nun überarbeitet, die Linien mehrmals wiederholt und teilweise mit dem Finger verrieben. So werden die Auf- und Abbewegungen von Arm und Bein sowie die leichten Vibrationen des angespannten Körpers eingefangen. Lichter werden mit einem Knetgummiradierer abgehoben.

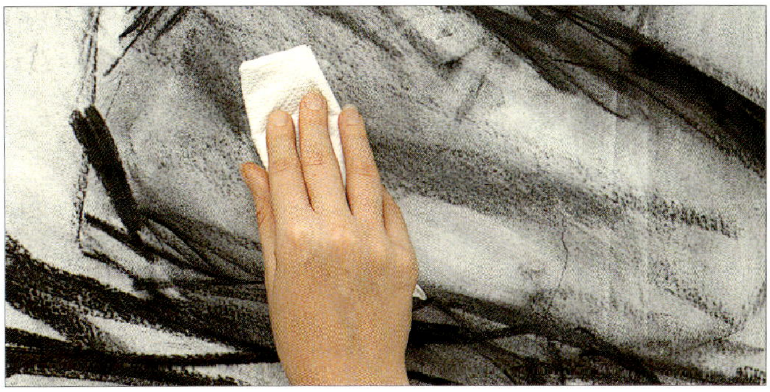

▲ **3** Mit einem Küchentuch oder einem Zellstofftuch wird die Kohle an der Hüfte leicht verrieben, um den Schatten der Muskeln anzudeuten. Die Körnung des rauhen Papiers bricht den Kohlestrich auf, wodurch wirkungsvolle Halbtöne entstehen.

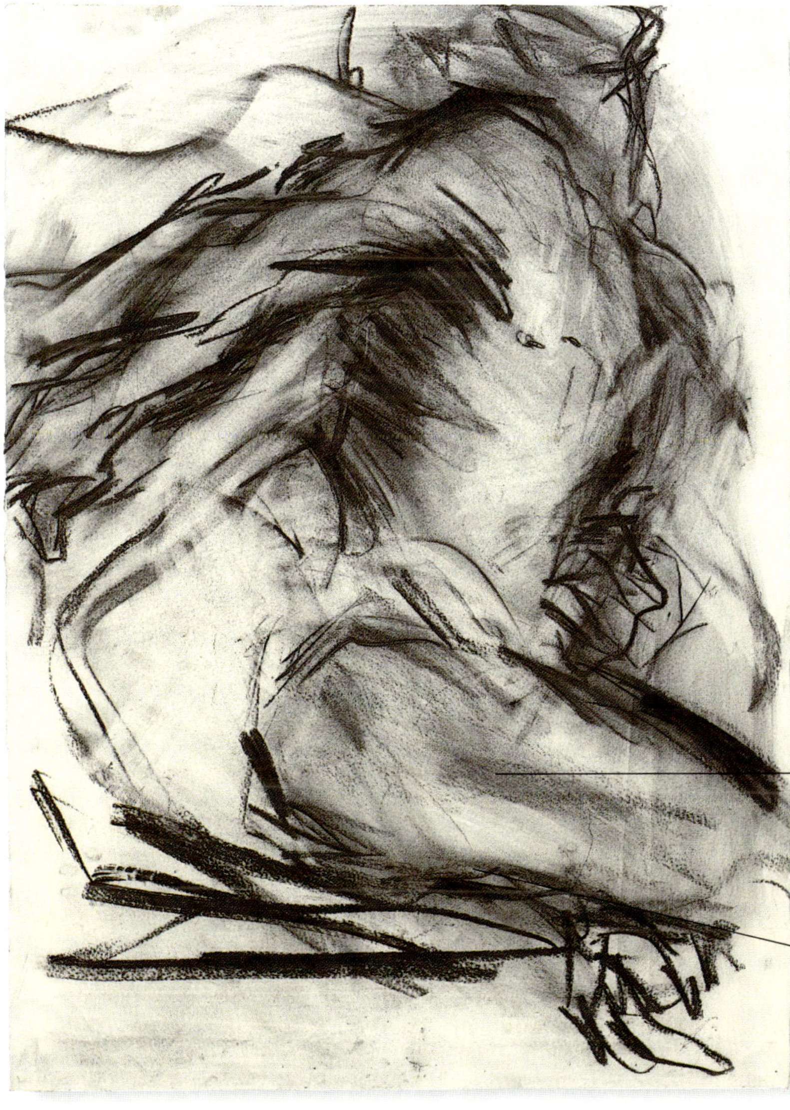

Der Sprung
Die Studie besitzt eine ausgewogene Einheit von starker Modellierung und gestisch gesetzten, kräftigen Linien. Helle, mit dem Radiergummi abgehobene Stellen geben die glatte Oberfläche der Haut wieder. Die Zeichnung wirkt spannungsvoll und energiegeladen und fängt die Bewegung der Figur ausdrucksvoll ein.

Durch Verwischen und Verreiben werden die angespannten Muskeln modelliert.

Die Konturen des Oberschenkels wurden mehrmals wiederholt, um das Auf und Ab der Bewegung anzudeuten.

Ghislaine Howard

Material

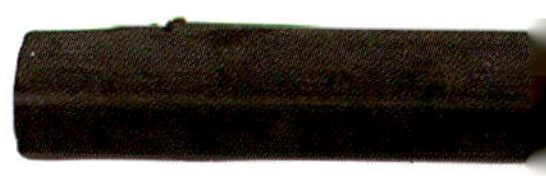

Reißkohle

Knetgummiradierer

Küchentuch

Anfänger denken oft, daß eine Zeichnung um so besser wird, je länger man an ihr arbeitet. Zeichnen ist jedoch nicht nur ein mechanischer Prozeß, sondern ebenso ein Mittel, um Gefühle und Stimmungen auszudrücken.
Das Zeichnen von schnellen, kurzen Posen kann dabei sehr befreiend wirken. Vor allem, wenn man vorher viele sorgfältig ausgearbeitete Studien und Skizzen angefertigt hat, helfen sie, Technik und Details einmal zu vergessen, sich auf Ausdruck und Haltung des Modells zu konzentrieren und ungezwungener an die Zeichnung heranzutreten. Die hier abgebildeten Zeichnungen wurden alle in relativ kurzer Zeit angefertigt und zeigen die Ausdrucksstärke schneller Arbeiten.

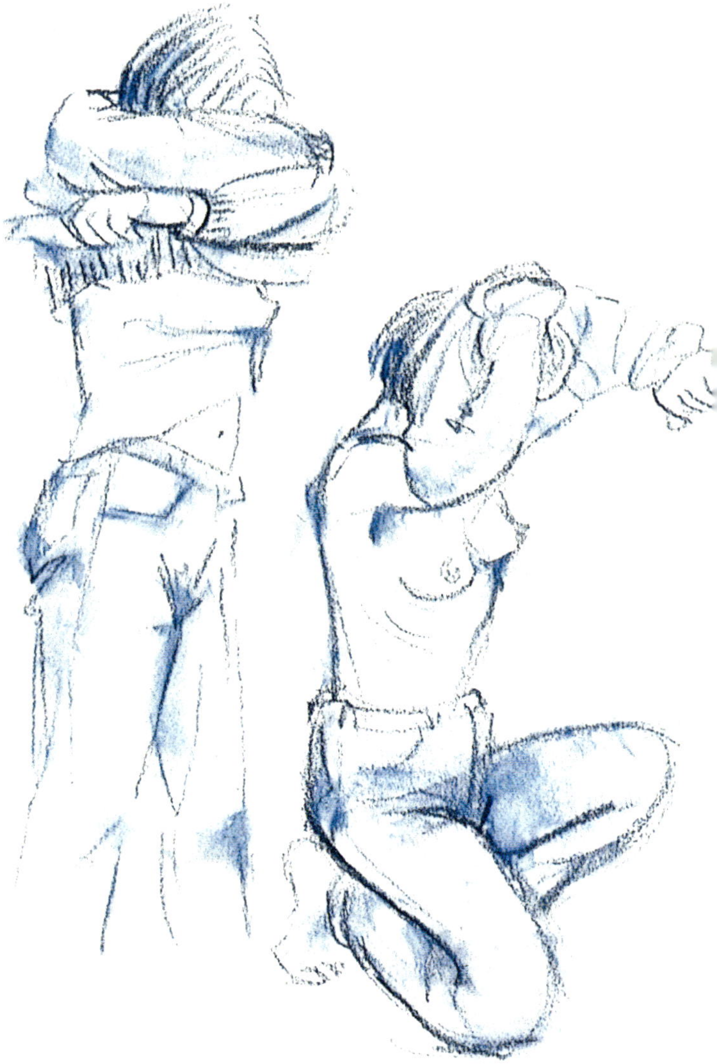

▶ **Angela Waghorn, Zwei Studien in Blau**
(42 x 30 cm)
Diese schnellen, spontanen Studien von großer Lebendigkeit wurden von einer Studentin mit wasserlöslichem Farbstift angefertigt.

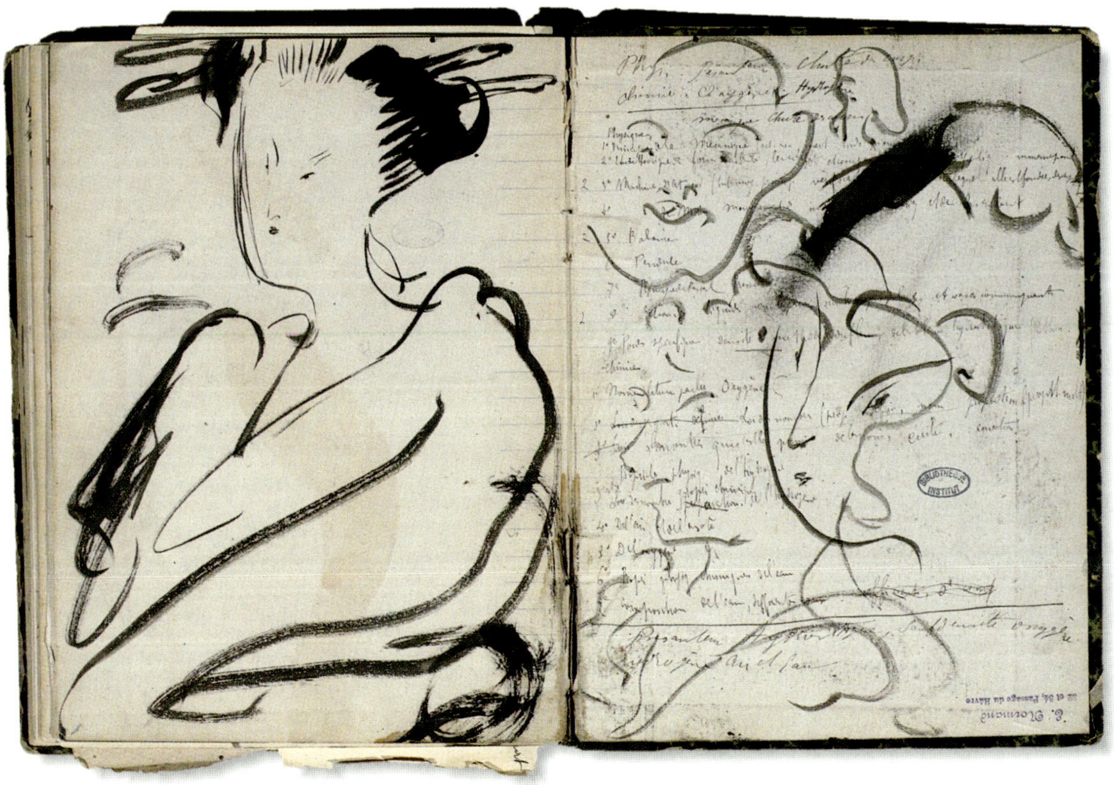

◀ **Edouard Vuillard, Japanische Frau, 1894**
(ca. 14 x 60 cm)
Kaum jemand hat die Pinselzeichnung zu solcher Vollendung geführt wie die japanischen Künstler und Kalligraphen. Vuillards Skizze folgt dieser fernöstlichen Tradition.

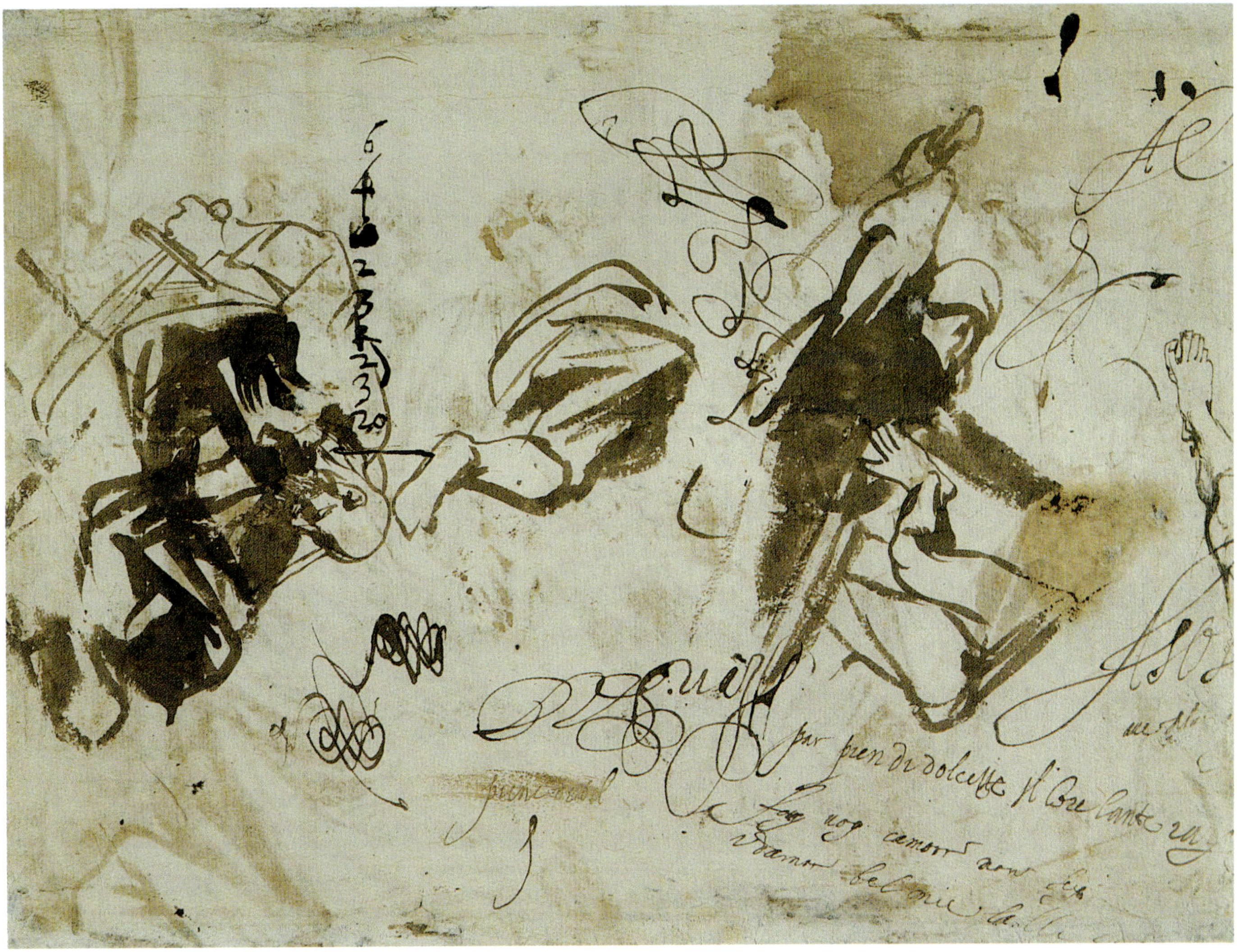

▲ **Anthony van Dyck, Mann, ein Schwert zückend, um 1620** (20,7 x 27,7 cm)
Auf der Rückseite einer ausgearbeiteten Zeichnung findet man manchmal lebendige, ungezwungene Skizzen, die Ausdrucksfähigkeit und technisches Geschick eines Künstlers fast deutlicher werden lassen als das fertige Bild selbst. Van Dyck zeichnete hier mit der Pinselspitze und studierte in feinen, flüssigen Linien mehrere Details seines Motivs: die Hand, die ein Schwert hält, die Anspannung eines Wadenmuskels und das ausdrucksvolle Profil eines Mannes. Manche Stellen wurden anschließend mit Tusche verstärkt.

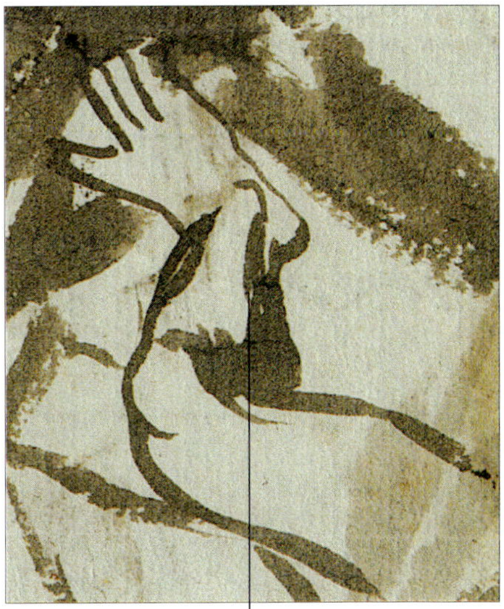

Dieser Ausschnitt zeigt, wie das Opfer gegen den dunklen Oberkörper des Mannes tritt und sich die Wadenmuskeln dabei kraftvoll anspannen.

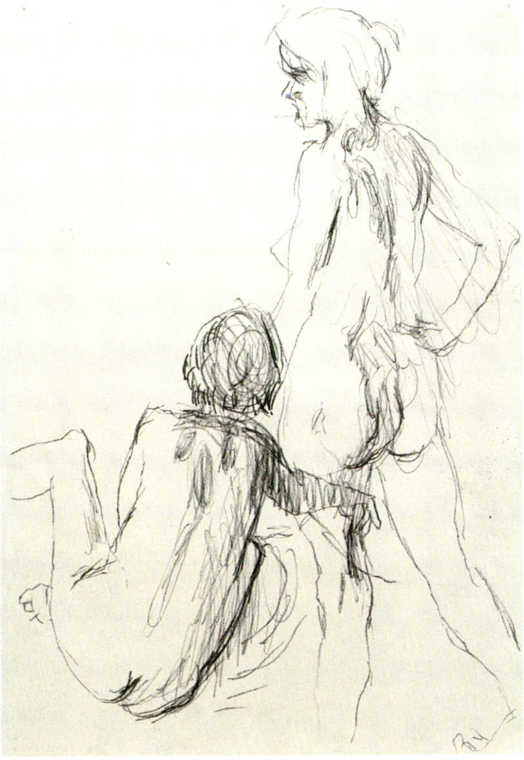

◀ **Hans Schwarz, Zwei Fünf-Minuten-Zeichnungen** (59,5 x 42 cm)
Von einem ganz eigenen Stil ist die Linienführung dieser beiden Zeichnungen geprägt. Ständig scheinen die Linien in Bewegung zu sein, bauen die Menschen auf, kritzeln hier rasch eine Tonfläche hin oder fahren dort den Konturen nach.

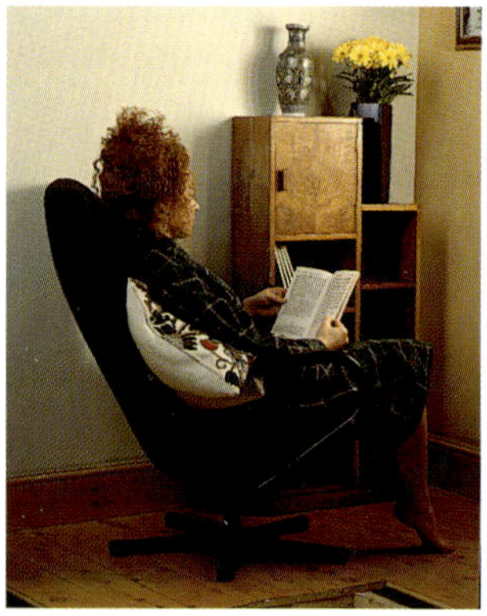

Ein gemütlich eingerichtetes Wohnzimmer kann zu einer ganzen Serie von Zeichnungen inspirieren.

Je länger man zeichnet, desto klarer erkennt man, daß eine gute Zeichnung weit mehr beinhaltet als nur die genaue Wiedergabe des Motivs. Auch andere, weniger festlegbare Komponenten wie Atmosphäre, Charakter und Aussagekraft des Bildes spielen eine wichtige Rolle. Für die Betrachter eines Kunstwerks sind gerade diese Elemente besonders bedeutungsvoll.
Bevor Sie mit einer Zeichnung beginnen, sollten Sie sich also auch fragen, welche Stimmung Ihr Motiv widerspiegeln soll und mit welchen Mitteln man diese am besten einfangen kann. Vielleicht fehlt noch ein Detail im Hintergrund, vielleicht müssen die Farben abgedämpft oder aber intensiviert werden; und vielleicht muß das Modell auch die Pose so lange wechseln, bis diese eine bestimmte Stimmung zum Ausdruck bringt. Und natürlich hat die Wahl des jeweiligen Materials einen unmittelbaren Einfluß auf die Atmosphäre der Zeichnung.

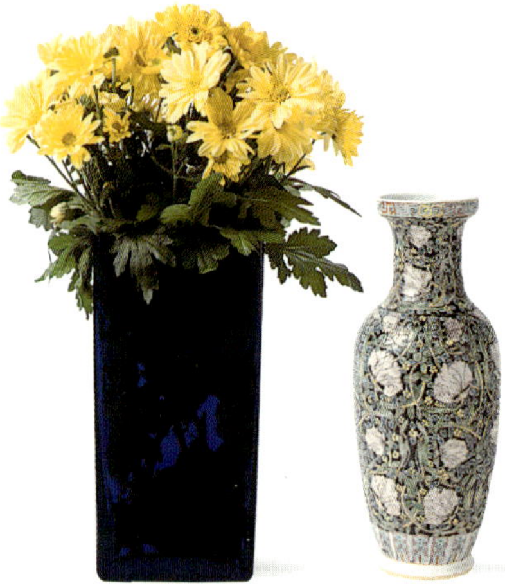

Hintergrundelemente
Wichtig für die Atmosphäre eines Bildes können auch Details aus der Umgebung des Modells sein, wie zum Beispiel hier Vase und Blumen. Es ist interessant, wie unterschiedlich Künstler diese Elemente in ihren Bildern einsetzen. Im Pastell (ganz rechts) wurden die weichen Rosatöne der Vase betont, während in der Pinselzeichnung (unten) eine kantige, leuchtendblaue Vase mit gelben Blumen zum Blickfang wird.

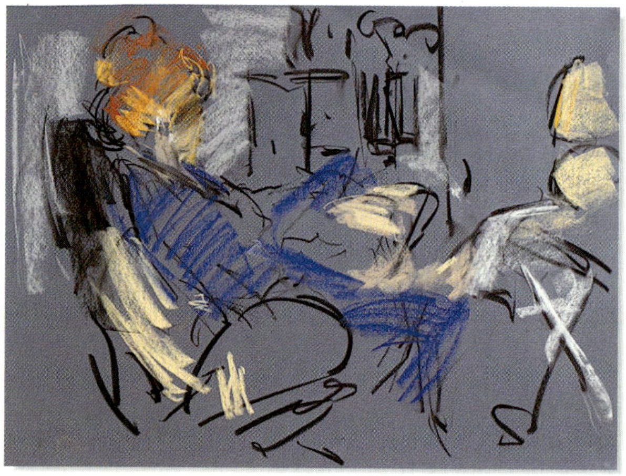

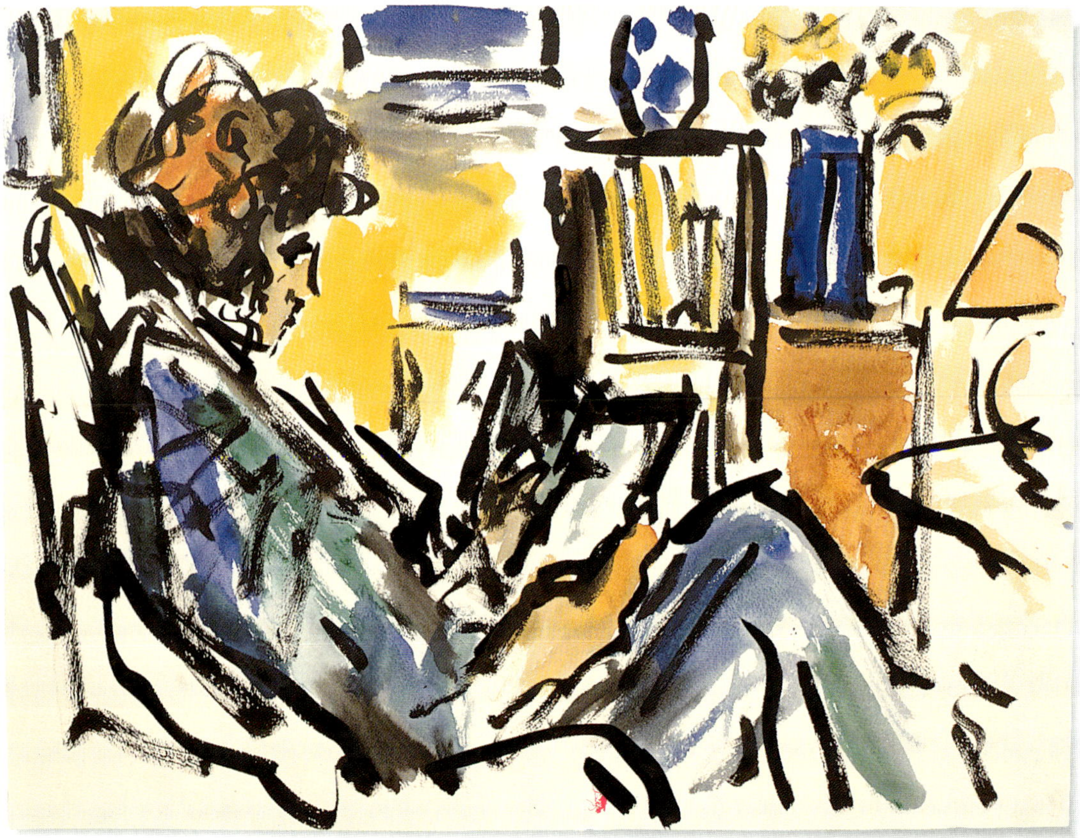

Getöntes Papier
Auch die Wahl des Papierfarbtons sollte gut überlegt sein. Blau- und Grautöne ergeben kühle, gedämpfte Hintergründe, auf denen warme Schattierungen deutlich hervortreten.

Pinselzeichnung
Besonders gut eignet sich eine Pinselzeichnung dafür, erste Eindrücke und Gefühle spontan wiederzugeben. Mit dieser Technik läßt sich oft ein lebendiges Bild schaffen, in dem alle wichtigen Elemente schnell und klar festgelegt werden können. Der Künstler hat hier die aufmerksame Haltung des Modells beim Lesen eingefangen und das ganz gewöhnliche Wohnzimmer in ein Feuerwerk von Farben verwandelt.

Komposition
Entscheident ist immer auch der Aufbau der Komposition. Hier wurde ein Hochformat gewählt, der Schwerpunkt liegt ganz auf der Figur, während auf die Wiedergabe großer Teile des Hintergrundes verzichtet wird. Dadurch wird die Atmosphäre eingefangen: eine Frau, die es sich bei einem spannenden Buch gemütlich gemacht hat.

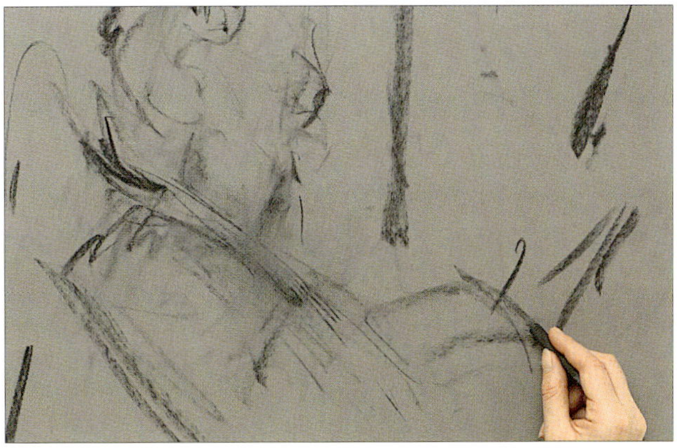

◀ **1** Die wesentlichen Formen der Komposition werden auf getöntes Papier skizziert. Das Braungrau gibt neutrale Halbtöne vor. Die Kohle wird leicht verrieben, um Tonwertflächen aufzubauen. Dabei darf der Druck nicht zu stark sein, da sonst zu dunkle Flächen entstehen, die die späteren Farbtöne überdecken würden.

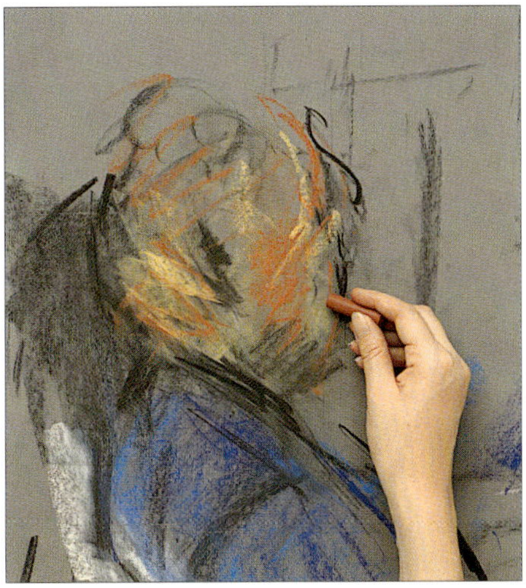

◀ **2** Haare und Gesicht werden mit braunen und gelben Pastelltönen ausgearbeitet, wodurch der Kopf seine plastische Form erhält. In dieser Phase wirken die Farben noch etwas grell, doch werden sie später durch weitere Farbschichten noch feiner abgestimmt.

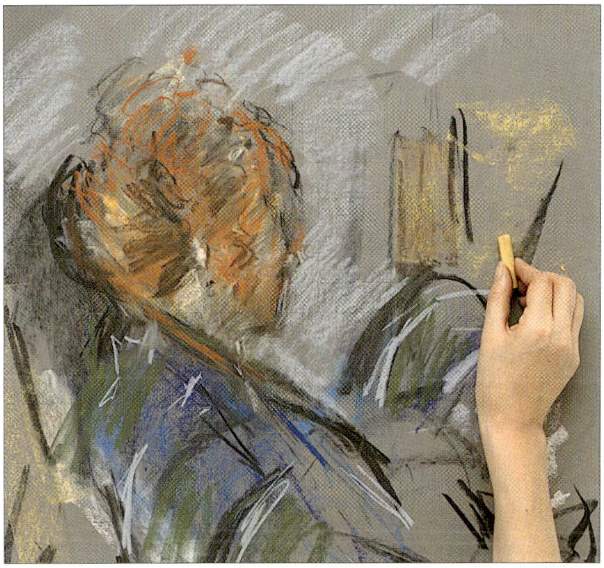

▲ **3** Der Hintergrund wird durch lockere Schraffuren in Weiß angedeutet und einige Gegenstände wie Schranktür und Vase eingezeichnet. Dies gibt der Figur einen Rahmen und die Szene erhält eine heimelige, private Stimmung.

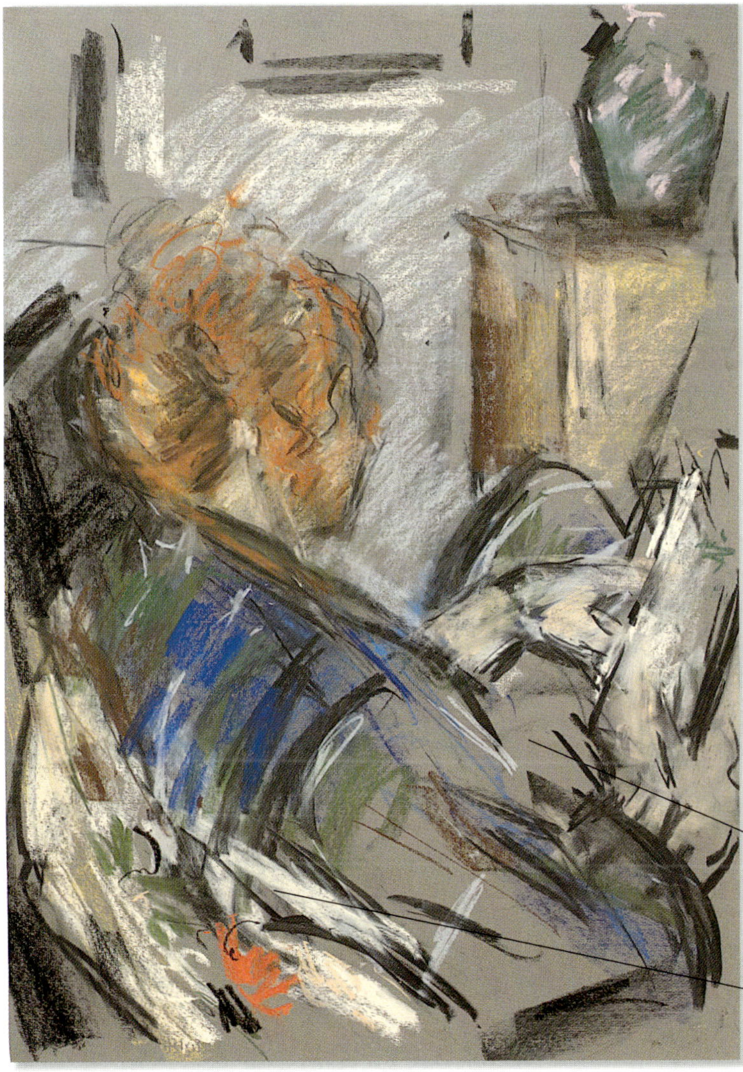

Porträtstudie auf getöntem Papier
Harmonisch ist die Figur in die Komposition des Bildes eingebettet worden. Blickfang sind die leuchtendroten Haare der Frau. Die Blau- und Grüntöne des Schottenkleids dienen als kontrastvolle Grundlage für die lebhaften weißen Striche, und das helle Rot auf dem Kissen sowie die rosafarbenen Striche auf der Vase unterstreichen die warme Stimmung der Zeichnung.

Das braungraue Papier bietet den lebhaften Pastelltönen einen gedämpften Hintergrundkontrast.

Die weichen gestischen Striche der Pastellkreide texturieren die Oberfläche und schaffen eine warme, freundliche Stimmung.

Ghislaine Howard

Material

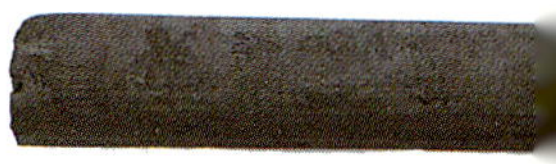

Reißkohle

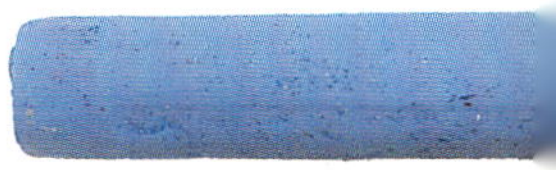

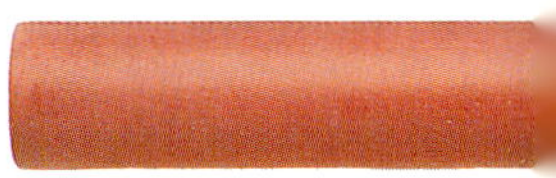

Einige Pastellkreiden

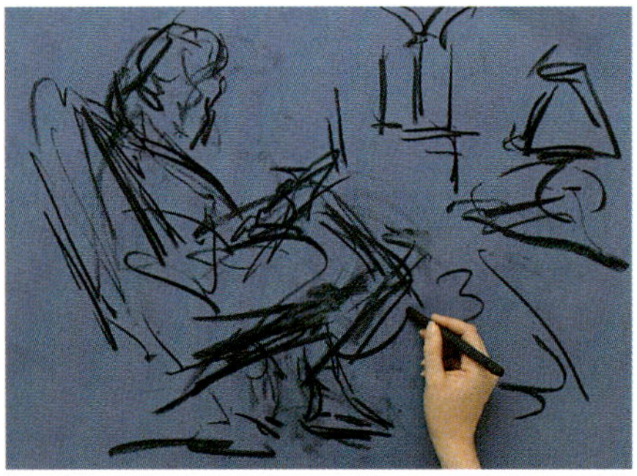

▲ **1** Verwenden Sie das Foto von Seite 46 als Vorlage für einige Zeichnungen. Experimentieren Sie dabei mit verschiedenen Formaten, Materialien und Farbtönen. Hier zum Beispiel wurde ein Querformat gewählt. Versuchen Sie doch einmal, die nun beschriebenen Schritte nachzuvollziehen. Zunächst werden wieder die groben Formen mit Reißkohle vorskizziert.

Wenn man eine sehr spontane Zeichnung in einer einzigen Sitzung anfertigt, arbeitet man während des ganzen Zeichenprozesses mit voller Kraft und Konzentration. Diese hohe Anspannung kommt auch in der Zeichnung zum Ausdruck. Manchmal ist man sich dabei kaum der intuitiv ablaufenden Entscheidungen über Farbwahl und Ausdrucksweise bewußt. Die Atmosphäre des Bildes entsteht aus dem Zeichnen selbst.

Diese Studie der lesenden Frau wurde in einer einzigen Sitzung in Kohle, Pastell- und Conté-Kreide ausgeführt und hinsichtlich der Komposition und Farbharmonie sehr genau geplant. Dennoch ist die Szene voller spontaner Ideen und Momente. Die Stimmungen und die Lebendigkeit, die aus dieser Art des Zeichnens entstehen, sind auch für den Betrachter spürbar.

▶ **2** Sobald die Komposition feststeht, können Sie mit Pastellkreiden weiterarbeiten. Farbkorrekturen sind einfach, denn Pastellkreiden können leicht in Schichten übereinandergesetzt oder vermalt werden. Arbeiten Sie daher ruhig schnell und spontan.

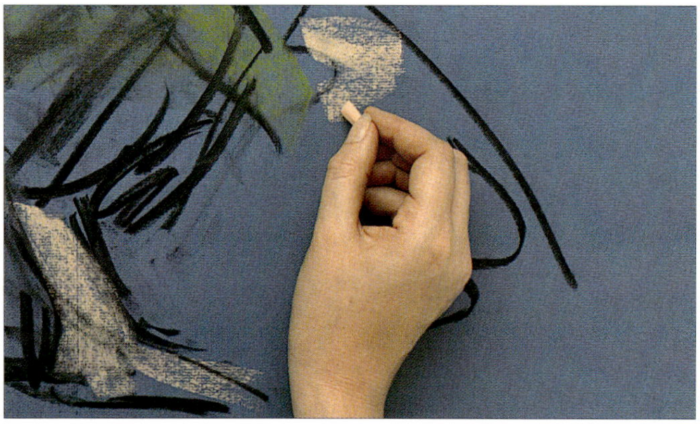

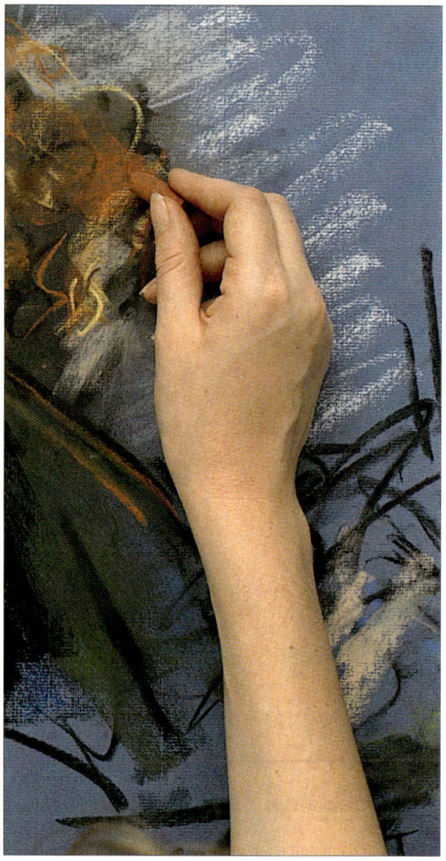

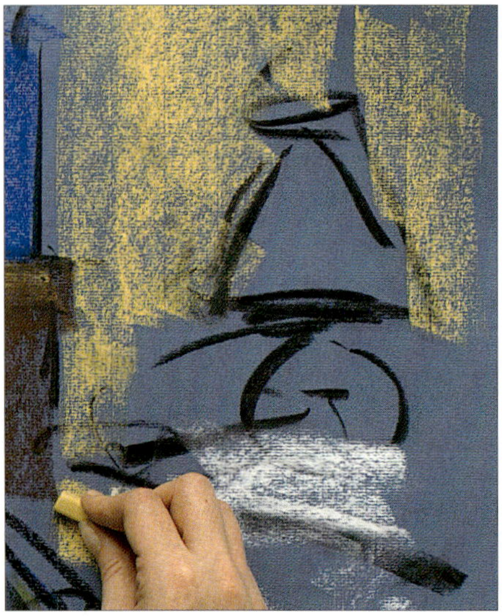

▲ **4** Verwenden Sie nun Conté-Kreide, um die Formen im Hintergrund anzulegen. Mit der Kante der Kreide können Sie Farben und Tonwerte aufbauen. Hier wird die Fläche um die Lampe herum in einem hellen Gelb angelegt, um einen Hell-Dunkel-Übergang zu schaffen.

▶ **3** Überarbeiten Sie auf diese Weise die Skizze. Bauen Sie Farbtöne aus mehreren Farben auf. Verwenden Sie den mittelblauen Ton des Papiers und die tiefdunklen Striche der Reißkohle als Ausgangsbasis für die Festlegung von Tonwerten. Die Haare werden mit pastosen Strichen in Orange- und Rottönen angelegt.

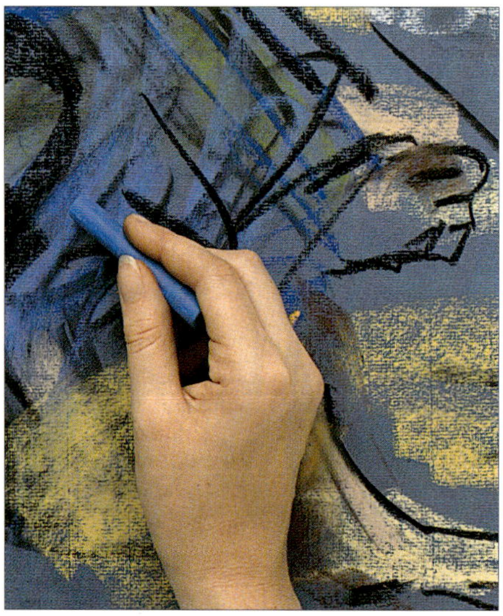

◀ **5** Für das Kleid der Figur könnten Sie zum Beispiel ein lebhaftes Blau einsetzen. Von den Tonwerten her betrachtet sind die Blautöne des Papiers und der Pastellkreide ähnlich. Die Pastellfarbe ist jedoch etwas kräftiger und hat eine pastose Textur, die gut mit der schwarzen Kohle im Mittelpunkt der Komposition zusammenspielt.

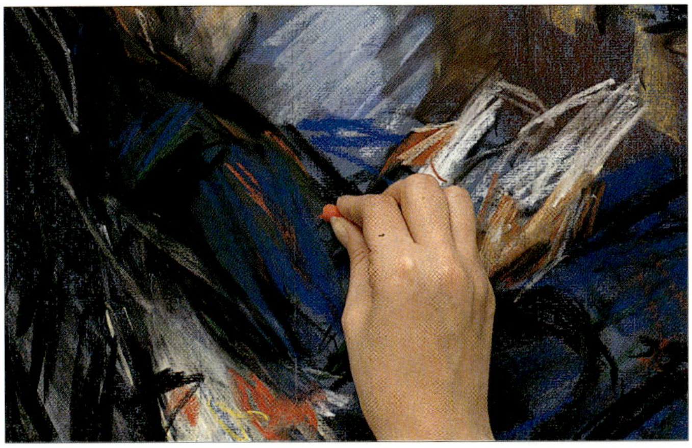

◀ **6** Setzen Sie nun einige kräftige Striche in Orangerot auf das blaue Kleid. Die komplementären Farben verstärken sich gegenseitig, wobei der lebhafte Kontrast schon mit wenigen Farbpunkten zum Tragen kommt.

Material

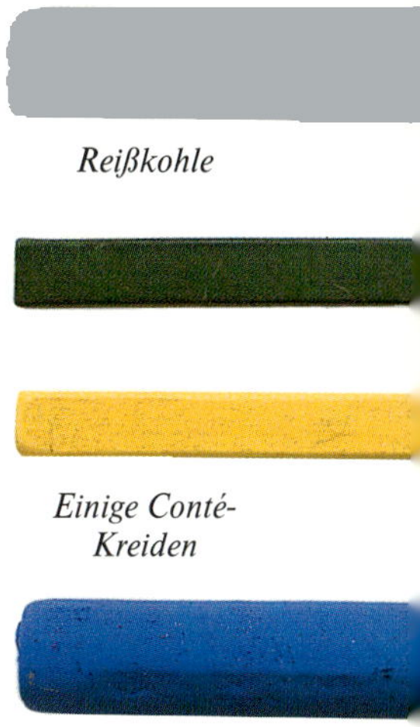

Reißkohle

Einige Conté-Kreiden

Weiche Pastellkreide

▶ **7** Setzen Sie einige Tupfen Gelb zu den weißen und orangeroten Farben im Bereich der Lampe. Diese drei Farbtöne sind einander benachbart und ergänzen sich in ihrer Farbwirkung harmonisch. Tragen Sie die Pastellkreide in den größeren Flächen großzügig auf und um den Rand des Lampenschirms etwas genauer.

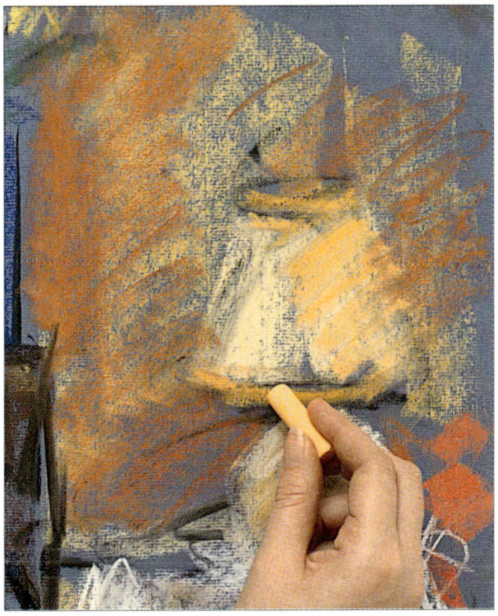

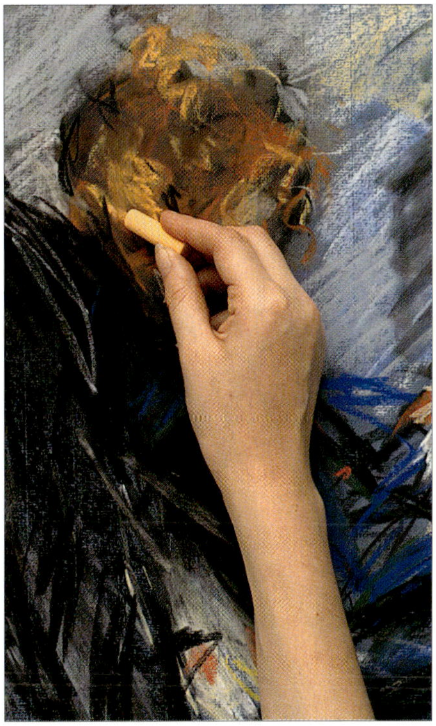

◀ **8** Fügen Sie noch einige letzte Details ein, wie zum Beispiel einige gelbe Lichter im Haar. Dadurch ergibt sich ein lebhafter Kontrast zu den tiefschwarzen Kohlestrichen in der Stuhllehne.

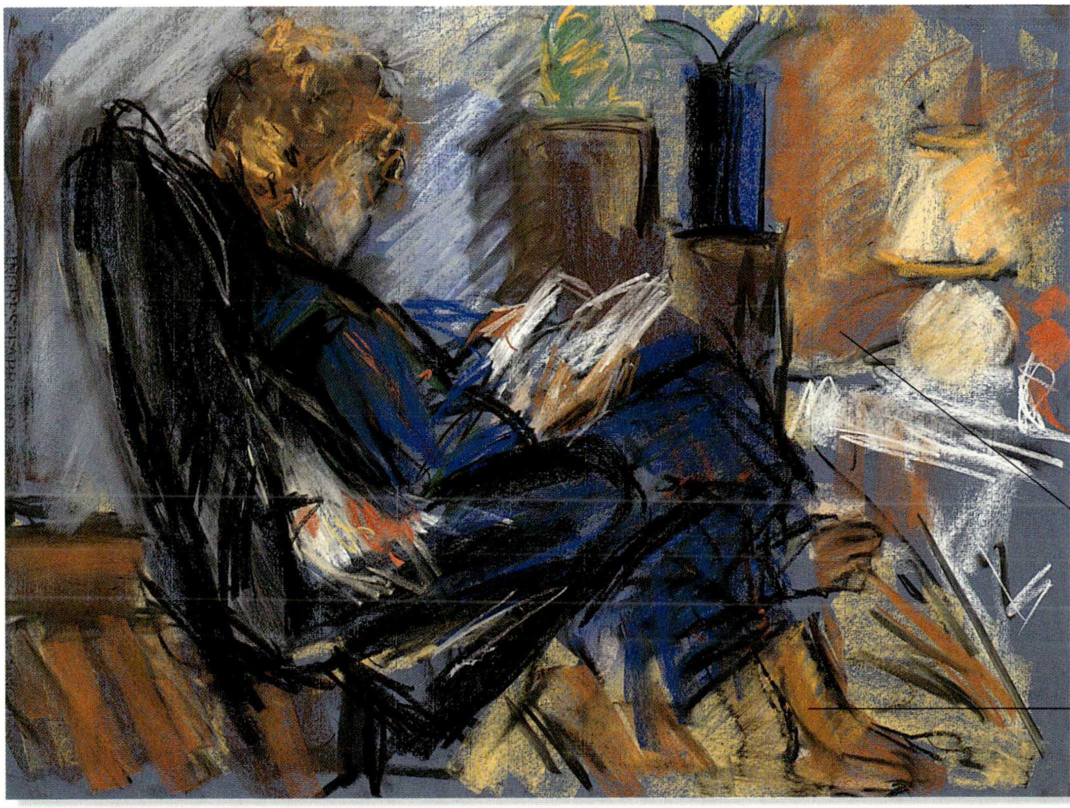

Studie in Mischtechnik
Die fertige Zeichnung zeigt eine stimmungsvolle Szene. Zwar handelt es sich um ein stilles häusliches Moment, doch strahlt die Figur dennoch auch Energie und Kraft aus. Diese Lebendigkeit rührt von dem Einsatz kräftiger Farbkontraste und der freien Technik her, in der die Texturen der verschiedenen Zeichenmittel voll genutzt wurden.

Der Farbton der Conté-Kreide wirkt auf dem dunklen Papier sehr lebhaft.

Leuchtende Pastelltöne stehen im lebendigen Kontrast zu der Kohle und der Conté-Kreide.

Ghislaine Howard

Wie wir Stimmung und Atmosphäre eines Bildes wahrnehmen, hängt von verschiedenen Faktoren ab. Natürlich spricht uns ein Motiv mehr an als ein anderes, wobei dargestellte Tageszeit, Beleuchtungsart, Stellung des Modells, seine Kleidung und der Betrachterstandpunkt eine wichtige Rolle spielen. Die Wahl des Zeichenmittels ist von großer Bedeutung, wie man an den hier gezeigten Arbeiten sehen kann. Manche Künstler sind der Meinung, daß man die Stimmung eines Bildes nicht planen kann, sondern daß sich diese erst mit dem Zeichenprozeß entwickelt. Andere wiederum legen schon zu Beginn der Arbeit fest, welche Atmosphäre ihre Zeichnung ausstrahlen soll.

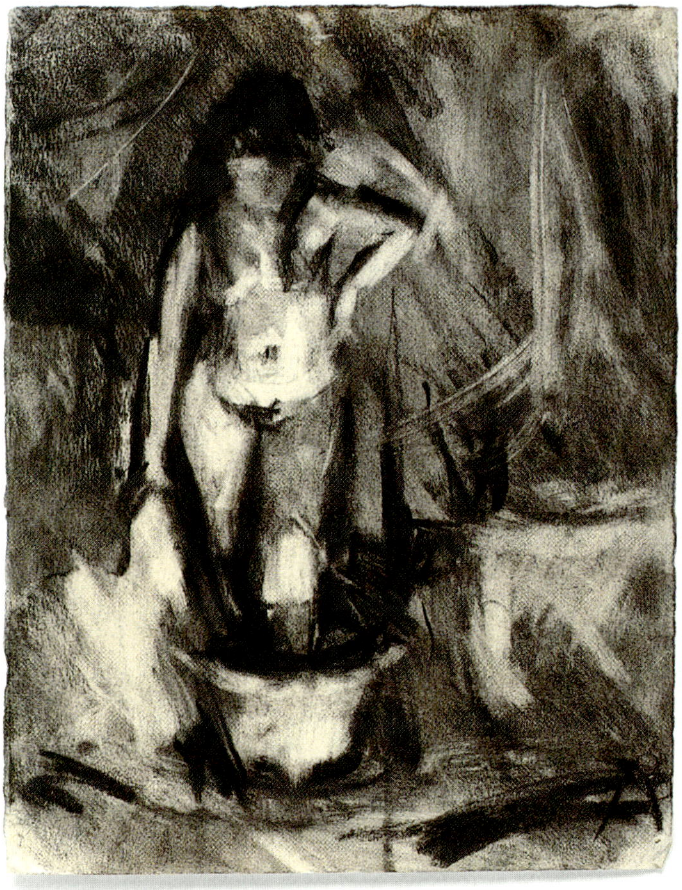

▶ **Neale Worley, Frau im Badezuber** (20 x 15 cm)
In Anlehnung an die Technik Rembrandts arbeitet die Künstlerin in dieser Studie mit sehr kraftvollen Hell-Dunkel-Kontrasten und einer einzelnen starken Lichtquelle, die die Frau, die gerade aus einem Badezuber steigt, schlaglichtartig beleuchtet. Fast wirkt die Zeichnung durch diesen ungewöhnlichen Lichteinfall wie die Wiedergabe einer Theaterszene.

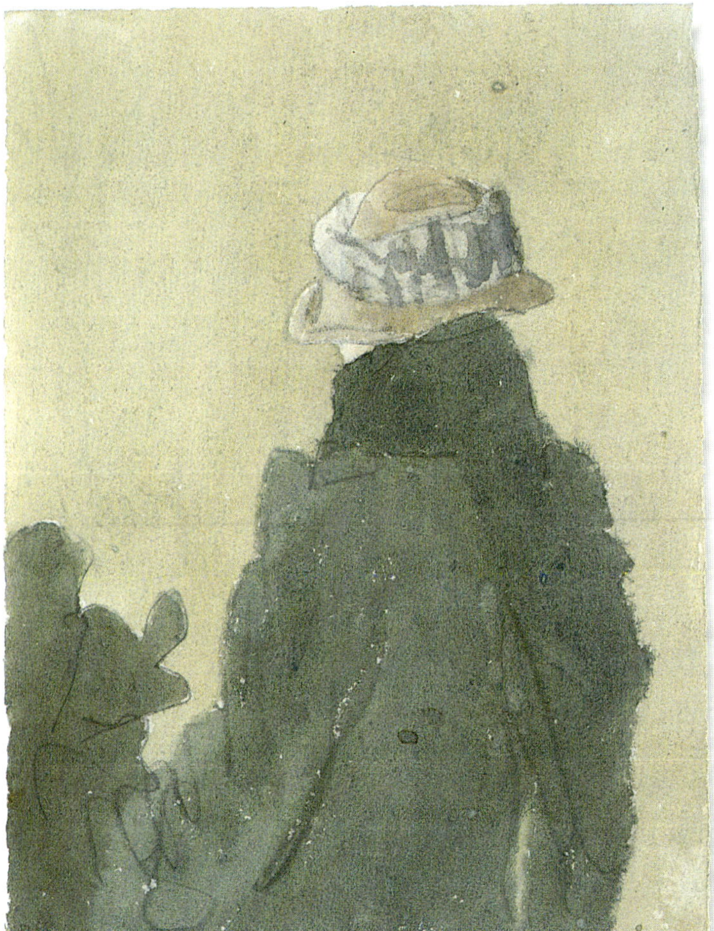

◀ **Gwen John, Junge Frau mit Hut, um 1910** (16,4 x 12,8 cm)
Eine einfach wirkende Zeichnung, aber dennoch voller Atmosphäre, ist diese Rückenansicht einer Frau, die alleine spazierengeht. Der Betrachter kann von ihrem Gesicht nur ein kleines Dreieck sehen, doch vermitteln Haltung und Kleidung dennoch etwas über ihre Verfassung: Der geschlossene, lange Mantel, der fest um den Hals geschlungene Schal und der tief in die Stirn gezogene Hut verweisen auf einen kalten, vielleicht etwas traurigen Tag. Der leere Hintergrund verstärkt diese melancholische Stimmung des Bildes.

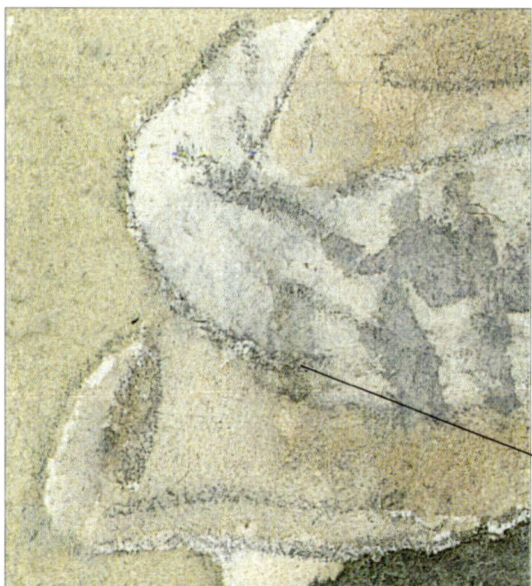

Vor dem Auftrag der Aquarellfarben – hier ein Blaugrau für den Schal und ein wärmeres, getrübtes Rot für den Hut – wurden alle Formen leicht mit Bleistift vorgezeichnet.

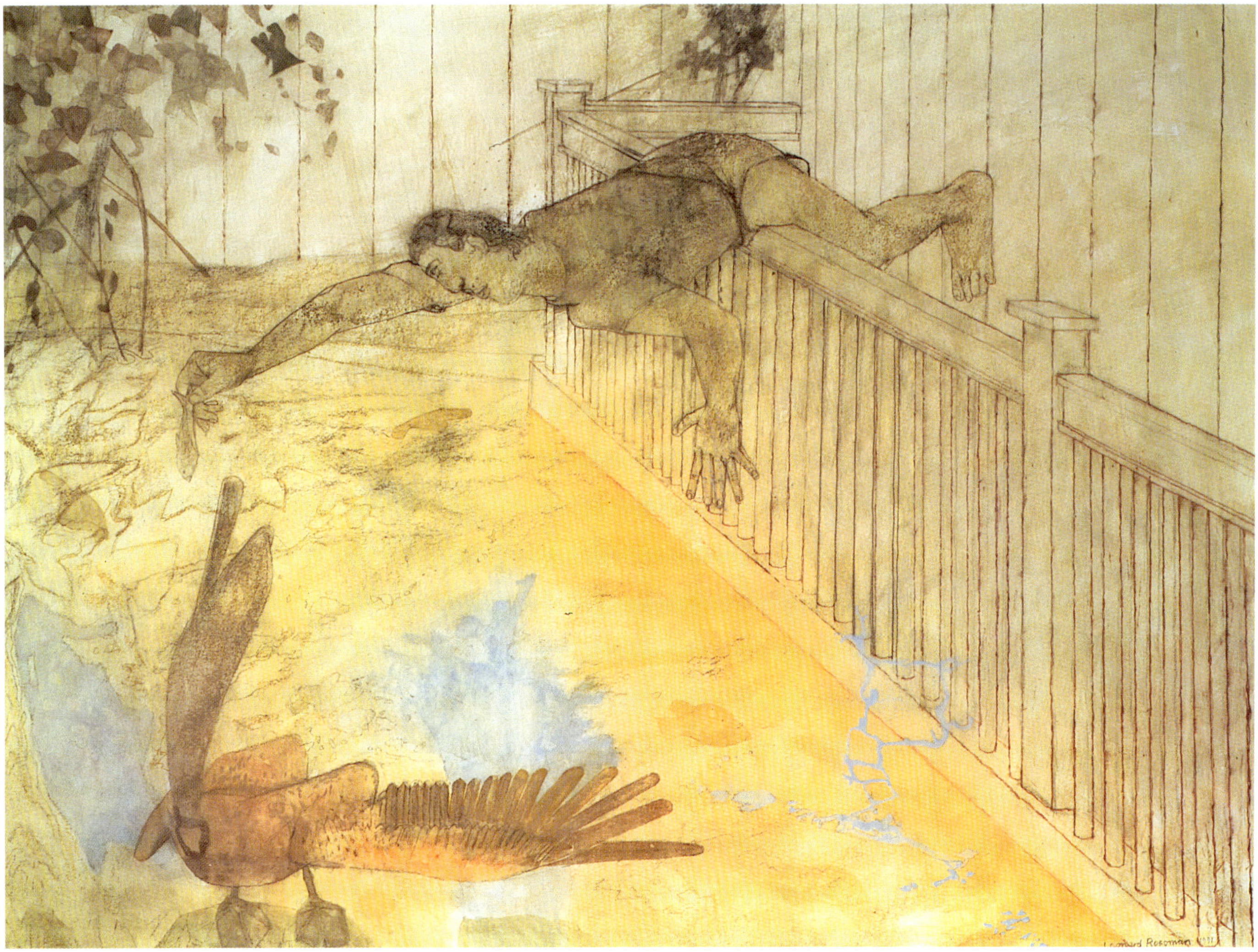

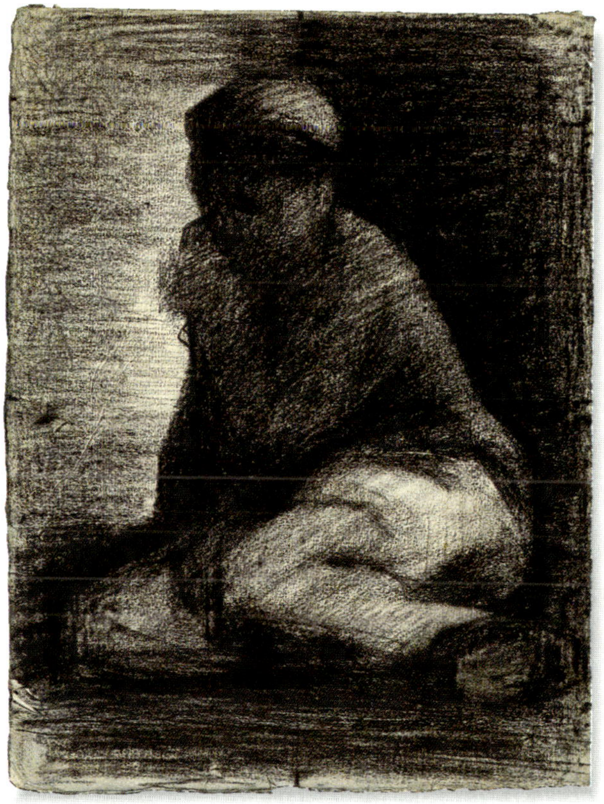

▲ Leonard Rosoman, Studie eines Mannes, der einen blinden Pelikan füttert, 1991 (81,5 x 109 cm)
Eine ganz andere Stimmung kommt in diesem hellen, fröhlichen Bild von Leonard Rosoman zum Ausdruck. Die sehr direkte, einfache Zeichnung mit den großen, schematisch dargestellten Händen und Füßen der Figur und der interessanten Symmetrie von Pelikan und Mann geben der Zeichnung einen humorvollen, witzigen Akzent. Die orangegelbe Farbgebung unterstützt die freundliche, sonnige Wärme des Motivs.

◄ Georges Seurat, Kauernder Junge, um 1907 (32 x 25 cm)
Seurats Hell-Dunkel-Studie mit Conté-Kreide modelliert die Figur wie eine Skulptur. Es sind keinerlei Details zu erkennen, so daß sich der Betrachter automatisch auf das Zusammenspiel der Formen, der Winkel und des Lichteinfalls konzentriert. Der verletzlich wirkende Junge ist teilweise von dunklen Schatten verborgen.

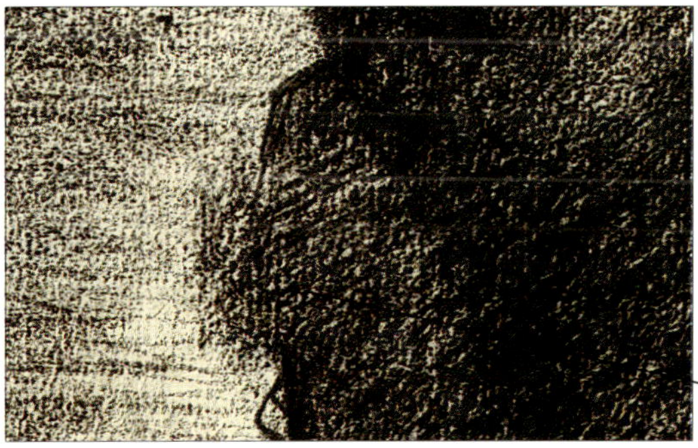

Seurat hat - wie in diesem Ausschnitt gut zu erkennen - eine breite Hell-Dunkel-Skala geschaffen. Durch die Körnung des Papiers sind wirkungsvolle Halbtöne entstanden.

Jedes Zeitalter hat seinen eigenen Begriff von Schönheit entwickelt. Früher jedoch waren Künstler den vorherrschenden Vorstellungen von Schönheit weit stärker unterworfen als heute. So war es üblich, Menschen idealisiert und in dem für die Epoche typischen Menschenbild wiederzugeben. Inzwischen haben sich diese Wertvorstellungen geändert, und es sind gerade die Zeichnungen, die einen Menschen - egal welchen Alters und welchen Aussehens - realistisch wiedergeben, die uns am meisten faszinieren. Häufig passiert es jedoch, daß man sich fast unbewußt ausschließlich auf Modelle eines bestimmten Alters und eines bestimmten Typs konzentriert. Bleiben Sie daher offen, und beschäftigen Sie sich einmal mit den unterschiedlichsten Altersstufen. Betrachten Sie beim Spazierengehen oder beim Einkaufsbummel aufmerksam die Menschen, denen Sie begegnen, um sich immer wieder der ungeheuren Vielfalt von Charakteren bewußt zu werden.

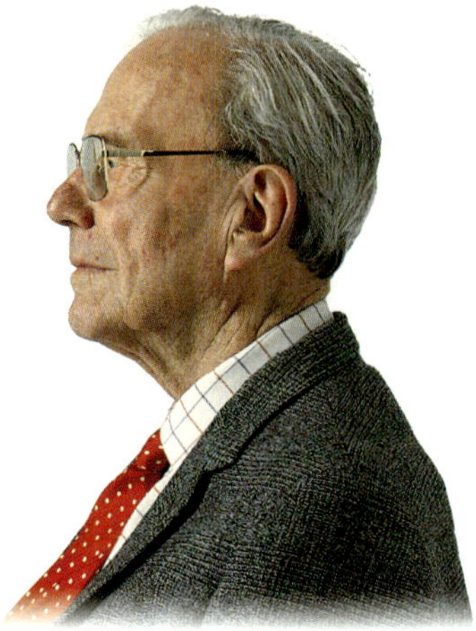

Ältere Menschen
Besonders ausdrucksstarke Modelle sind häufig ältere Menschen. Deutlich haben Zeit und Erfahrungen auch in der Körperhaltung und dem Gesichtsausdruck ihre Spuren eingegraben.

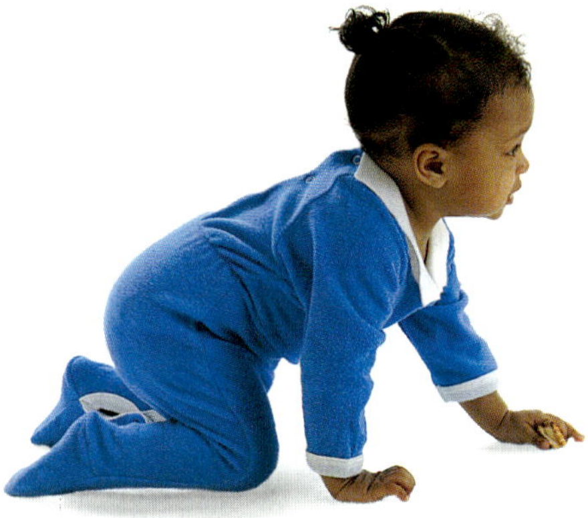

Fotovorlage
Kleine Kinder halten selten still, wenn sie wach sind, und so ist es oft nur möglich, einige rasche Skizzen anzufertigen. Für ausgefeiltere Zeichnungen sollten Sie daher auf Fotovorlagen zurückgreifen.

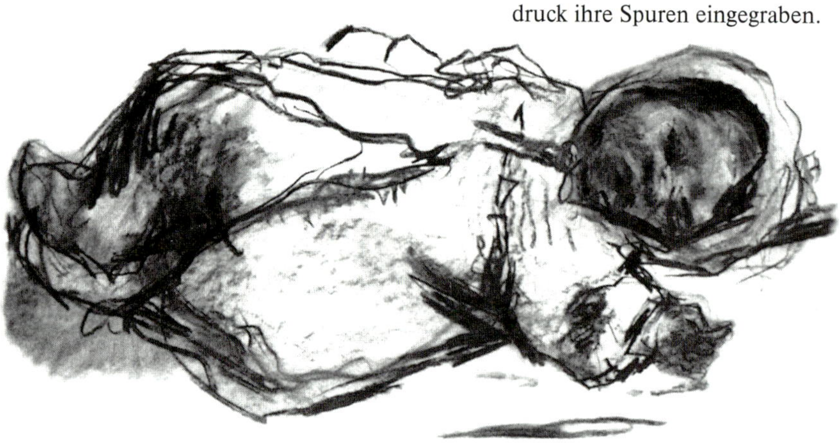

Studien von Kindern
Babys können wundervolle Motive sein, vor allem wenn sie fest schlafen. Kohle ist zum Skizzieren kleiner Kinder besonders gut geeignet: Die Linien können leicht verwischt und verändert werden und sind außerdem von einer diesem Motiv entsprechenden Weichheit. Sobald Kinder alt genug sind, kann man mit ihnen auch kürzere Sitzungen abhalten. Dafür sollte man allerdings auf jeden Fall einen bequemen Platz aussuchen und sie während des Zeichnens mit einem Film oder einem Buch beschäftigen. Sehr konzentriert - vielleicht verfolgt er gerade eine spannende Fernsehsendung - ist auch der Ausdruck des Jungen in der Kohleskizze links.

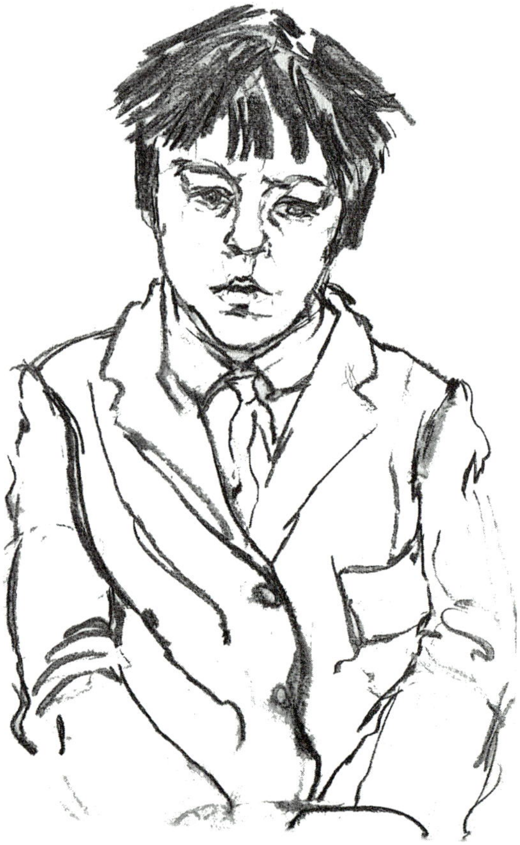

Haltung
Zwischen den ersten unsicheren Schritten eines Kleinkindes und den langsamen Schritten eines Mannes mit achtzig Jahren liegt ein Leben voller Bewegungsformen und Haltungen. Im allgemeinen fallen die Schultern mit zunehmendem Alter etwas nach vorne, der Rücken ist weniger gerade und aufrecht, und es kommt zu einem Versteifen der Gelenke, die zwangsläufige Folge des natürlichen Alterungsprozesses.

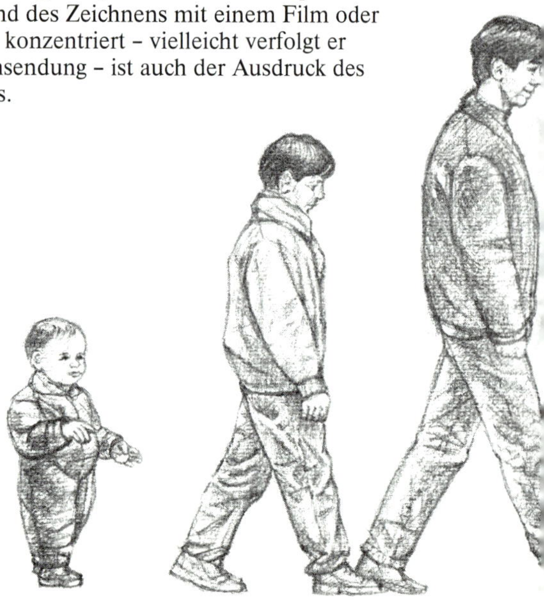

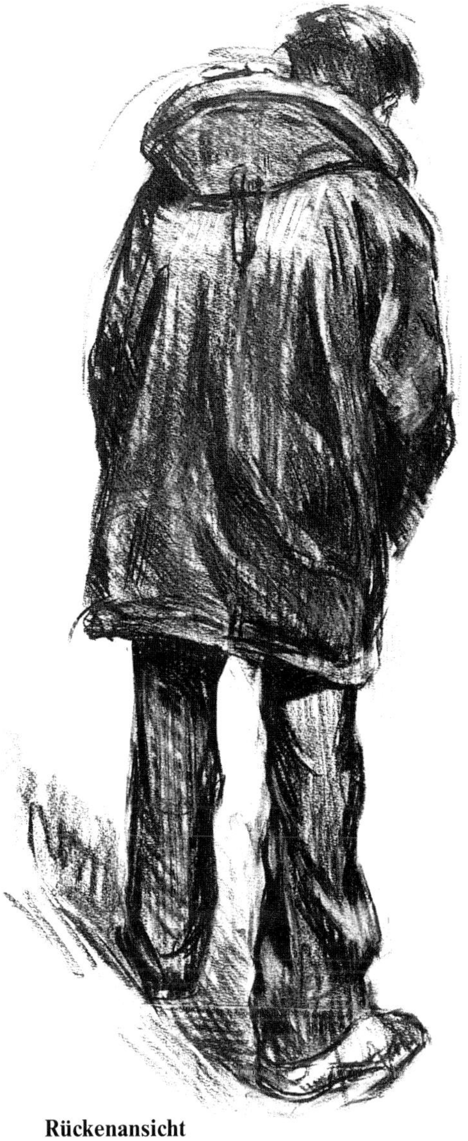

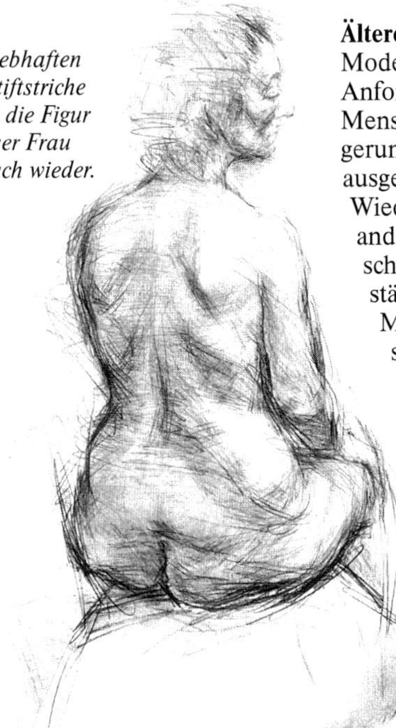

Die lebhaften Bleistiftstriche geben die Figur dieser Frau plastisch wieder.

Ältere Modelle

Modelle im mittleren bis hohen Alter stellen andere Anforderungen an die Aktzeichnung als jüngere Menschen oder Kinder. Jugendliche haben glatte, abgerundete Glieder, die Muskeln sind noch nicht sehr ausgeprägt, so daß sich die Zeichnung häufig auf die Wiedergabe der Körperkonturen konzentriert. Ganz anders sind dagegen Körper und Haut älterer Menschen. Hier finden Sie Falten, Unebenheiten und stärker hervortretende Formen. Wichtig ist es, das Modell sehr genau zu beobachten und das, was man sieht, so objektiv wie möglich abzuzeichnen. Das Zeichnen älterer Menschen kann großen Spaß machen, da ihr ausgeprägter Charakter nicht nur im Gesicht, sondern im ganzen Körperbild zum Ausdruck kommt.

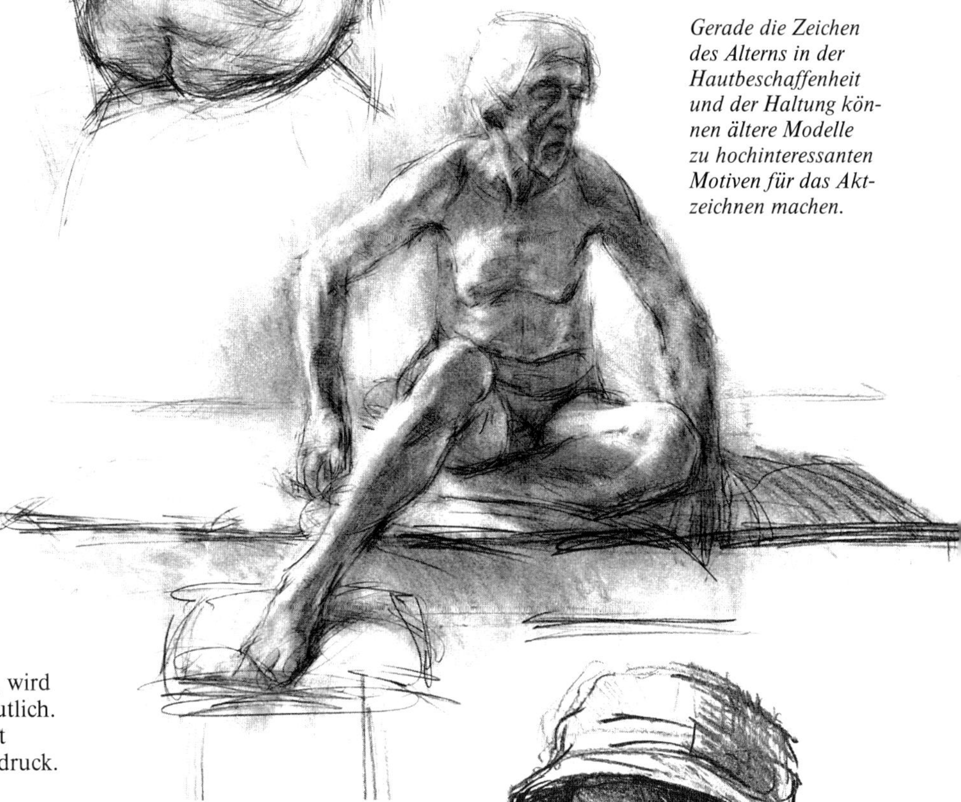

Gerade die Zeichen des Alterns in der Hautbeschaffenheit und der Haltung können ältere Modelle zu hochinteressanten Motiven für das Aktzeichnen machen.

Rückenansicht

Obwohl wir nur den Rücken des Mannes sehen, wird durch die Haltung dennoch seine Stimmung deutlich. Die kräftigen Tonwerte und der hohe Blickpunkt geben der Zeichnung einen schwermütigen Ausdruck.

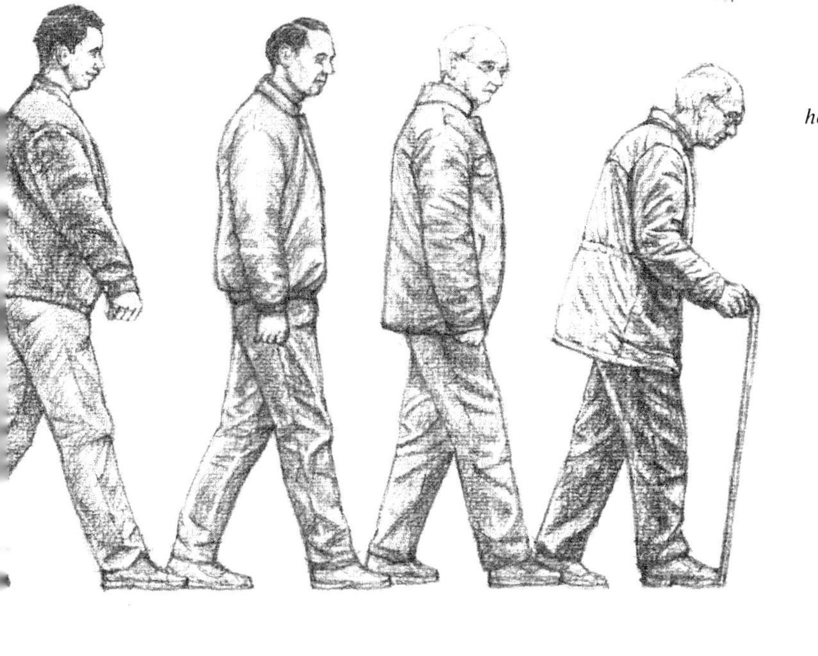

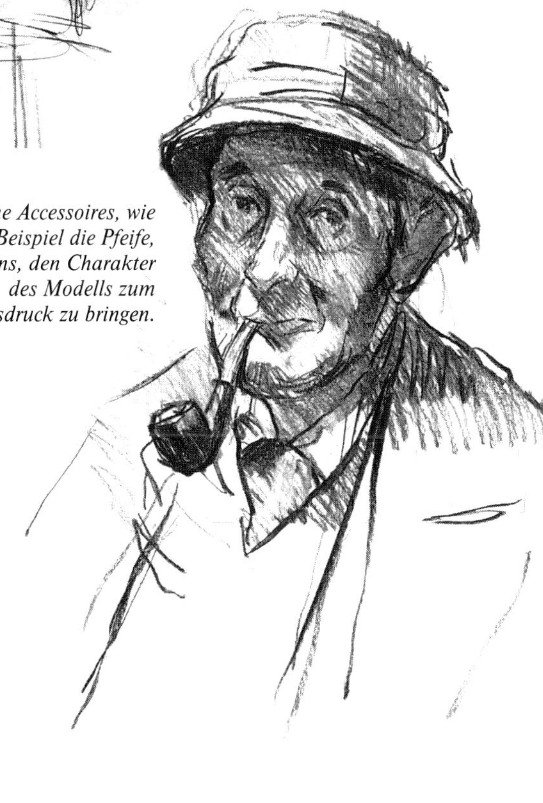

Kleine Accessoires, wie zum Beispiel die Pfeife, helfen uns, den Charakter des Modells zum Ausdruck zu bringen.

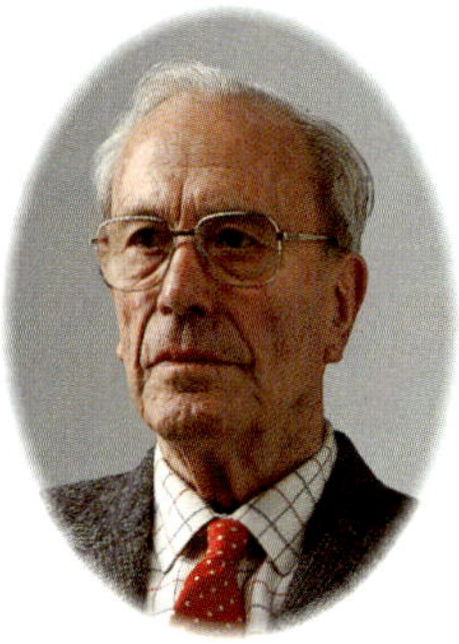

Das Modell hat einen ausgeprägten Gesichtsausdruck mit sehr klaren Gesichtszügen, die vom hellen Licht betont werden.

Das Porträt ist ein wichtiger Aspekt beim Zeichnen von Menschen, da man sich dabei intensiv auf das Gesicht und die Gesichtszüge des Modells konzentrieren kann, denn meist wird beim Skizzieren des ganzen Menschen der Kopf nur in Umrissen angedeutet und nicht detailliert ausgearbeitet. Beim Porträtzeichnen besteht die große Herausforderung darin, sowohl die Erscheinung wie auch den Charakter des Modells genau auszudrücken.
Dies ist nicht unbedingt einfach. Doch sollten Sie sich von Fehlschlägen nicht entmutigen lassen. Immer wieder wird es Momente geben, in denen es gelingt, ein ausdrucksstarkes Porträt zu schaffen und andere, in denen dies mißglückt. Versuchen Sie zunächst einmal, die hier abgebildete Kohlezeichnung Schritt für Schritt nachzuvollziehen.

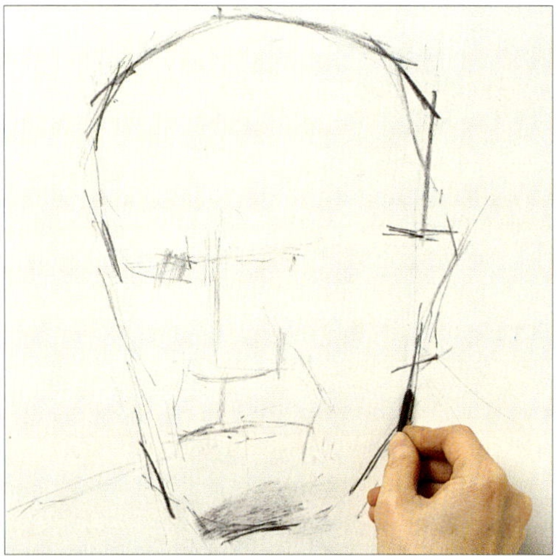

▲ **1** Skizzieren Sie eine ungefähr senkrechte Linie als Hilfslinie für die Nase und eine Serie von waagerechten Strichen für Augen und Lippen. Achten Sie auf die Abstände und Proportionen der Gesichtszüge, und markieren Sie dann die Form des Kopfes.

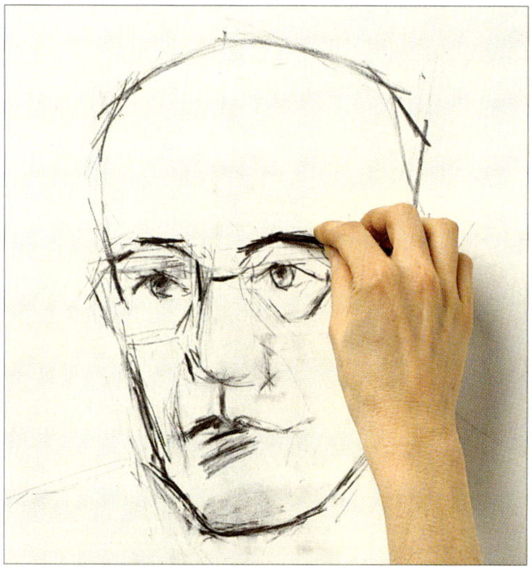

◀ **2** Deuten Sie schon in diesem frühen Stadium der Arbeit Augen und Augenbrauen an, damit Sie ein Zentrum haben, um das herum sich das Porträt entwickeln kann. Verwenden Sie ein dünnes Stück Kohle für die Augenlider, ein dickeres für die Augenbrauen.

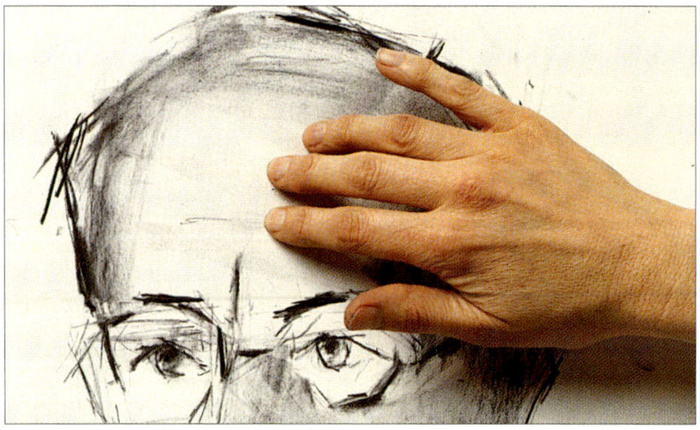

▲ **3** Nachdem die Grundform des Gesichts und die wichtigsten Elemente der Gesichtszüge festgelegt worden sind, werden mit Hilfe von Schattierungen Hell-Dunkel-Flächen erarbeitet, um den Lichteinfall festzulegen. Arbeiten Sie dabei mit der Breitseite der Kohle und verreiben Sie sie.

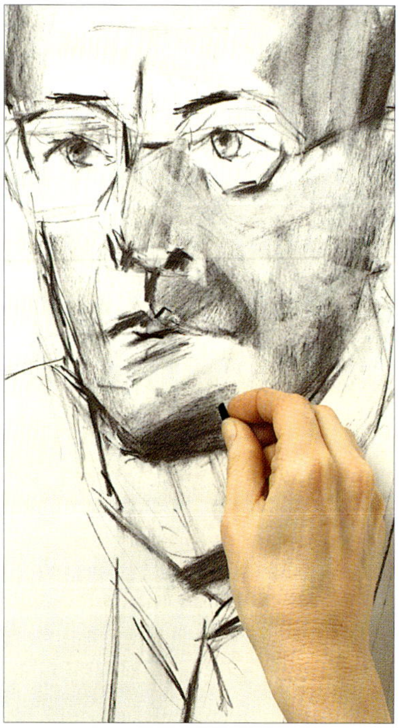

▶ **4** Beim Verreiben der Kohle werden die Tonwerte heller. Tragen Sie daher in den Schattenzonen weitere Kohleschichten auf. Es sollte Sie nicht beunruhigen, wenn die Zeichnung in diesem Stadium vielleicht etwas ungleichmäßig wirkt. Sie können dies im weiteren Arbeitsprozeß ausgleichen.

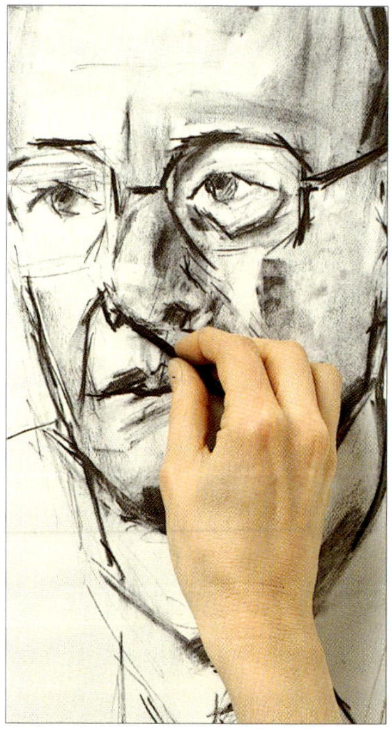

▲ **5** Nachdem die wesentlichen Tonwertkontraste festgelegt worden sind, werden die Gesichtszüge detaillierter ausgearbeitet. Oberlippe und Nasenlöcher werden mit dicken Kohlestrichen nachgezeichnet, und auch die Brille erhält nun eine deutlichere Form.

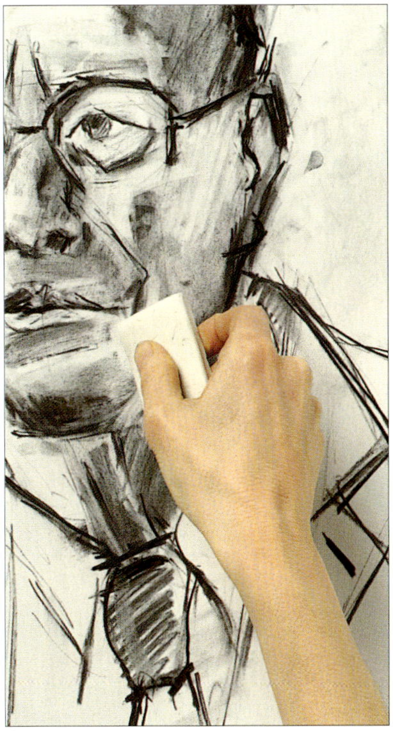

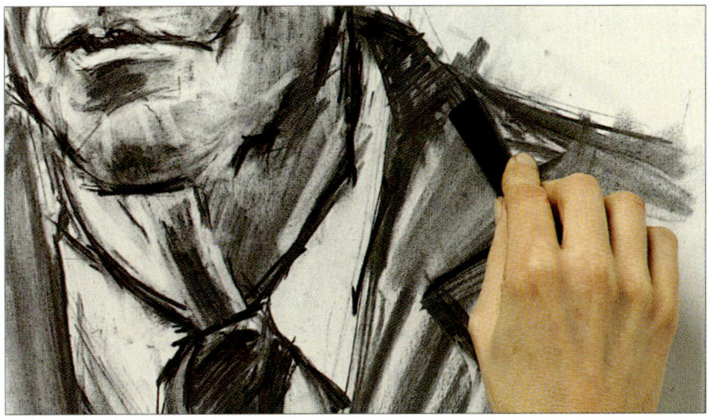

◀ **7** Zeichnen Sie die Jacke mit einem sehr dicken Stück Kohle in einem tiefen Ton und klaren Formen. Die großen Flächen und geraden Linien der Kleidung verführen vielleicht etwas dazu, diesen Teil der Zeichnung zu sehr zu betonen. Achten Sie daher darauf, daß alle Bereiche der Zeichnung in Stil, Technik und Tonwerten harmonieren.

◀ **6** Vertiefen Sie die Töne im ganzen Gesicht mit weiteren Schattierungen. Dabei kann man leicht die Zeichnung verschmieren. Halten Sie also einen Radiergummi bereit, um unerwünschte Spuren gleich wieder zu entfernen. Anschließend werden Lichter mit einem Knetgummiradierer abgehoben.

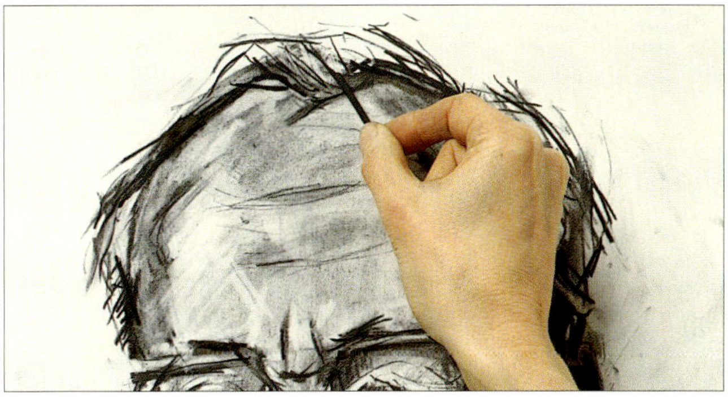

▲ **8** Betrachten Sie die Zeichnung noch einmal aus der Distanz, und suchen Sie nach Fehlern und Unstimmigkeiten im Gleichgewicht. Falls eine Stelle zu hell erscheint, verstärken Sie sie durch weiteres Schattieren. Mit dünner Zeichenkohle können letzte Details wie einige Haarsträhnen eingefügt werden.

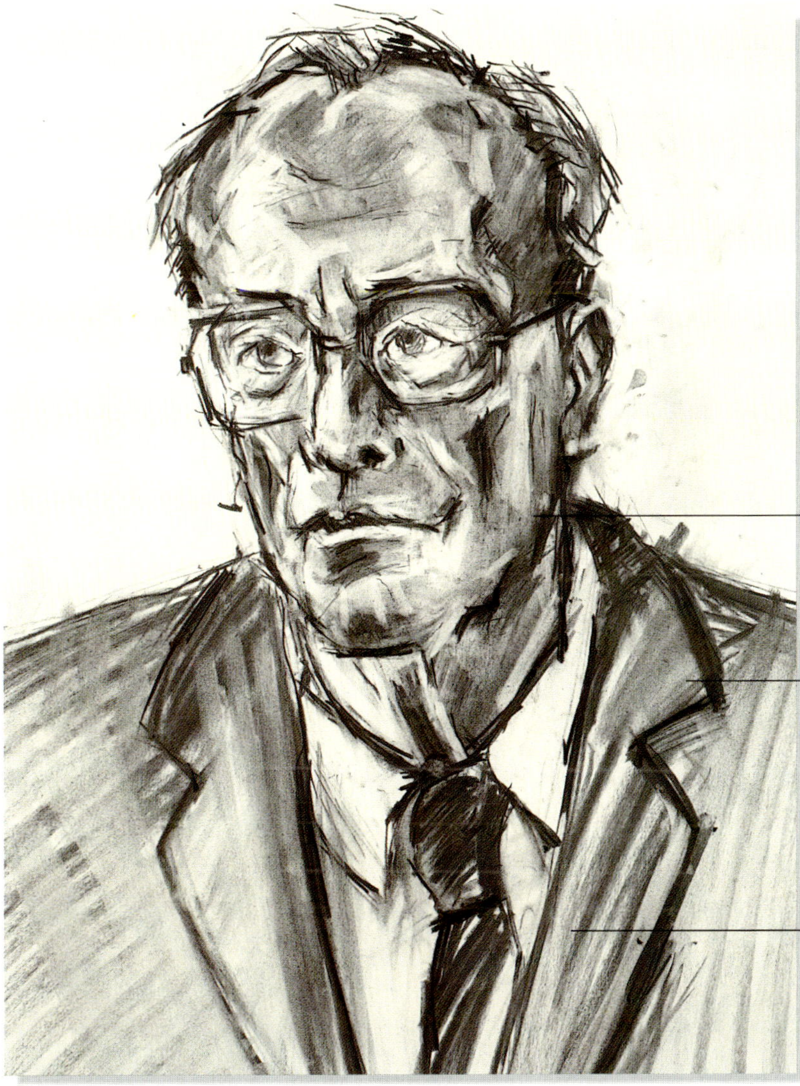

Porträt von George Baxter
Die tiefschwarzen Töne des fertigen Porträts vermitteln die Energie und Entschlossenheit der Gesichtszüge. Zugleich wird aber auch die Sensibilität des Mannes deutlich. Beide Wesenszüge sind zu einem ausdrucksstarken Porträt verbunden worden.

Größe und Position jedes einzelnen Gesichtsteils wurden genau beobachtet.

Lange kräftige Striche um die Schultern geben dem Porträt einen festen Rahmen.

Die Vielseitigkeit der eingesetzten Zeichentechniken, von kraftvollen Schraffuren bis zu weichen Vermalungen, zeigt die Wandlungsfähigkeit der Zeichenkohle.

Rachel Clark

Material

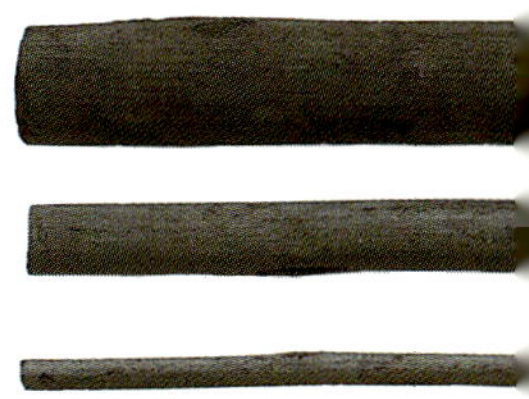

Verschiedene Zeichenkohle

Knetgummiradierer

Die lange Reise von der Jugend bis zum Alter zeigen die Zeichnungen auf diesen Seiten, vom in die Kissen gekuschelten kleinen Mädchen und dem kräftig ausschreitenden Jungen über die Gesichtszüge eines Mannes im mittleren Alter aus der New Yorker U-Bahn bis zum siebzig Jahre alten Australier und dem liebevollen Porträt der Großmutter in ihrem Lehnstuhl.
Jede einzelne Arbeit vermittelt den besonderen Ausdruck des dargestellten Menschen, dessen Gesichtszüge durch sein Alter, seine Lebenserfahrungen und die Lebenssituation geprägt sind.

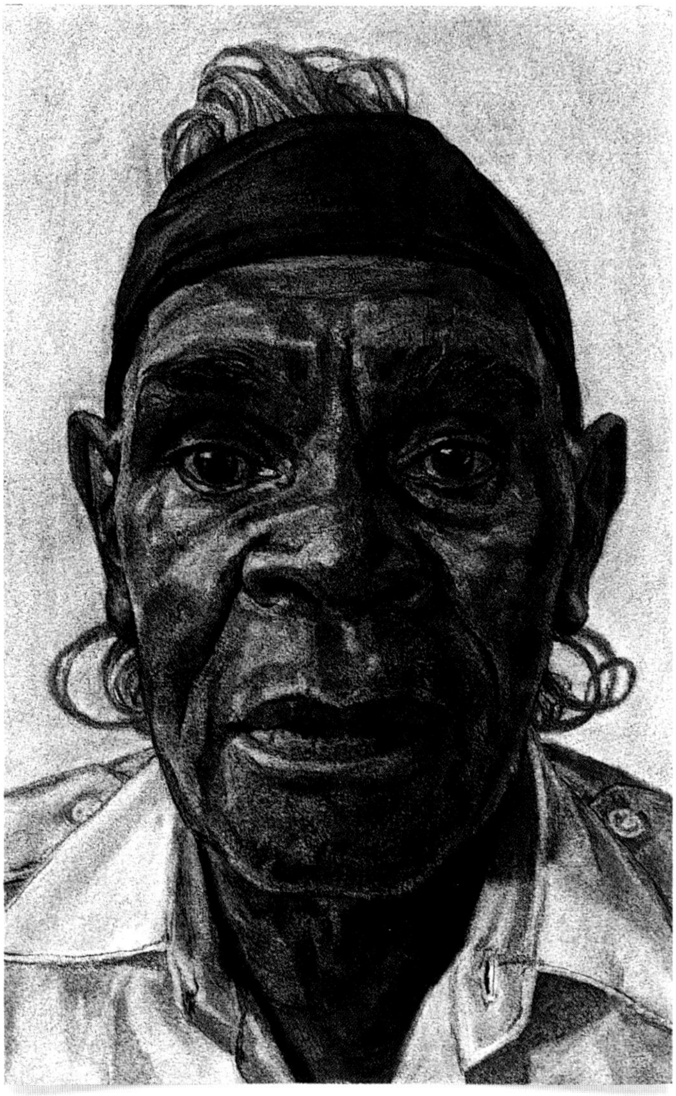

▲ **Mandy Lindsay, Mann vom Mount Isa** (25 x 15 cm)
Besonders ausdrucksstark sind die Augen dieses australischen Aborigines: In ihnen können wir eine traurige Fremdheit und Abgeschiedenheit spüren. Zugleich aber strahlt das dunkel schattierte Gesicht auch eine ungeheure Präsenz aus. Nicht zuletzt wird dies durch die von der Künstlerin gewählten „en-face"-Ansicht hervorgerufen. Ein solcher Blickwinkel ist sehr unvermittelt und läßt den Betrachter in direkten Augenkontakt mit dem dargestellten Menschen treten. Die Zeichnung wurde mit Kohle und Conté-Kreide angefertigt, die Runzeln und Furchen des Gesichts sehr ausgeprägt dargestellt.

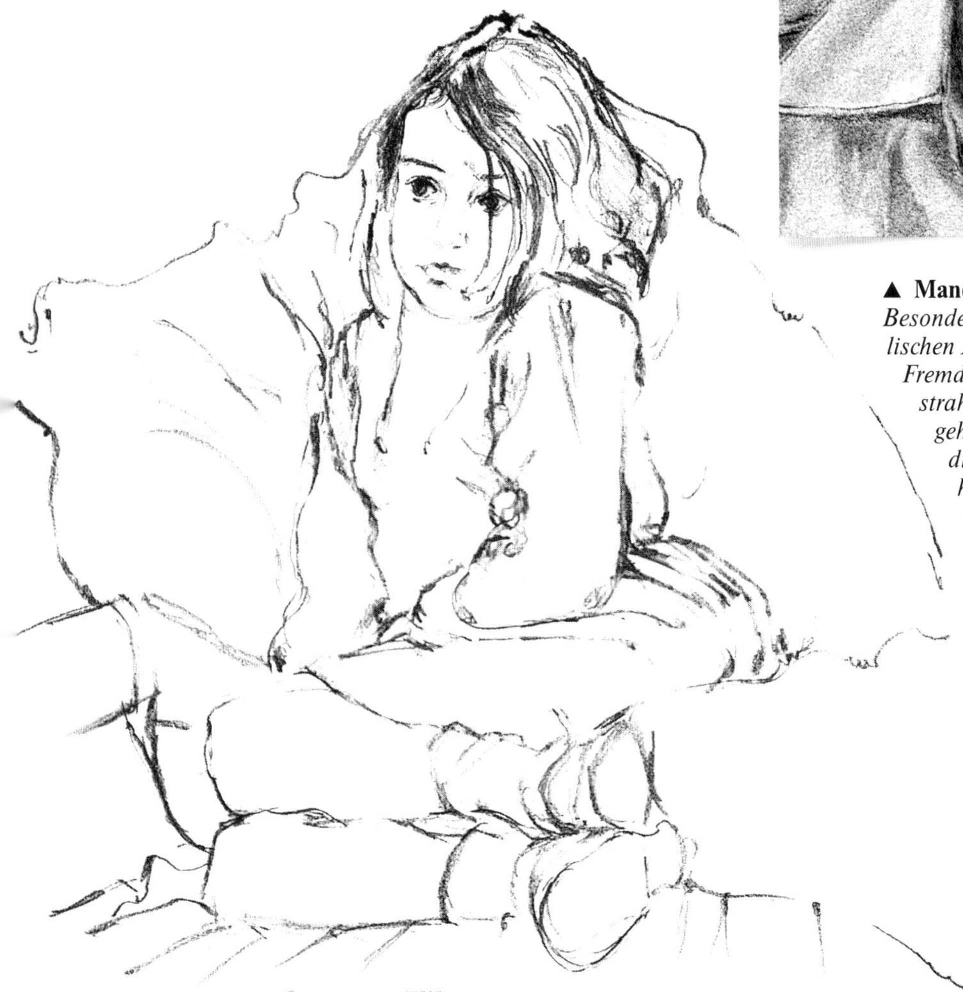

◄ **Sue Sareen, Hannah** (40,5 x 30 cm)
Ganz anders wurde die Kohle in dieser Studie eingesetzt. Die Künstlerin hat mit nur wenigen Linien gearbeitet und das Weiß des Papiers in die Zeichnung miteinbezogen. Entspannt hat sich das Kind für die Zeichensitzung in ein Kissen gelehnt. Die Beine sind angewinkelt, und der Vorderarm mit der Hand im Schoß folgt der Linie des Oberschenkels. Oberkörper und Kopf sind leicht gedreht.

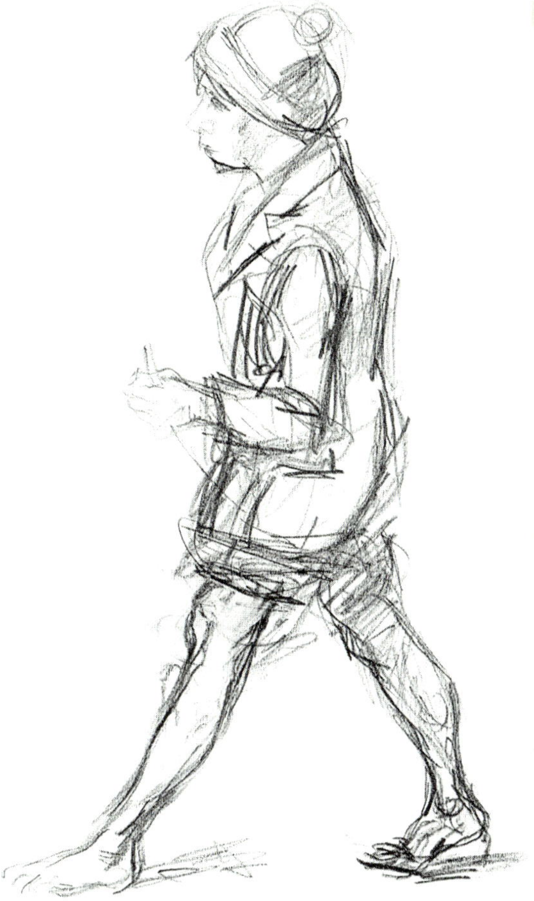

▲ **Max Beckmann, Gehender Jugendlicher, um 1910** (30,7 x 22 cm)
Eine gut beobachtete Bewegungsstudie ist diese mit wenigen Strichen ausgeführte Bleistiftskizze. Lockere Schraffuren an der Rückseite der Mütze, der Jacke und des linken Oberschenkels geben der Form Volumen und deuten Bewegung an. Am Unterschenkel sind wiederholte Strichlagen nebeneinandergesetzt worden, zum einen, um die Proportionen zu korrigieren und zum anderen, um die Schrittfolge des Ausschreitens zu verdeutlichen.

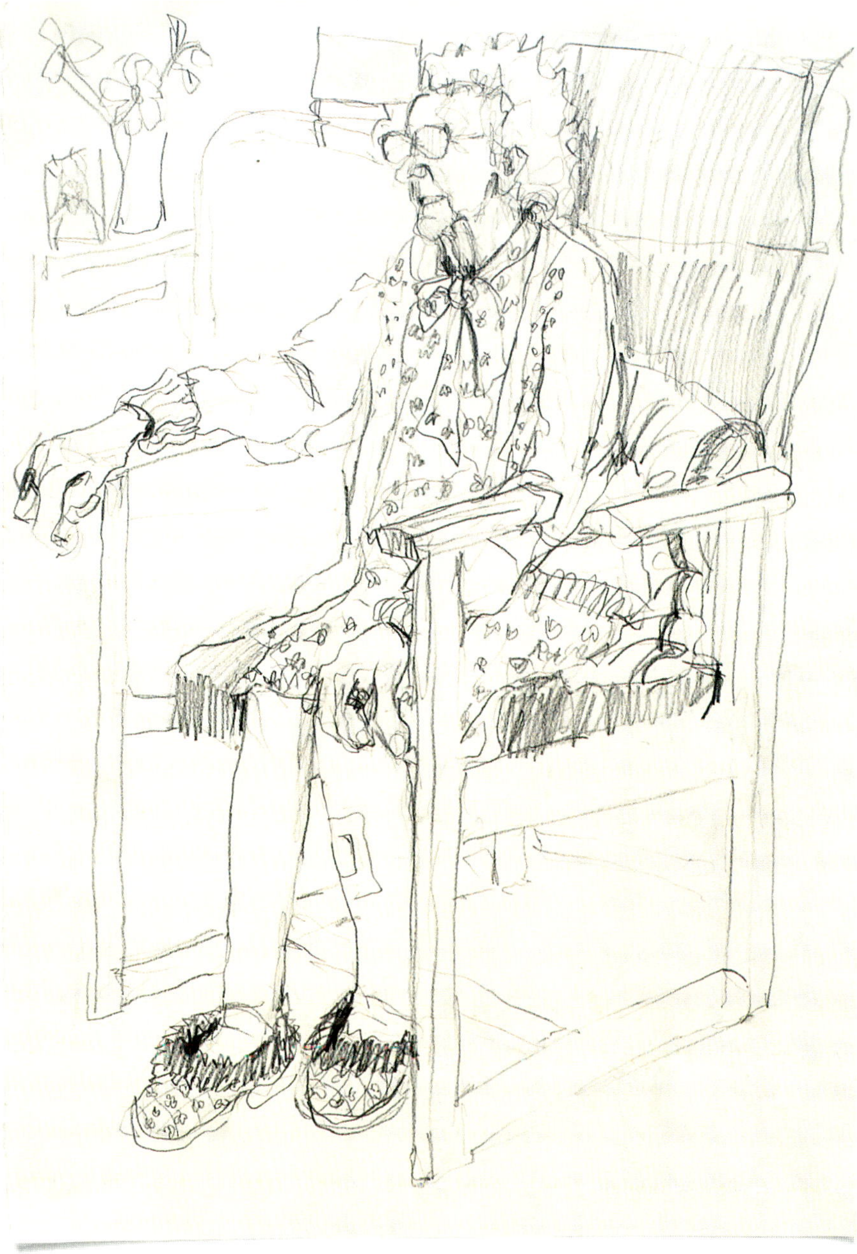

▲ **Kate Hayden, Großmutter** (40 x 29 cm)
Mit Liebe und Zärtlichkeit wurde diese Zeichnung angefertigt, und der Betrachter spürt die Wärme und die Zuneigung, die die Künstlerin ihrer Großmutter entgegenbringt. Trotz ihrer physischen Gebrechlichkeit strahlt die alte Frau Lebensfreude und Neugier aus. Ebenso offen ist der Stil der Zeichnung. Liebevolle Details beschreiben die Figur. Die Künstlerin hat sich auf die Wiedergabe des Wesentlichen beschränkt, so daß die Zeichnung lebendig und spontan wirkt.

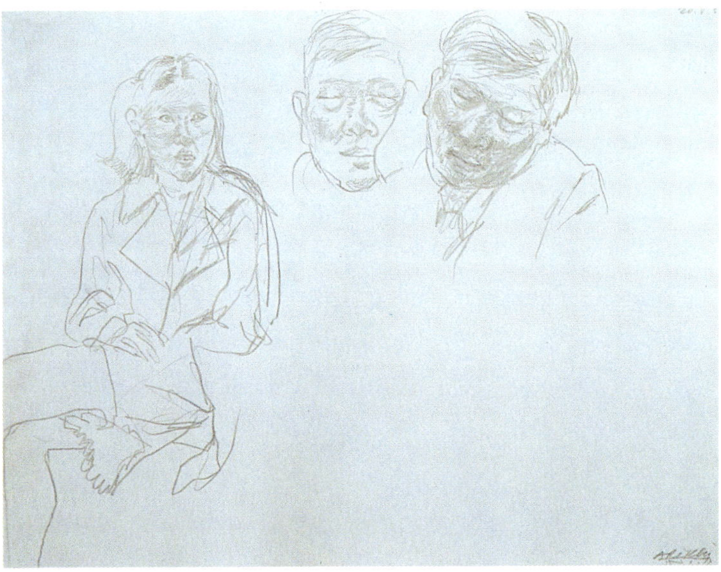

◄ **Avigdor Arikha, Zeichnung in der New Yorker U-Bahn: Studien eines chinesischen Mädchens und eines schlafenden Mannes** (23 x 30,5 cm)
Belebte öffentliche Räume und Plätze sind ideal, um kleine Skizzen von verschiedenen Menschen festzuhalten. Daher lohnt es sich, immer einen Skizzenblock für spontane Studien in der Tasche zu haben, wenn man einem lohnenden Motiv begegnet. Solche raschen Zeichnungen sind nicht nur eine sehr gute Übung, sondern sie bieten auch bei der späteren Arbeit zu Hause Anregungen und Ideen.

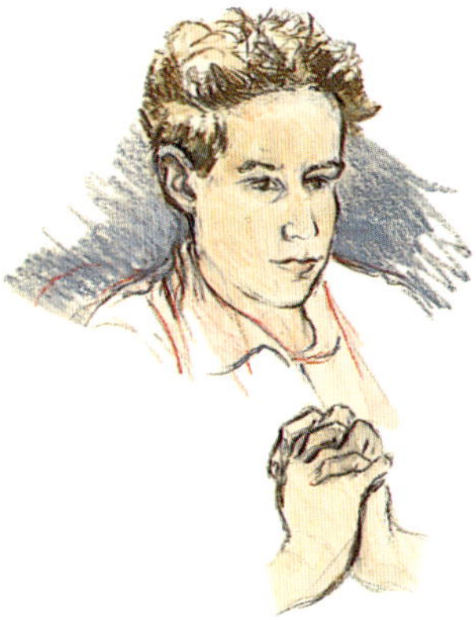

Wasserlösliche Kreiden sind ideal für schnelle Porträtskizzen.

Das Zeichnen mehrerer Menschen ist besonders spannend, da wir uns dabei nicht nur auf Aussehen und Charakter des einzelnen konzentrieren müssen, sondern auch die Beziehungen innerhalb der Gruppe berücksichtigen sollten. Schon bei der Wahl der Modelle sollten Sie entscheiden, welche Aussage Ihr Bild haben soll: Brauchen Sie zwei oder drei Menschen, um mit der Zeichnung eine bestimmte Geschichte zu erzählen oder eine besondere Stimmung zum Ausdruck zu bringen? Oder wollen Sie ganz neutral nur eine Gruppe von Menschen zeichnen, wie zum Beispiel eine Familienszene oder ein Treffen von Freunden? Die eigene Familie ist ein guter Ausgangspunkt, um sich mit Gruppenkonstellationen zu beschäftigen. In den hier abgebildeten kleinformatigen Vorstudien werden verschiedene Möglichkeiten der Komposition in Bleistift und Kohle und Farbnotizen in Aquarell und Gouache durchgespielt. Die als am besten empfundene Skizze wird dann später in größerem Format zur Zeichnung ausgearbeitet (siehe Seite 60–61).

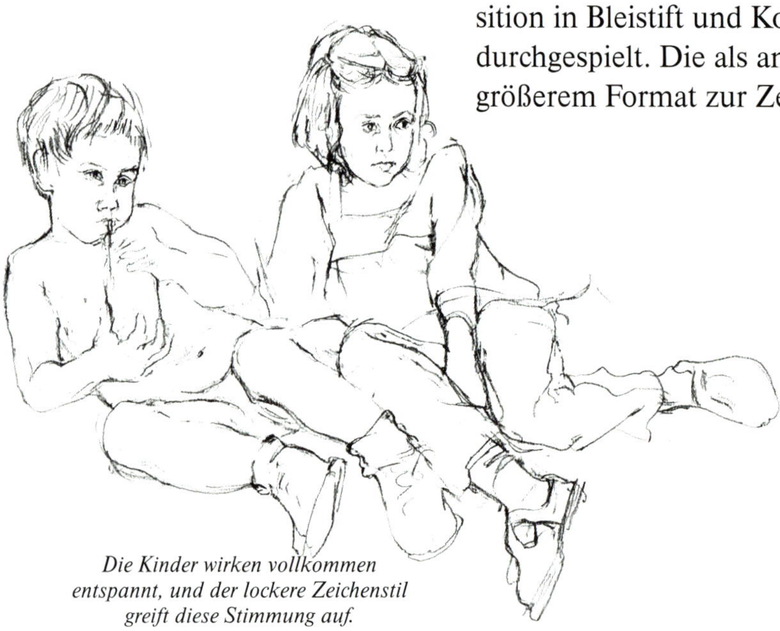

Die Kinder wirken vollkommen entspannt, und der lockere Zeichenstil greift diese Stimmung auf.

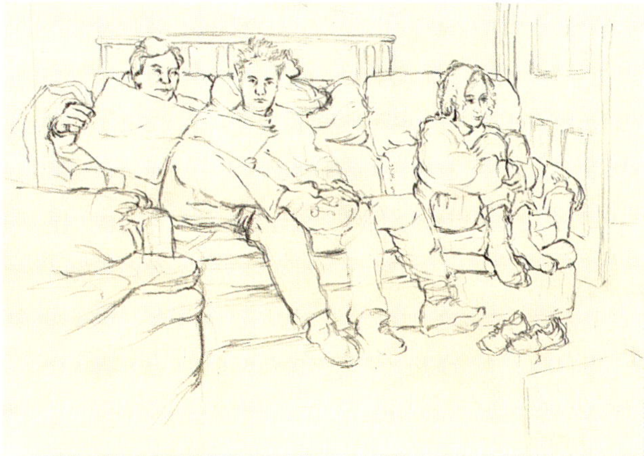

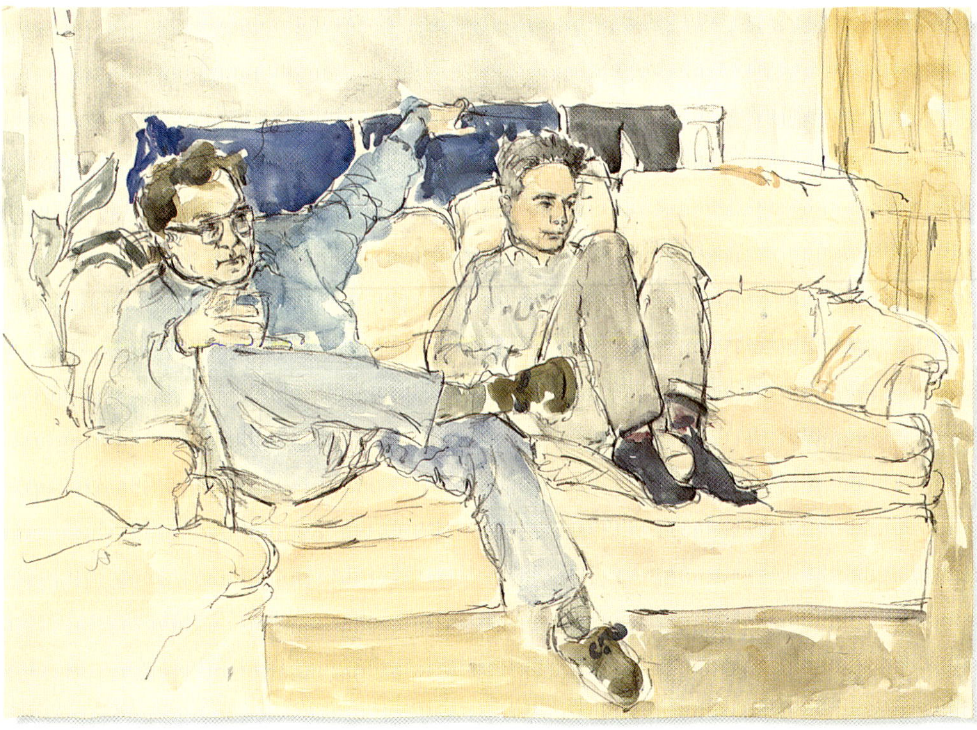

Komposition
Halten Sie die Komposition in der ersten Skizze so einfach wie möglich. Hier wird die horizontale Anordnung der Menschen auf dem Blatt von der Form des Sofas betont. Der außerhalb des Bildausschnittes liegende Fernseher und eine aufgeschlagene Zeitung fesseln die Aufmerksamkeit der dargestellten Personen, so daß es ihnen nicht schwerfällt, beim Zeichnen stillzuhalten. Obwohl es sich um eine Vorskizze handelt, hat der Künstler die wesentlichen Punkte der Gruppenkomposition wiedergegeben: Während die Figur mit der Zeitung zum Fernseher schaut, blickt der Junge neben ihm über die Zeitung hinweg zur Künstlerin.

Farbnotizen
Fertigen Sie schnelle Farbstudien an, um mit Stimmungen und Farbgebungen zu experimentieren. Diese Skizze wurde mit flächigen Aquarell-Lavierungen überarbeitet.

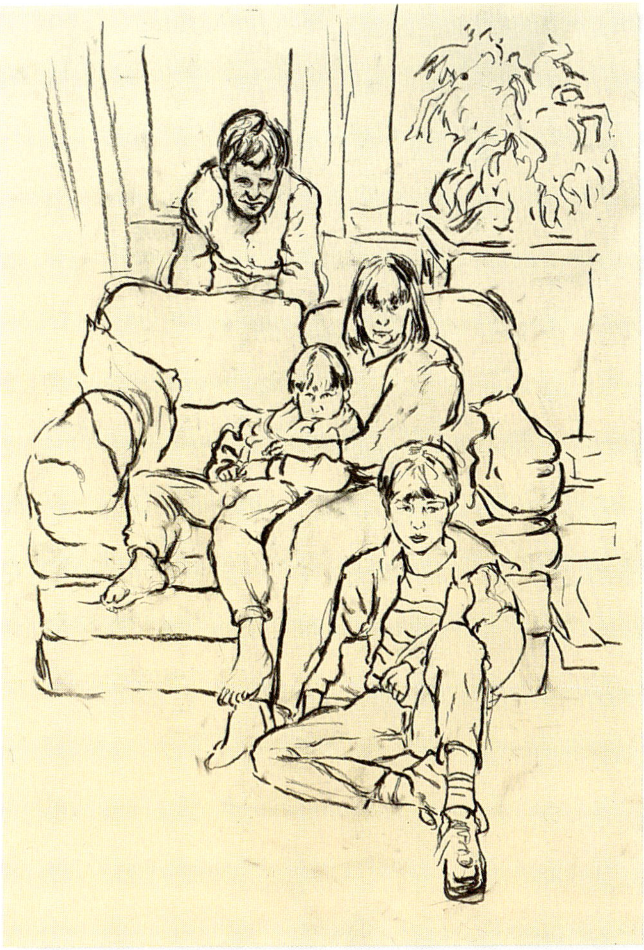

Eine andere Kompositionsmöglichkeit
Ganz anders ist der Aufbau dieser Komposition im Hochformat: Das Auge des Betrachters wird in einer steilen Diagonale von der Figur, die sich über das Sofa beugt, zu dem auf dem Boden sitzenden Jungen geführt; ein spannender Bildaufbau, der jedoch auch statischer wirkt als die Kompositionen der ersten Skizzen.

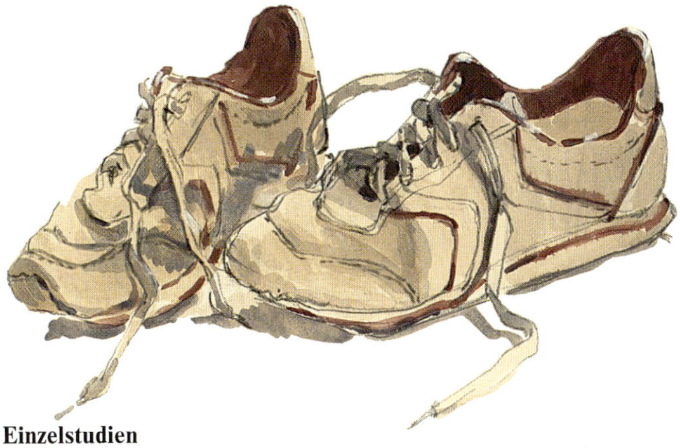

Einzelstudien
Eine ganz eigenständige Studie ist diese Zeichnung von einem Paar Schuhe in Bleistift und verdünnter Gouache. Die kühlen blauvioletten Schatten der Bänder und Sohlen stehen in lebhaftem Kontrast zu den warmen Farben der Schuhe. Auch die dunkelroten Linien der Schmucknähte treten formgebend hervor. Es lohnt sich, ruhig etwas Zeit und Geduld in solche detaillierte Farbstudien zu investieren.

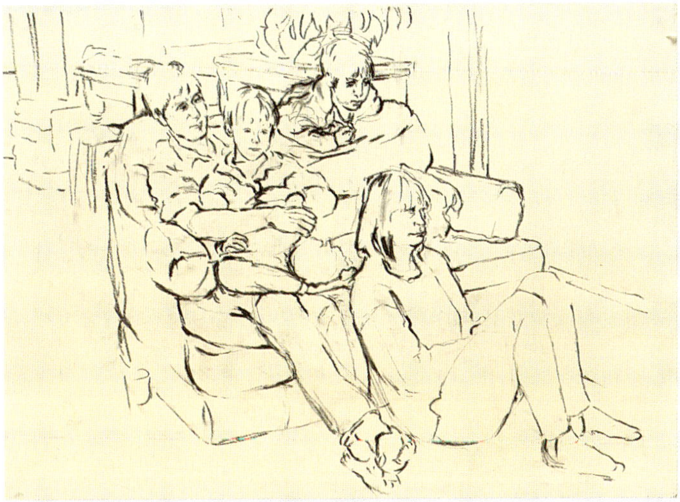

Blickwinkel
Der Blickwinkel beeinflußt die Stimmung eines Bildes beträchtlich. Hier werden die nach rechts blickenden Menschen von der Seite her betrachtet. Dieser Standpunkt ist weit distanzierter als in den bisherigen Skizzen. Die beobachteten Menschen erscheinen weniger vertraut, nicht zuletzt auch deshalb, weil kein Blickkontakt zwischen Künstler und Modellen besteht.

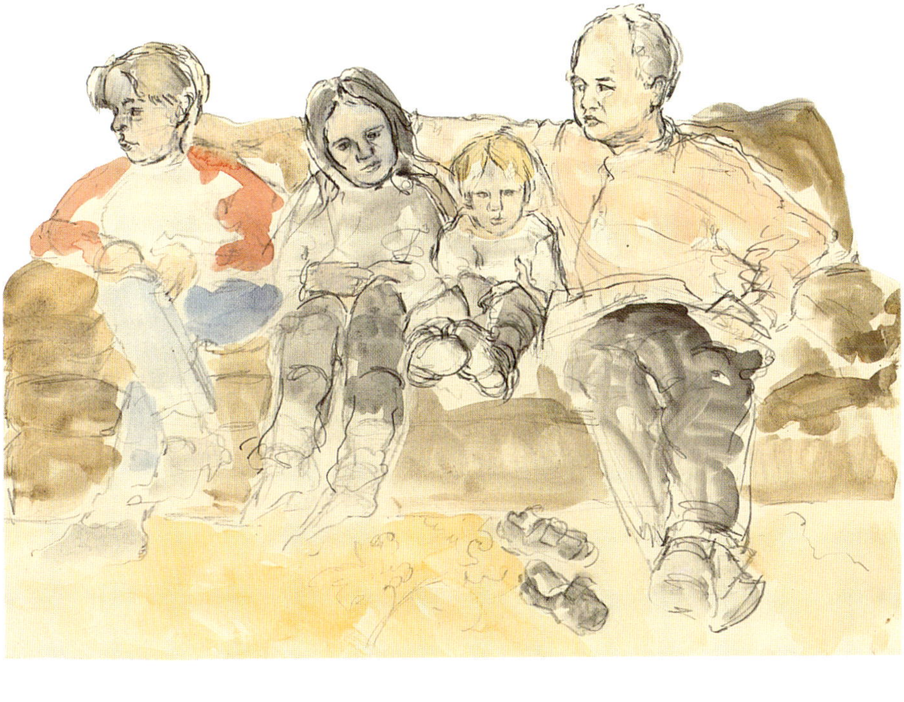

Feinheiten der Stimmung
In der letzten Skizze dieser Serie von Vorstudien beschäftigt sich die Künstlerin in erster Linie mit Komposition und Farbe und weniger mit den einzelnen Personen. Wieder hat sich aber die Konstellation geändert: Nur die zwei mittleren Figuren blicken zum Fernseher, während die Aufmerksamkeit des Mädchens links und des Mannes von einem Geschehen links außerhalb des Blickwinkels abgelenkt wird. Dadurch entsteht eine unruhige Atmosphäre, bei der der Betrachter über das Unbekannte nur spekulieren kann.

Mit Hilfe einiger Vorskizzen, wie sie auf den vorhergehenden Seiten gezeigt wurden, können Sie herausfinden, wie Sie eine größere Gruppenstudie am besten komponieren und wiedergeben können und welchen thematischen Schwerpunkt Ihre Zeichnung haben soll.
Setzten sich die einfachen, spontanen Vorstudien meist mit formalen Aspekten der Komposition auseinander, will die Künstlerin nun in einer genauer ausgeführten Zeichnung die Wärme einer Familie zum Ausdruck bringen, die gemeinsam einige Momente der Entspannung genießt.

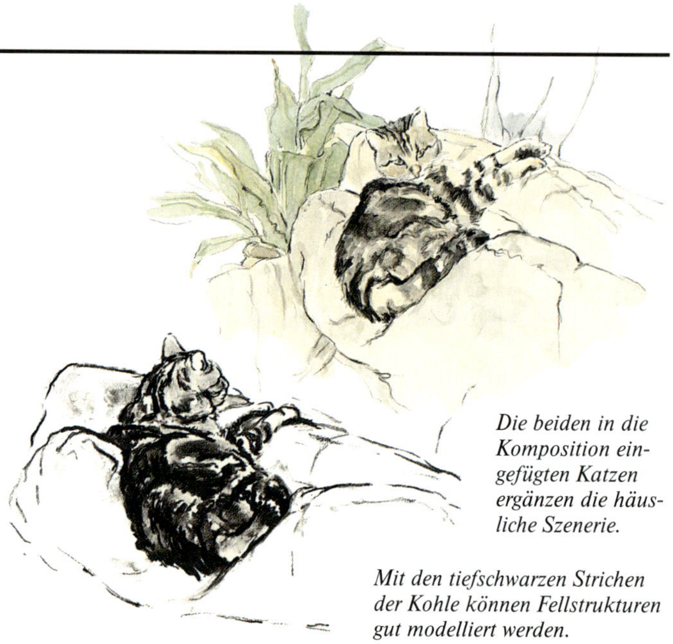

Die beiden in die Komposition eingefügten Katzen ergänzen die häusliche Szenerie.

Mit den tiefschwarzen Strichen der Kohle können Fellstrukturen gut modelliert werden.

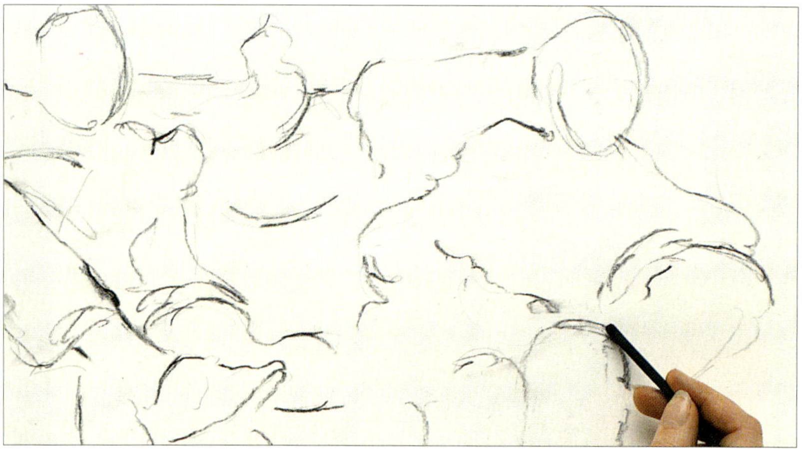

◀ **1** Die ersten Striche einer Komposition sind die wichtigsten: Sie legen die Position und Haltung jeder einzelnen Figur fest und dienen als Führungslinien für die weitere Ausarbeitung. Verwenden Sie für diese locker gesetzte Vorzeichnung eine dünne Kohle, und blicken Sie immer wieder vom Modell zum Papier.

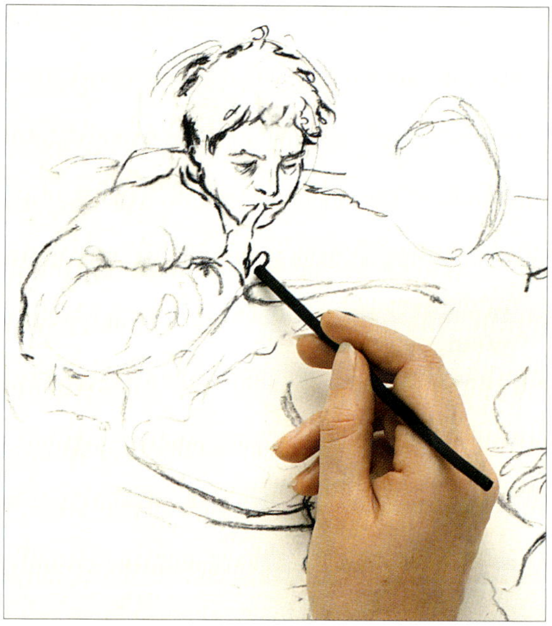

▶ **2** Beginnen Sie damit, eine einzelne Figur genauer auszuarbeiten, hier ist es die links sitzende. Dabei werden zunächst die wesentlichen Linien und Konturen der Kleidung eingezeichnet, Details bleiben noch unberücksichtigt. Sobald die Kontur stimmt, kann sie durch leichten Druck auf die Kohle verstärkt werden. Zeichnen Sie immer erst einen Menschen ganz fertig.

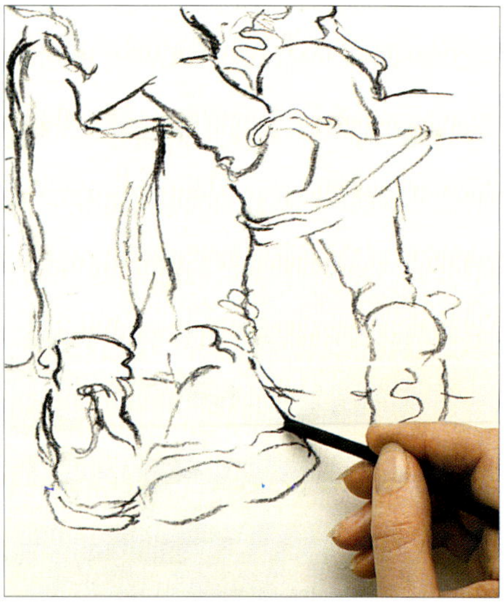

▲ **3** Arbeiten Sie nicht zu viele Details aus, Ihre Arbeit wirkt sonst schnell verworren und unübersichtlich. Beim Zeichnen von Schuhen zum Beispiel können Sie auf die Wiedergabe von Kleinigkeiten wie Schuhbändern und Ösen gut verzichten. Deuten Sie lediglich die groben Formen an, das Auge ergänzt Fehlendes automatisch. Achten Sie aber auf die richtigen Proportionen.

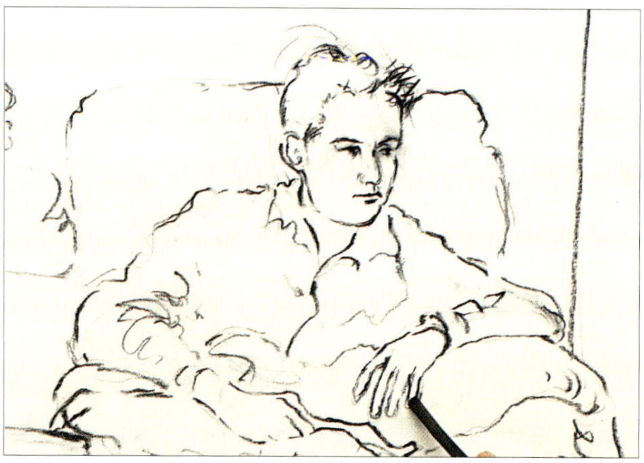

◀ **4** Nun wendet sich die Künstlerin der rechten Figur zu. Proportionen und Haltung müssen dabei auf die anderen Personen abgestimmt werden, und alle Modelle sollten in der gleichen Linienstärke gezeichnet werden. Die auf dem Kissen liegende Hand und die entspannten Finger werden nur in Umrissen wiedergegeben, ohne Details wie Knöchel oder Fingernägel.

▶ **5** Nach den Menschen wird die Katze eingefügt. Ihre Größe orientiert sich an den Beinen und Füßen des Mannes. Durch die Katze kommt ein neues Element in die Komposition, das die Aufmerksamkeit auf die untere Bildhälfte lenkt. Nachdem die Zeichnung fertiggestellt ist, wird sie genau betrachtet, und manche Stellen werden noch einmal etwas überarbeitet.

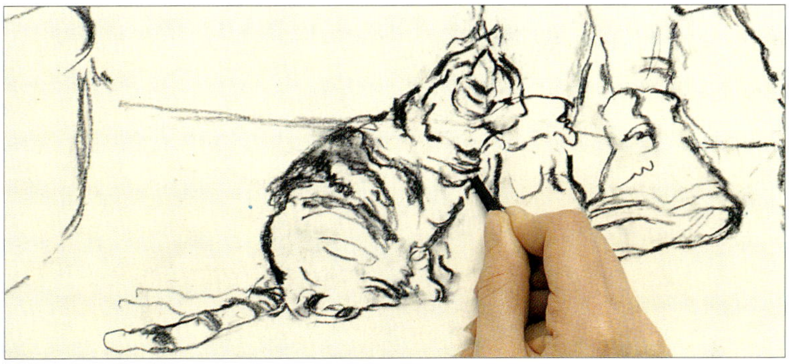

Material

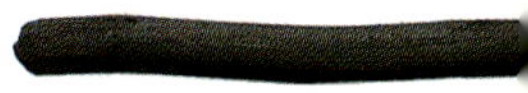

Zeichenkohle

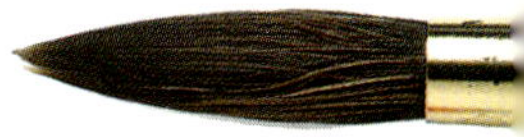

Marderhaarpinsel Größe 4

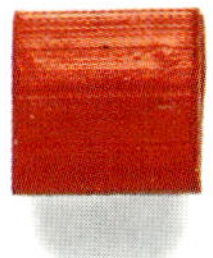

Aquarellfarben

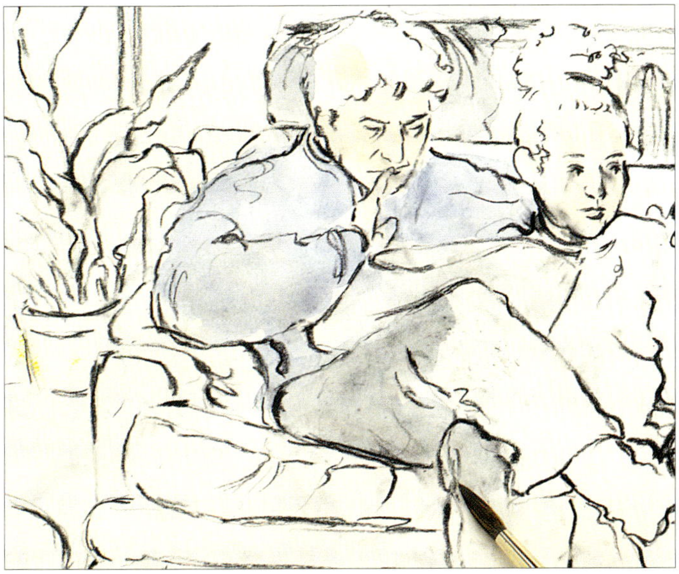

▲ **6** Nun werden Aquarellfarben in stark verdünnten Lavierungen mit einem kleinen weichen Pinsel aufgetragen. Die Farben sollten dabei eine der Zeichnung untergeordnete Rolle spielen: Sie sollten diese lediglich verstärken, und daher kein zu großes Eigengewicht erhalten. Verwenden Sie eine dünne, gleichmäßige Lavierung.

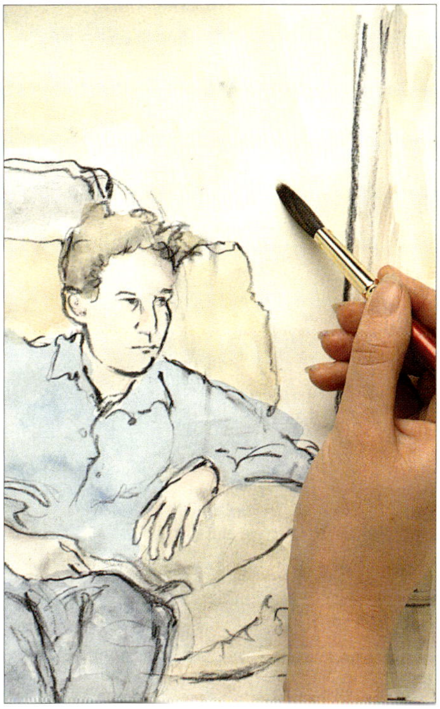

◀ **7** Der Farbton des Hintergrundes sollte etwas heller sein als der des Sofas und etwas dunkler als der Farbton des Papiers. Dadurch erhält das Bild eine einheitliche Farbigkeit. Die dunkleren Farben konzentrieren sich ganz auf das Hauptmotiv: die Menschen.

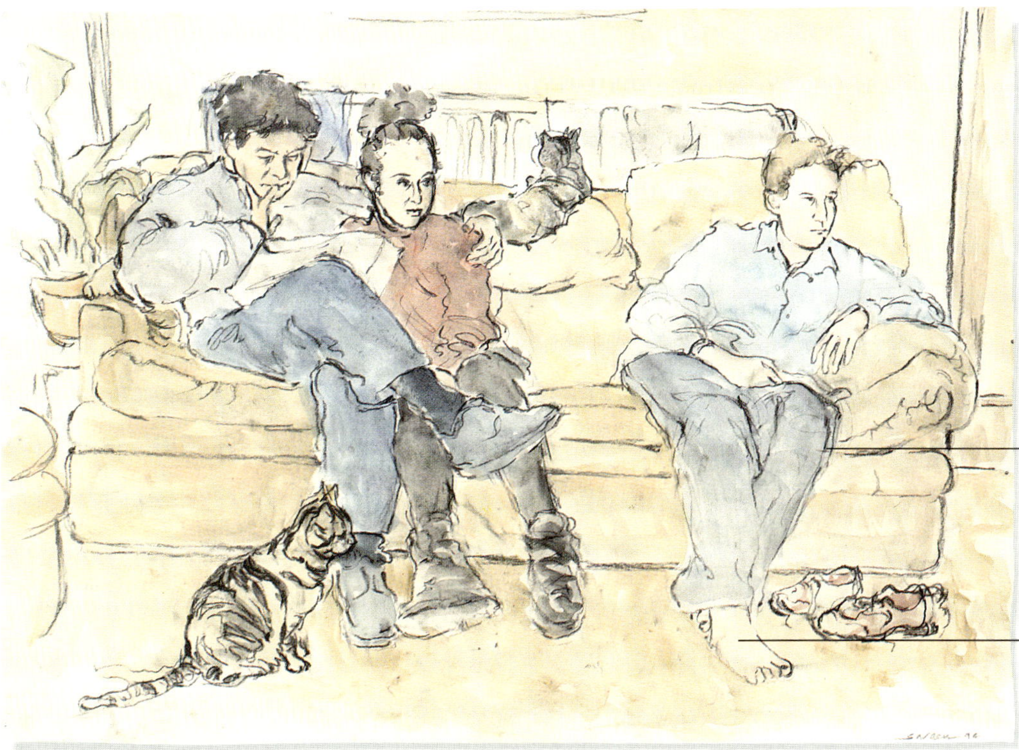

Familienstudie
Die kühlen Töne der Menschen werden von dem warmen Ocker des Sofas und des Hintergrundes komplementär ergänzt. Die zweite Katze in der Mitte der Komposition, die Topfpflanze links und die rechts stehenden Schuhe führen den Blick durch die Zeichnung.

Die kräftigen Kohlestriche bleiben unter den dünnen Lavierungen deutlich sichtbar.

Die nackten Füße und die lässige Haltung dieser Figur charakterisieren die entspannte Stimmung dieser Familienstudie.

Sue Sareen

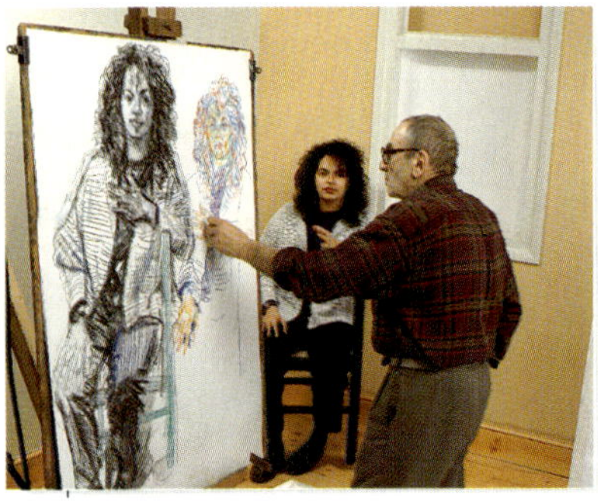

Ein großes Format bietet weit freizügigere Möglichkeiten, Linie, Tonwert und Farben zu erkunden, als die engen Grenzen eines Papiers im DIN-Format.

Meist arbeitet man auf einem normalen DIN-Format oder in einem Skizzenbuch, das man bequem auf dem Schoß halten oder auf einen Tisch legen kann. Ab und an kann es jedoch sehr interessant sein, einmal auf einem viel größeren Format zu zeichnen. Dies erfordert einen ganz anderen Zeichenstil und ermöglicht auch eine andere Art der Wahrnehmung.

Beim Zeichnen auf einem kleinen Format setzen wir nur einen Teil des Körpers ein, die Hand oder vielleicht noch den ganzen Arm. Wenn man aber auf einer Papierrolle zeichnet, die an die Wand oder auf ein großes Zeichenbrett geheftet wurde, erfordert das den Einsatz des ganzen Körpers.

Verwenden Sie für eine lebensgroße Zeichnung von Menschen Kohle, Öl- oder Wachskreiden, da Sie mit ihnen großzügig und flächig arbeiten können. Solche Zeichnungen können auch hilfreiche Studien für großformatige Gemälde sein (siehe Seite 66–67).

▶ **1** Mit schnellen, flüssigen Linien werden die Grundformen der Menschen skizziert. Die Gesichtsform wird mit mehreren lebhaften, kurzen Strichen umrissen. Die wichtigsten Elemente der Pose werden festgehalten. Die Jacke wird in horizontalen Linien angedeutet. Der Künstler wechselt zwischen den kräftigen, dicken Strichen der Reißkohle und schwarzer Conté-Kreide für die dünneren, feineren Linien.

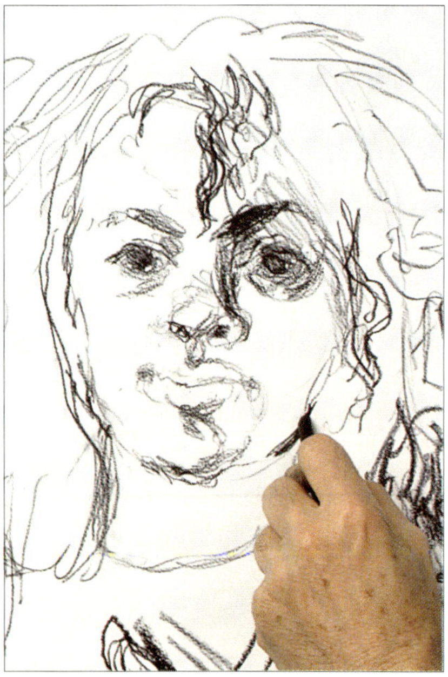

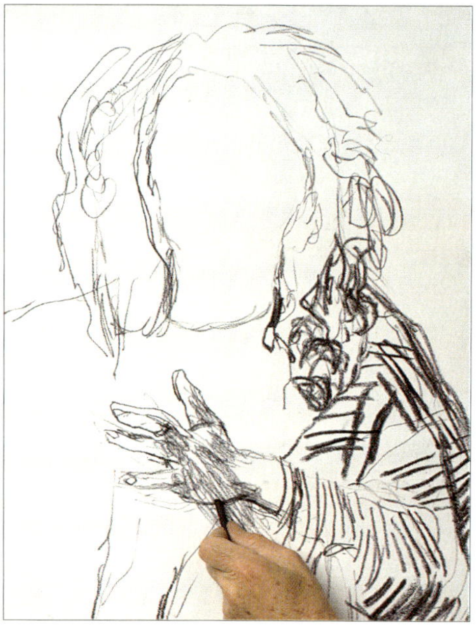

▶ **2** Die wichtigsten Hell-Dunkel-Flächen werden angelegt und die dunklen Stellen der Hose mit Reißkohle kräftig schattiert. Dadurch erhält die sitzende Figur Gewicht und Plastizität, und zugleich tritt die helle Hand stärker hervor.

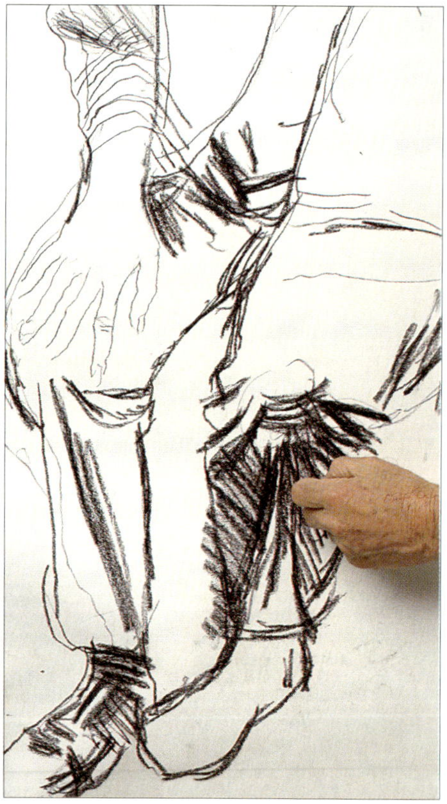

▲ **3** Mit leichten, skizzenhaften Strichen werden die Gesichtszüge modelliert. Der Lichteinfall von links wird durch Kohleschattierungen um die rechte Augenbraue, am Nasenflügel und unter dem Kinn angedeutet.

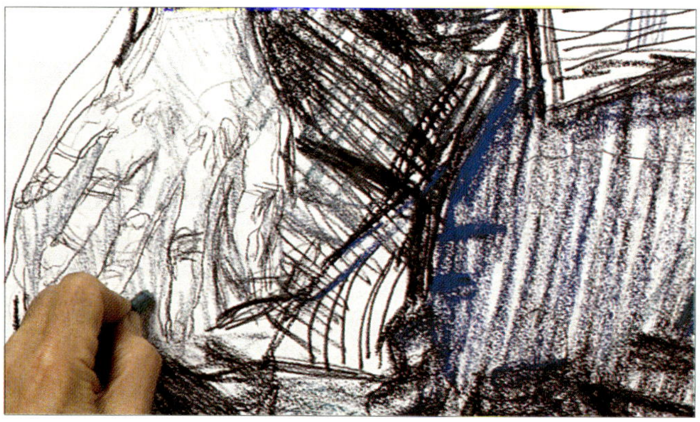

◀ **4** Mit blauen und grünen Wachskreiden kommt nun Farbe in die Zeichnung. Dort, wo der Lichteinfall auf den Jeans dargestellt werden soll, werden die Stifte nur leicht aufgedrückt, und dort, wo dunkle Schatten liegen, fester. Die rechte Hand ist hell beleuchtet und wird mit Conté-Kreide genau eingezeichnet.

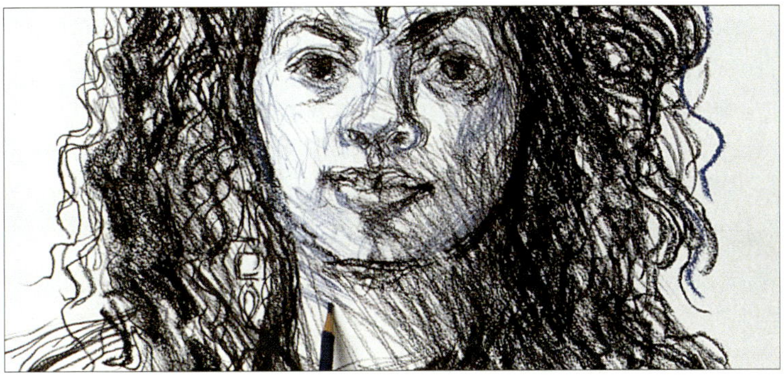

▲ **5** Mit einem blauen Farbstift werden Form und Tonwert des Gesichtes weiter aufgebaut. Der blaue Ton unterstützt die Plastizität der Gesichtszüge, während die Linientextur des Stiftes wirkungsvoll mit den tiefen dunklen Strichen der Kreide kontrastiert.

▶ **6** Eine Schattenzone hinter den Beinen wird mit kräftigen Kreuzschraffuren angedeutet. Ein in Leinöl getauchter Kohlestift ergibt tiefdunkle, wachsige und nicht mehr lösliche Strichlagen, die für diese Arbeit ideal sind.

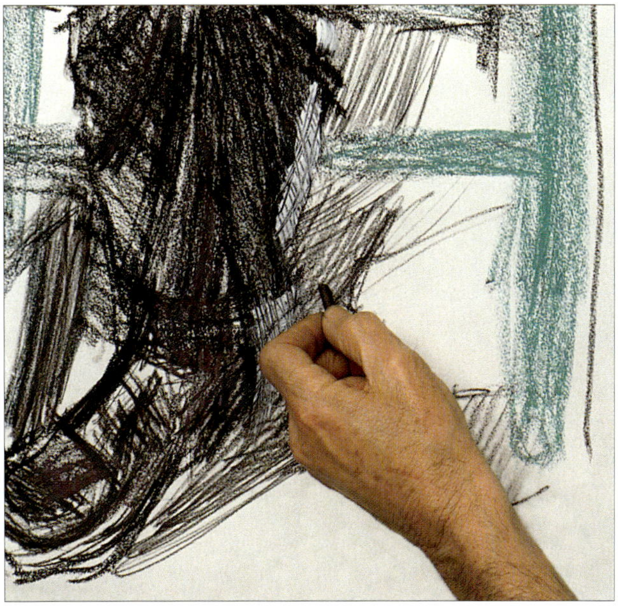

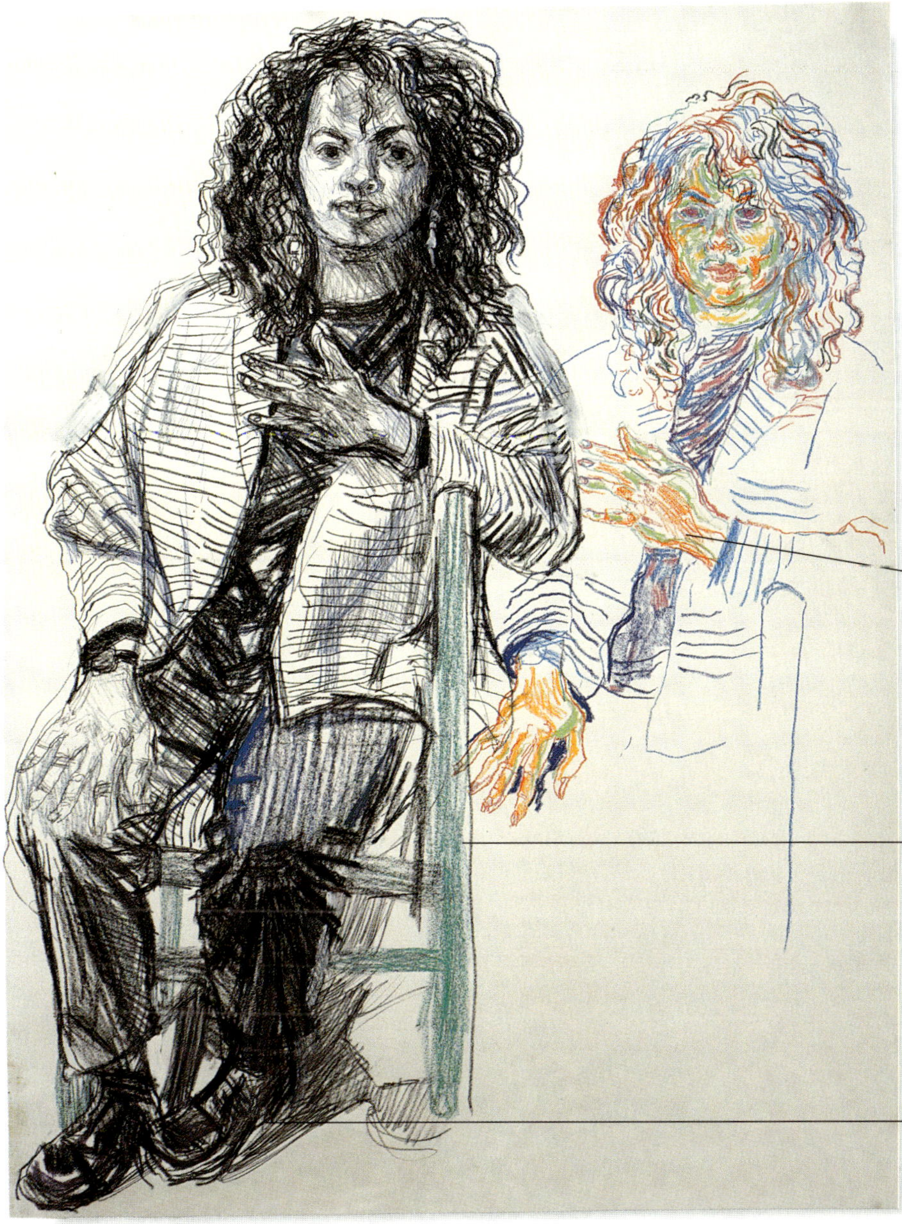

Lebensgroße Zeichnung mit Farbstudie
In der fertigen Zeichnung kommt die Energie, Lebendigkeit und Spontanität zum Ausdruck, die bei dieser Art zu arbeiten entsteht. Zwar hat der Künstler manche Teile der Zeichnung genauer und detaillierter ausgearbeitet als andere, aber dennoch ist eine ausdrucksvolle Gesamtansicht entstanden. Durch das große Format konnte der Künstler nicht nur die Figur in Lebensgröße erfassen, es blieb rechts auch noch Platz für eine Farbstudie des Gesichts.

In dieser zusätzlichen Studie verwendete der Künstler starke Farbkontraste, um die Farbgebung des Gesichts zu erkunden.

Die abgewinkelte Sitzhaltung des Mädchens wird von dem Stuhl kompositionell unterstützt.

Dunkle Schraffuren in der unteren Hälfte der Zeichnung geben der Figur auf dem Stuhl Gewicht und Halt.

Hans Schwarz

Material

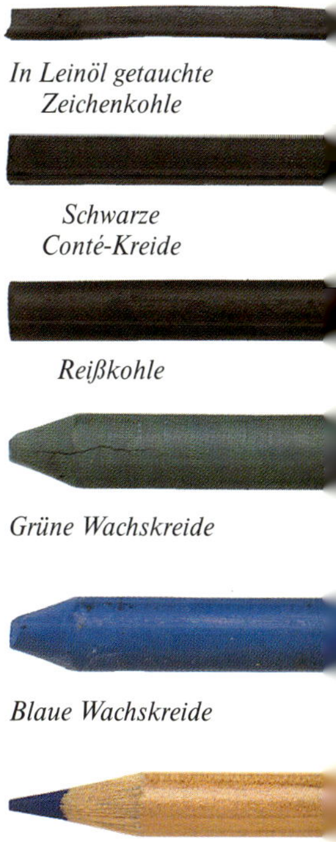

In Leinöl getauchte Zeichenkohle

Schwarze Conté-Kreide

Reißkohle

Grüne Wachskreide

Blaue Wachskreide

Blauer Farbstift

Die Linien einer Zeichnung können im Computer vielfältig verzerrt und verändert werden.

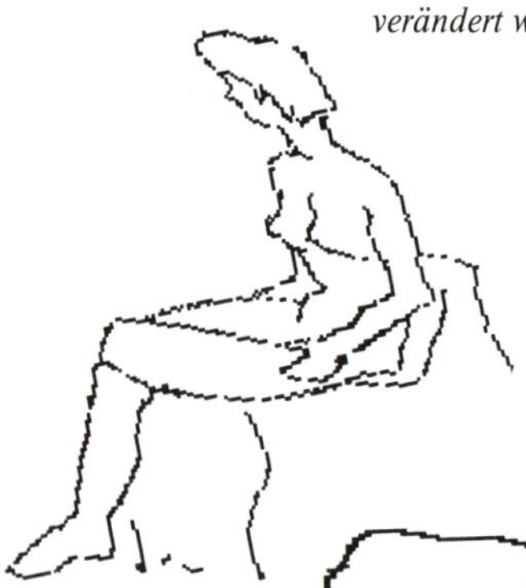

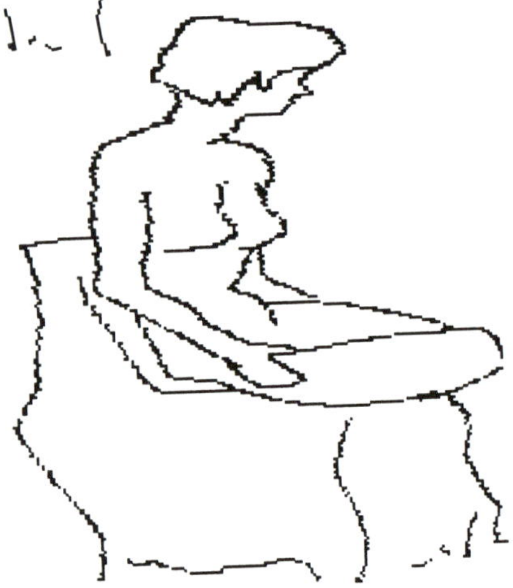

Daß Bleistift und Papier als künstlerisches Material jemals überflüssig werden, ist relativ unwahrscheinlich. Dennoch sind Künstler immer an neuen Technologien und an den in ihnen schlummernden kreativen Möglichkeiten interessiert. Computer sind heute auch im Kunstbereich als Ausdrucksmittel weitgehendst akzeptiert, und wenn Sie einen Computer besitzen, sollten sie einmal mit seinen vielseitigen Zeichentechniken experimentieren. Es gibt ausgezeichnete Grafikprogramme, mit denen man aufregende Bilder gestalten kann.
Eines bleibt jedoch auch bei der neusten Technologie bestehen: Es bedarf immer der Kreativität, Intuition und Fantasie des Künstlers, um diese neuen Arten der Wahrnehmung unserer Welt zum Ausdruck zu bringen und zu nutzen.

Ein Bild verändern
Computerzeichnungen können auf unterschiedlichste Weise verändert und variiert werden. Schon einfache Softwareprogramme bieten Ihnen vielfältige Möglichkeiten der Modifikation. Hier wurde mit einer ganz normalen Maus in Standardausführung eine Zeichnung angefertigt. Diese Zeichnung wurde gespeichert, kopiert und verzerrt.

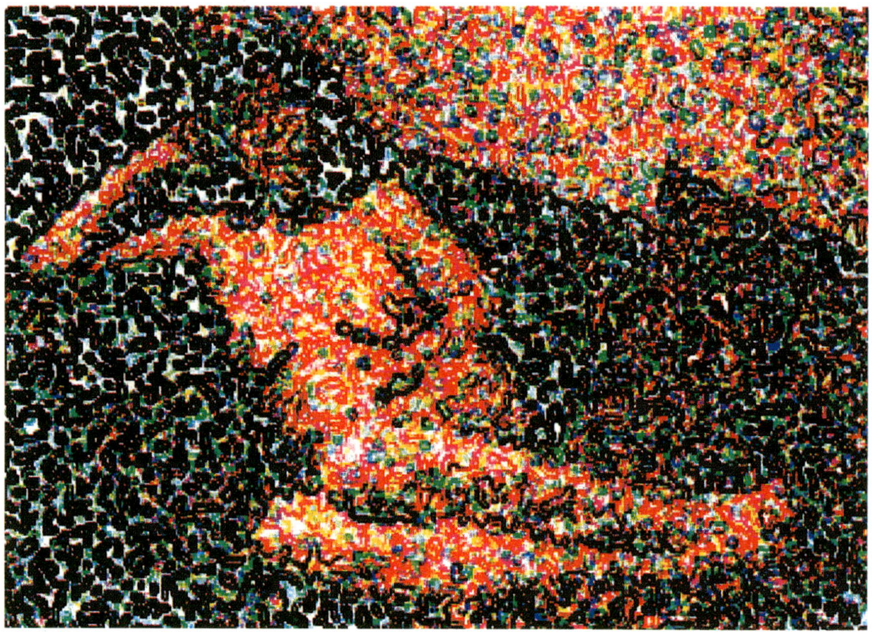

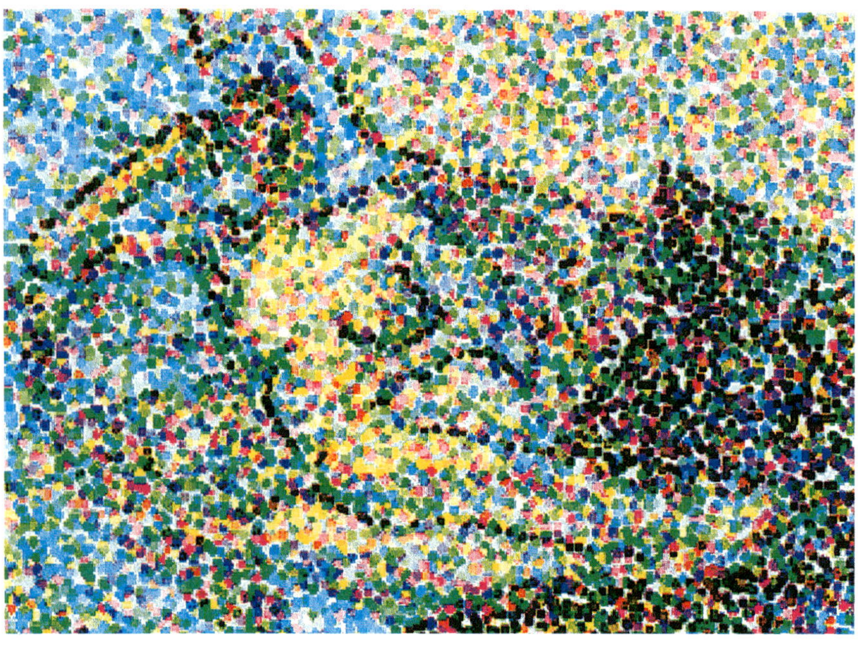

Pointillistische Zeichnungen
Der Künstler hat hier einen auf Video aufgenommenen Akt als Ausgangsbasis für seine pointillistischen Zeichnungen verwendet. Die Zeichnung durchläuft dabei mehrere Phasen der elektronischen Bearbeitung, wodurch das Ursprungsbild mittels mehrerer Filter zerlegt wird. Die erste Phase stellt den Bildausschnitt ein und verändert die Hell-Dunkel-Balance. Dann wird ein Filter mit einem Punkteraster eingesetzt, danach ein Filter zur Veränderung der Punktgröße und abschließend mehrere Filter zur Verstärkung der Farbsättigung.

Farbe verändern
Ein und dasselbe Bild kann durch verschiedene Farbfilter völlig unterschiedliche Wirkungsweisen erhalten. In der ersten Modifikation oben wurde mit einer Kombination aus Rot und Schwarz sowie einigen Tupfen des komplementären Grüns gearbeitet. Freundlicher wirkt das linke Bild, in dem die Farben Blau und Gelb eingesetzt wurden.

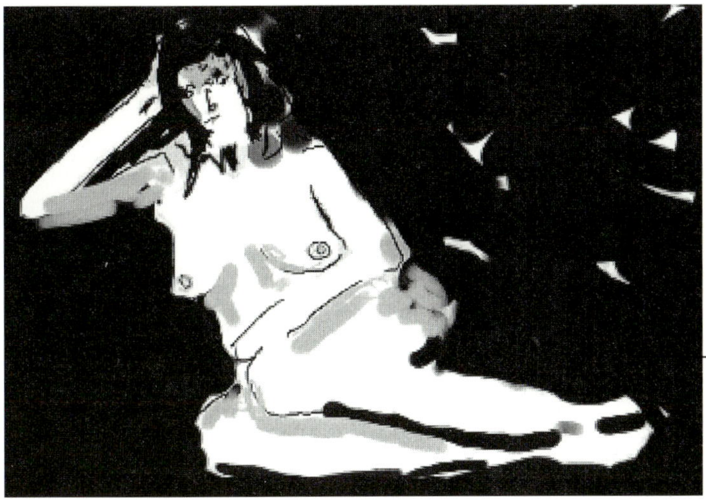

Computermaterial
Das Originalvideo ist auch in diesem Beispiel Ausgangsbild für die Zeichnung. Es wird hier jedoch völlig abgeblendet und in Details mit einem Computeräquivalent für Tusche und Feder überarbeitet. Die dunklen Töne des Hintergrundes werden mit „Pinsel und Tusche" gezeichnet. Grafikprogramme lassen sich in jeder künstlerischen Technik einstellen, zum Beispiel in „Kohle", „Gouache" oder „mit Wasser verdünnen".

Der Computer ermöglicht die Überarbeitung der Zeichnung in „Pinsel und Tusche".

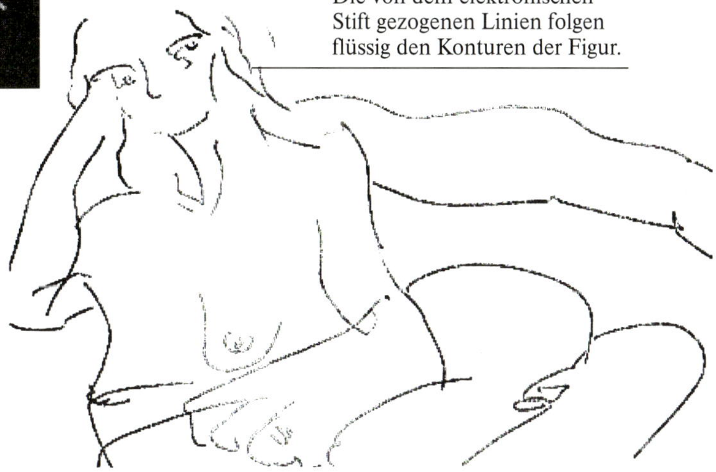

Die von dem elektronischen Stift gezogenen Linien folgen flüssig den Konturen der Figur.

Elektronische Linien
Notizblockgroße Notepads sind relativ neu auf dem Computermarkt. Sie ähneln den großen Grafiktabletts, auf denen man mit einem Stift zeichnen kann, sind jedoch sehr viel kleiner und einfacher zu bedienen. Das mit einem elektronischen Stift digitalisierte Bild kann dann in einen PC eingegeben werden und vor dem Ausdruck auf vielfältige Weise verändert werden.

Hintergrundeffekte
Mit einem professionellen Grafiktablett – es geht auch ein Notepad – wurde diese Figur (rechts) genau so gezeichnet, wie es auch mit einem gewöhnlichen Zeichenstift möglich wäre. Auf dem Computer jedoch können dann Farbe und Musterung des Hintergrundes beliebig eingestellt werden (unten).

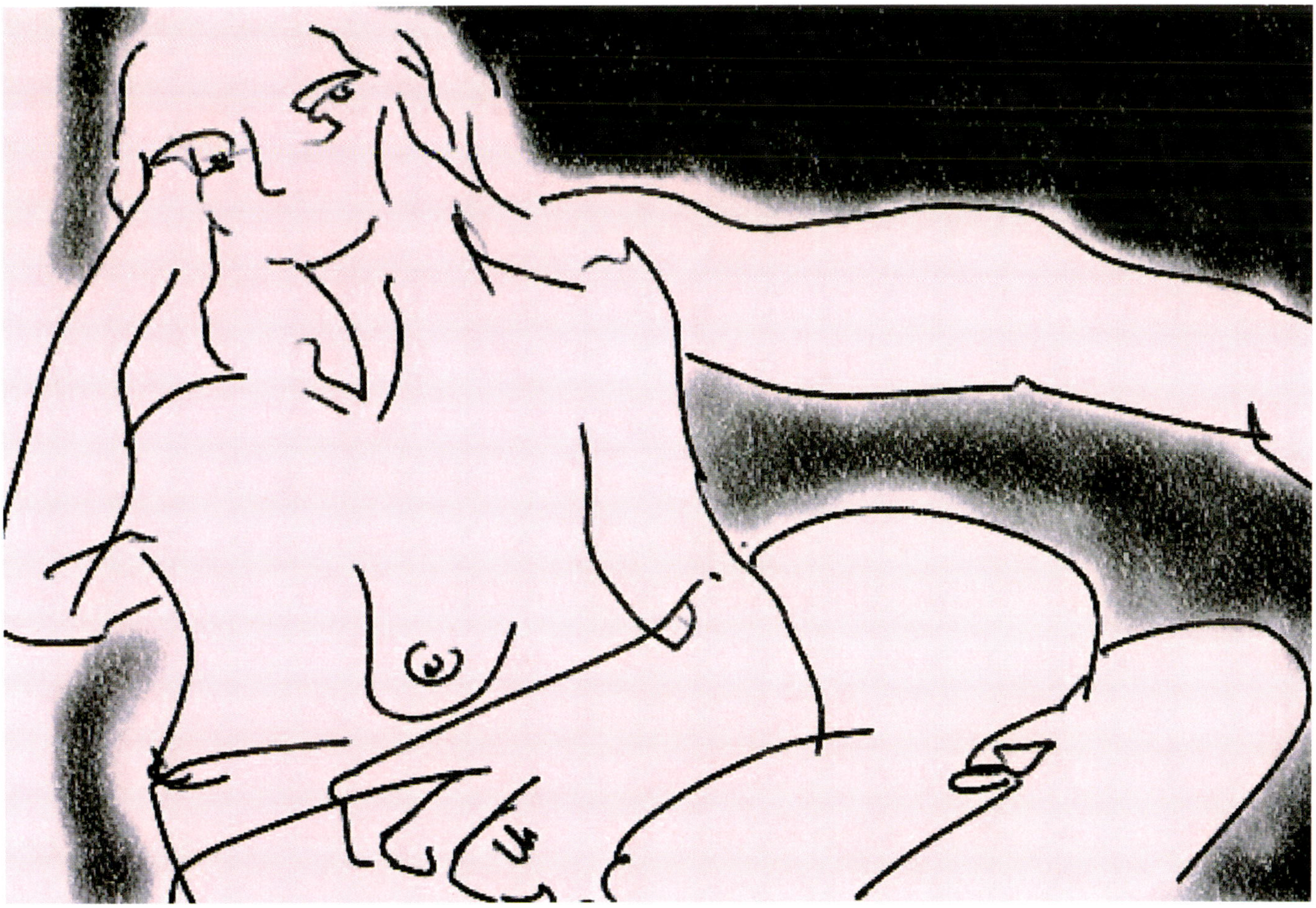

Bevor Künstler größere Gemälde oder Skulpturen anfertigen, erproben sie die verschiedenen Kompositionsmöglichkeiten in zahlreichen Vorstudien. Das hier gezeigte große Skulpturenfeld entwickelte sich aus vier einfachen Pinselzeichnungen. Das Beispiel rechts zeigt, wie wichtig Figurenskizzen für die Komposition eines komplexen Ölbildes werden können. Mit zunehmender Erfahrung kann man immer leichter einschätzen, wie sich eine skizzierte Figur in ein ausgearbeitetes Bild einfügen wird.
Sollten Sie jedoch noch unsicher sein, können Sie die vorgesehene Figur in gewünschter Größe auf Papier zeichnen, ausschneiden und auf die Leinwand heften, um die Wirkung im späteren Ölbild abschätzen und mit unterschiedlichen Kompositionen experimentieren zu können.

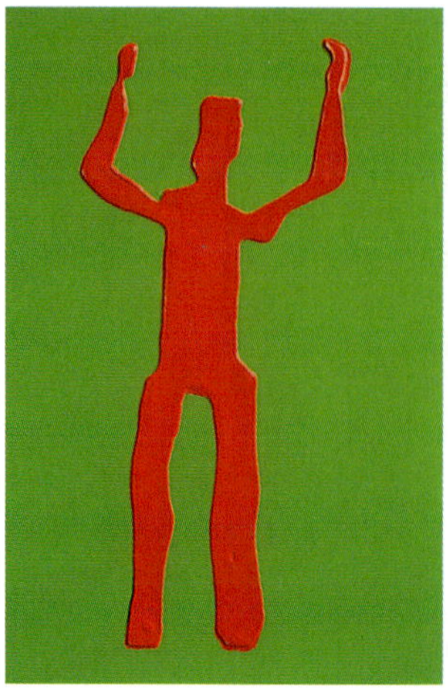

Farbstudien
Hier hat der Künstler Acrylfarbe verwendet, um die Wirkung der komplementären Farben Rot und Grün zu erkunden.

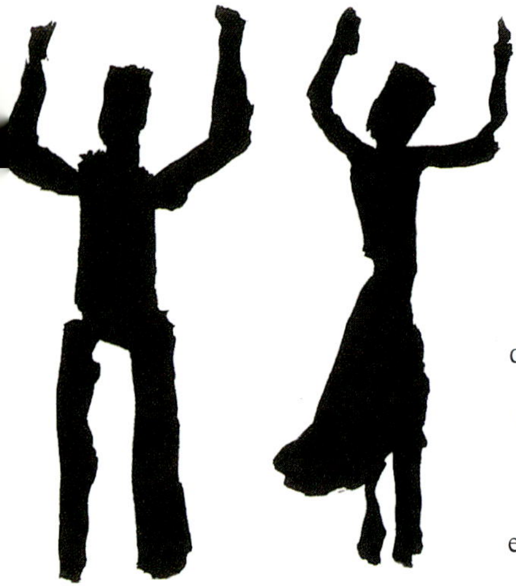

Vorzeichnung für eine Skulptur
Dieses Skulpturenprojekt wurde von der Vorstellung geleitet, daß eine Menschensilhouette mit erhobenen Armen entweder als Ausdruck von Feier oder aber auch von Terror gelesen werden kann. Mit Pinseln und Tusche wurde zunächst eine Serie von Vorzeichnungen erstellt. Aus diesen Zeichnungen wurden zwei männliche und zwei weibliche Figuren ausgewählt, ihre Umrisse im Computer digitalisiert und als Vorlage verwendet.

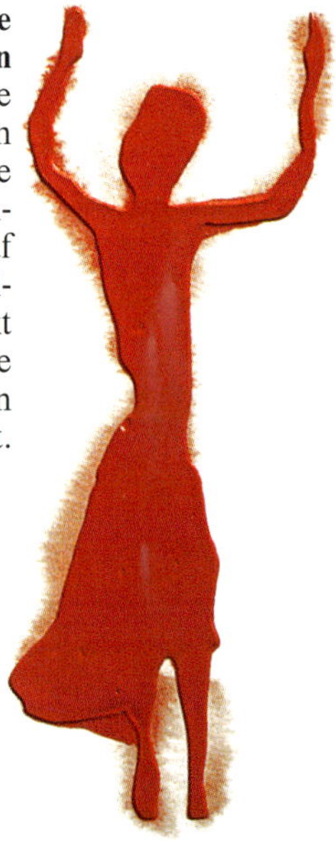

Mit Schablone zeichnen
Diese Vorstudie entstand, indem rote Acrylfarbe durch eine Kartonschablone auf feuchtes Aquarellpapier gedrückt wurde, wobei sie an den Rändern etwas verlaufen ist.

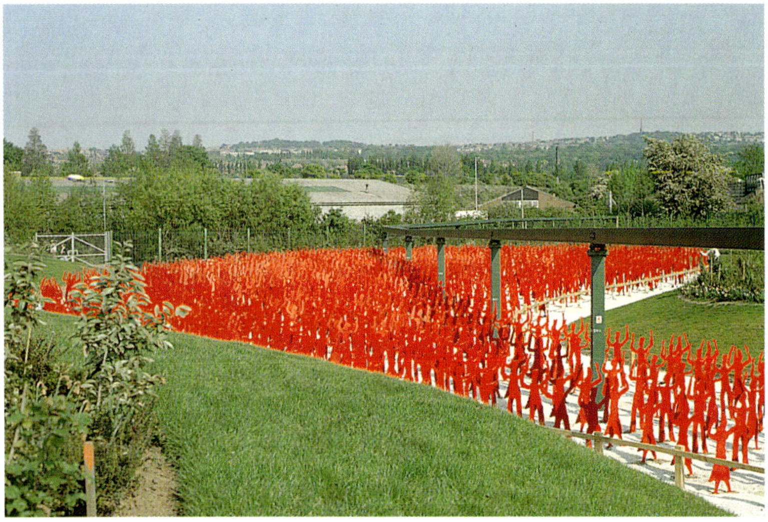

Die einfachen Silhouetten der Stahlfiguren basieren auf zahlreichen Vorstudien.

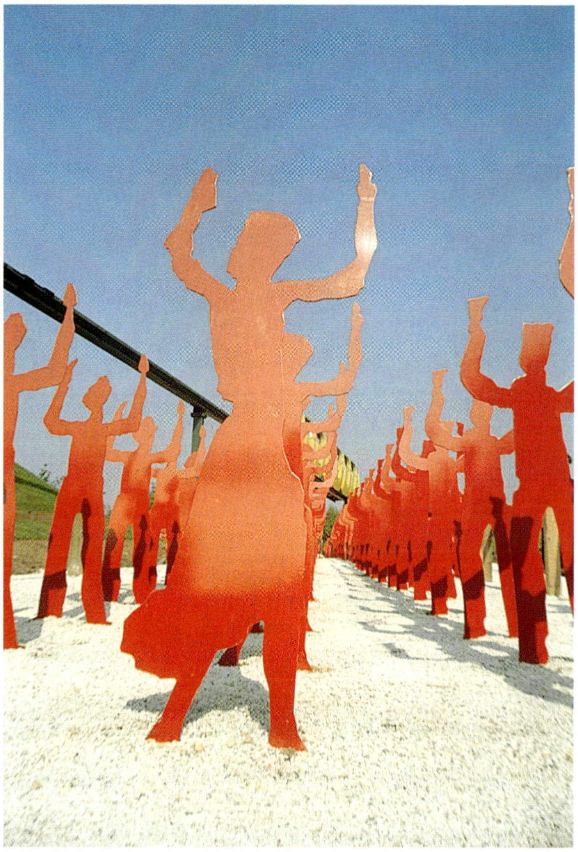

Skulpturenfeld „Rote Armee“
Dieses Skulpturenfeld von Ray Smith zeigt über tausend rote Stahlfiguren in Zwei-Drittel-Lebensgröße auf einem weißen Schotterbett von 8000 m². Zentrale Idee ist die Ambivalenz der Figurenpose, die durch die Vervielfältigung der Silhouetten noch verstärkt wird. Das Skulpturenfeld wurde von manchen als Anspielung auf die aktuelle Geschichte in China verstanden. Für andere ist es eine abstrakte Komposition, die wie ein Feld von Mohnblumen in einer grünen Landschaft wirkt.

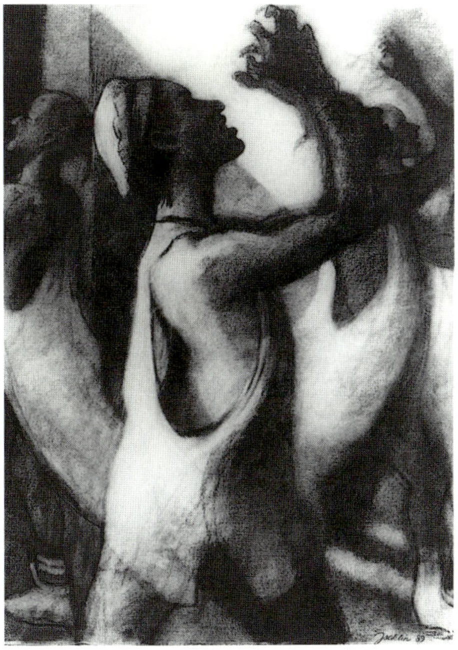

Zeichnung für ein Gemälde
Diese beiden Kohlestudien von Bill Jacklin waren Vorarbeiten für das Ölbild rechts. Eine in ihren Formen und Symmetrien sehr komplexe Zeichnung ist diese Studie eines Tänzers im Profil. Der Künstler hat sich aus diesem Grund auch entschieden, sie in seinem späteren Bild nicht zu verwenden, da sie ihm zu kompliziert und in sich abgeschlossen erschien. Dagegen nimmt die zweite Zeichnung unten direkten Kontakt zum Betrachter auf. Die Tänzerin scheint uns aufzufordern, am Tanz teilzunehmen. Sie ist einfacher in der Formgebung und als Bild zugänglicher als die erste Zeichnung und diente daher als Ausgangspunkt für das Gemälde.

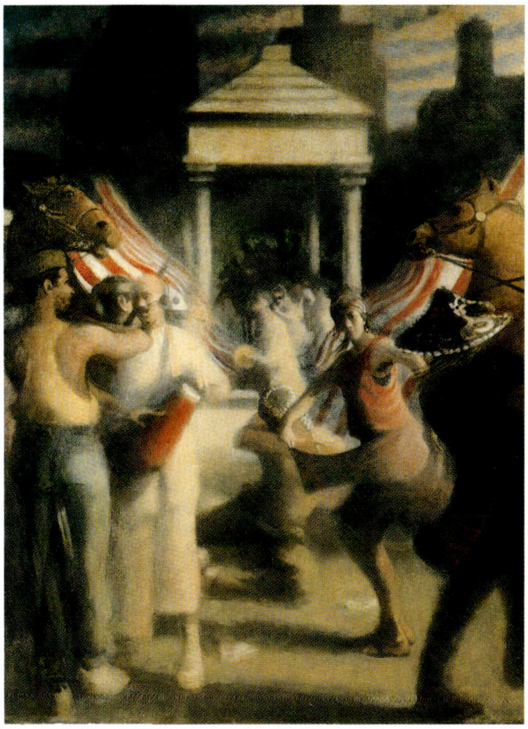

„Tompkins Square"
Die Beziehung zwischen Tänzerin und Betrachter tritt in dem Ölbild noch stärker hervor, da sie die einzige Figur ist, die den Betrachter wirklich anblickt. Dieser Anziehungspunkt, der deutlich aus den sonst vielfältig verwobenen Bildelementen hervortritt, ist eine der wichtigsten Komponenten der Komposition.

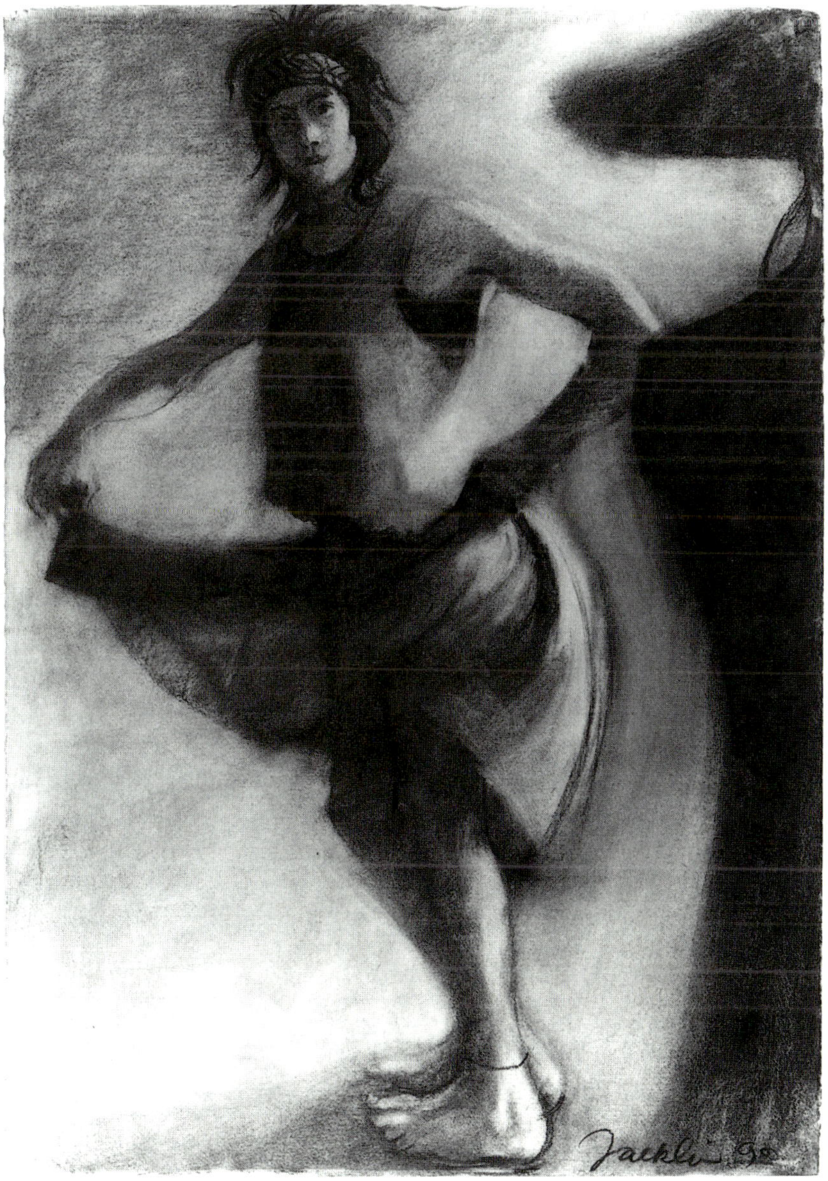

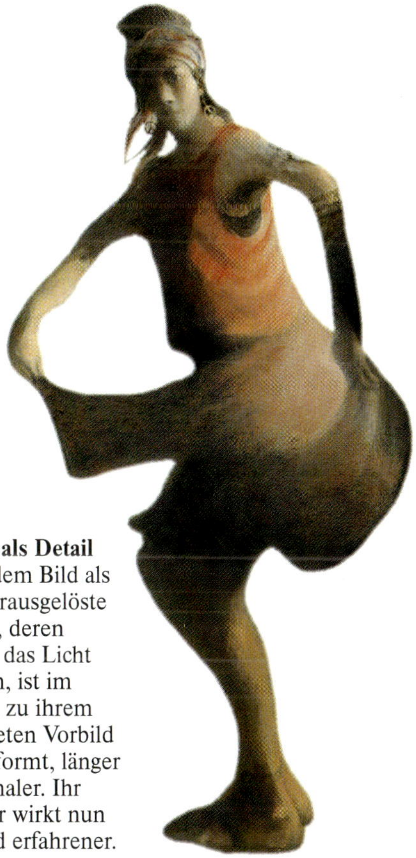

Tänzerin als Detail
Die aus dem Bild als Detail herausgelöste Tänzerin, deren Ohrringe das Licht einfangen, ist im Vergleich zu ihrem gezeichneten Vorbild feiner geformt, länger und schmaler. Ihr Charakter wirkt nun reifer und erfahrener.

Mit dem Thema „Zeichnen von Menschen“ werden meist die klassischen Akte und gegenständlichen Zeichnungen verbunden. Es gibt jedoch auch eine große Skala experimenteller Arbeiten, die sich ganz von den traditionellen Techniken, Stilen und Motiven entfernt haben und dennoch dem Begriff Zeichnen zugerechnet werden.

Die Papierschnitte von Matisse zum Beispiel sind in ihren einfach wirkenden klaren Formen von ausgesprochener Ausdruckskraft, eine Abstraktion die auf seiner lebenslangen, intensiven Auseinandersetzung mit der Figur basiert. Eine fast analytische Auflösung der menschlichen Figur finden wir bei Duchamp. Wieder andere Künstler arbeiten ausgehend von neuen Bildquellen wie dem Video.

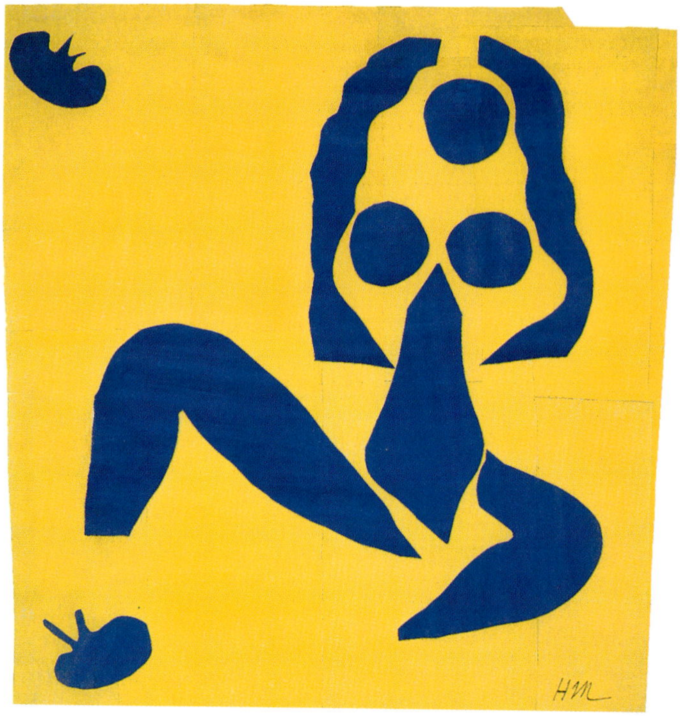

▲ **Henri Matisse, Blauer Akt, der Frosch, 1952** (141 x 134 cm)
Matisse hat die Formen der Figur aus vorher mit Gouache angemalten Papieren ausgeschnitten. Die Verbindung von leuchtendem Blau und Gelb gibt der Arbeit einen besonderen Klang. Die Figur hat ihre Beine lässig zur Seite gelegt. Die Arme könnten auch als Haarsträhnen interpretiert werden. Wenn man die Brüste als Augen sieht, wird die Analogie zum Frosch besonders deutlich.

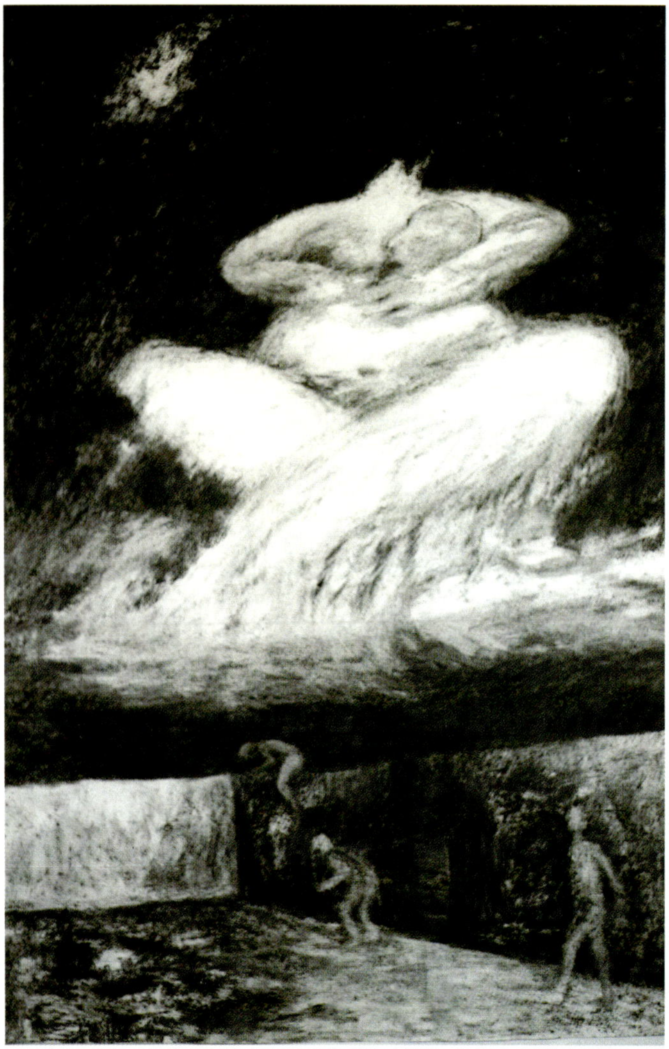

◄ **Jennifer Mellings, Kopfjägerin** (102 x 89 cm)
Sicher haben auch Sie schon einmal in vorbeiziehende Wolken Gestalten oder Landschaften hineinprojiziert. Aus einer solchen Erfahrung ist auch die Szenerie dieser befremdlich wirkenden Kohlezeichnung entstanden. Die riesige Kopfjägerin taucht aus den brodelnden Wolken wie ein riesiger Buddha hervor und preßt ihren eigenen Kopf an die Brust, als ob es ihr Kind wäre. Unterhalb der unheimlichen Erscheinung ducken sich gebückte Menschen in den Schatten, die einen Ausweg aus einem geschlossenen Raum zu suchen scheinen.

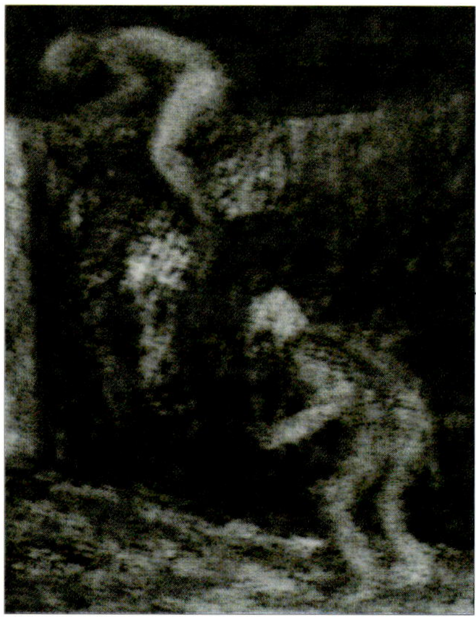

Die tiefdunklen Kohlestriche in diesem Ausschnitt wurden kraftvoll und rhythmisch ins Papier gerieben und schaffen eine geheimnisvolle Atmosphäre.

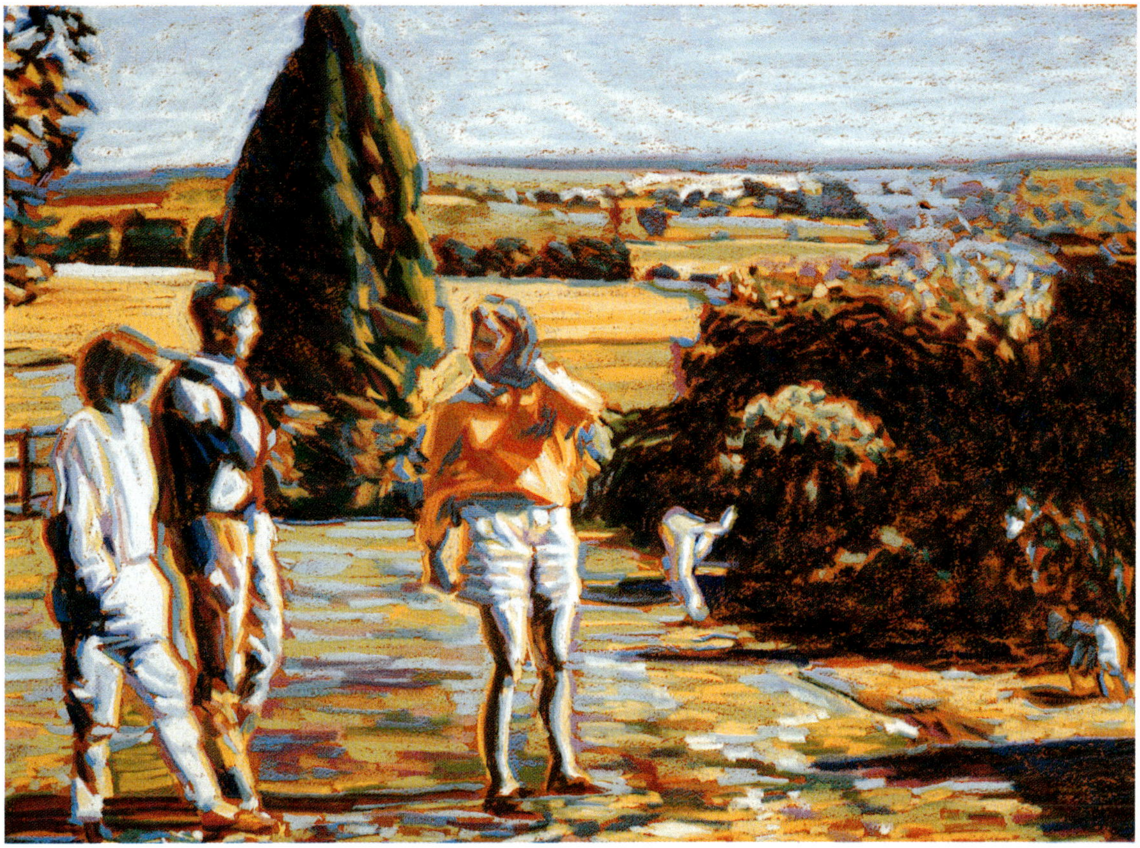

▶ **Ray Smith, Familienporträt** (55 x 75 cm)
Dieses Pastell basiert auf der Videoaufnahme eines Familienspaziergangs unter der Nachmittagssonne in der Nähe des Gartens. Aus dem Video wurde dann ein Standfoto ausgewählt und als Farbfotografie vergrößert. Dieses Foto diente dann als direkte Vorlage für die Zeichnung. Die Pastellfarben sind den hellen Primär- und Sekundärfarben des Fernsehschirms angepaßt.

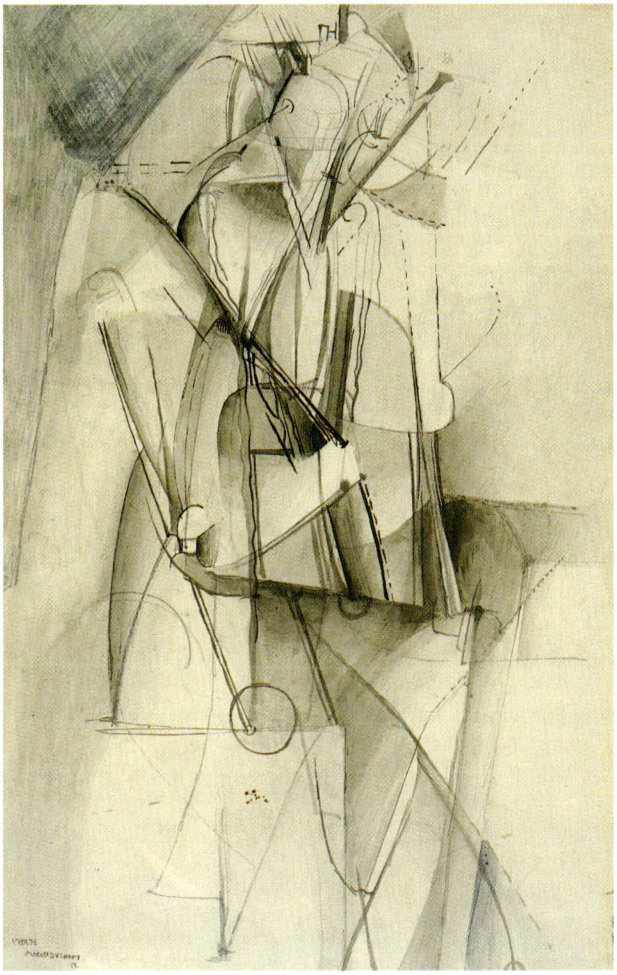

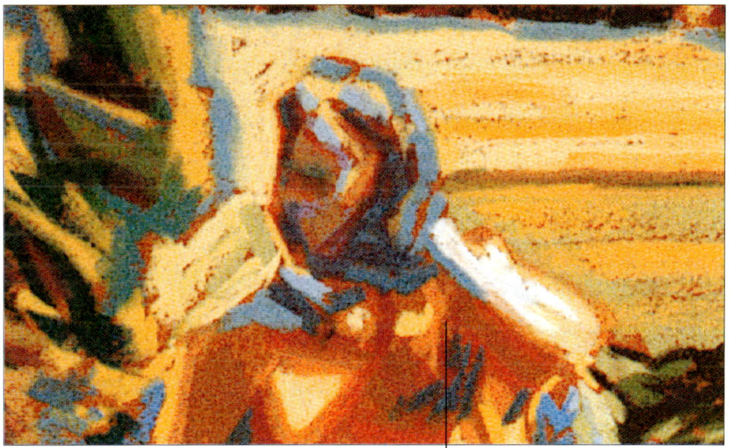

◀ **Marcel Duchamp, Studie für die Jungfrau, 1912** (40 x 25 cm)
Am Anfang seiner künstlerischen Laufbahn schuf Duchamp zahlreiche Zeichnungen von Menschen im traditionellen gegenständlichen Stil. In der weiteren Entwicklung begann er, unter dem Einfluß des Kubismus, die Figur aufzubrechen, um ein Bewegungsbild zu schaffen, „in dem die Linien einander in Parallelen folgen, während sie sich allmählich verwandeln, um die Bewegung zu bilden“. Sein berühmtes Bild „Akt, eine Treppe hinuntersteigend“ war ein Markstein innerhalb dieser Serie von Arbeiten, die auch die „Jungfrau“-Zeichnungen aus dem Spätsommer 1912 einschließen.

Die Technik des elektronischen Rasterns gibt dem Bild eine besondere Farbgebung, die man wie einen „künstlichen Impressionismus“ als Vorlage für die Zeichnung verwenden kann.

Conté-Kreide
Harte Kreiden der Firma Conté aus Paris, deren Entwicklung bis ins 17. Jahrhundert zurückreicht. Zunächst nur in den Erdfarben sowie in Schwarz, Grau und Weiß erhältlich, waren sie für Zeichnungen von Menschen schon immer sehr beliebt. Heute werden Conté-Kreiden auch in zahlreichen anderen Farbtönen angeboten.

Farbstifte
Farbstifte werden aus Pigmenten und einem Füllstoff wie Kreide sowie einem Bindemittel wie Zelleim hergestellt. Diese Mischung wird gepreßt und in langen dünnen Minen ausgezogen, die schließlich mit Wachs imprägniert und in Holz gefaßt werden.

Farbton
Der Farbton eines Gegenstandes beschreibt seine eigentliche Farbe, so zum Beispiel Rot, Gelb oder Blau. Der Farbton gibt aber nicht an, wie hell oder dunkel die Farbe ist (Tonwert) oder wie intensiv (Sättigung oder Intensität).

Gouache
Eine Wasserfarbe, die durch Zugabe von Füllstoffen deckend aufträgt. Gouache ist daher auch als Deckfarbe bekannt.

Graphitstift (Bleistift)
Da Bleistifte aus Graphit bestehen, müßten sie genau genommen als Graphitstifte bezeichnet werden. Graphitstifte werden aus Graphitstaub (natürlicher Kohlenstoff) und Ton hergestellt. Dünne Minen dieser Mischung werden ausgezogen, bei 1000° erhitzt, mit Wachs imprägniert und schließlich in Holz gefaßt. Dickere Graphitminen erhalten keine Holzfassung, sondern werden schutzlackiert oder in einen speziellen Halter aufgesteckt verwendet.

Komplementärfarben
Auf dem Farbenkreis liegen sich diese Farben genau gegenüber. Die Komplementärfarbe einer Primärfarbe besteht aus der Mischung der anderen beiden Primärfarben. Die Komplementärfarbe von Blau ist also Orange (Rot und Gelb), die von Rot Grün (Blau und Gelb) und von Gelb Violett (Blau und Rot). Werden Komplementärfarben nebeneinander in einem Bild eingesetzt, verstärken sie sich gegenseitig in ihrer Farbintensität.

Kreuzschraffuren
Durch einfaches Schraffieren werden mit locker gezogenen parallelen Strichen Tonwerte aufgebaut. Kreuzschraffieren vertieft den Tonwert, indem über die erste Schraffur eine zweite im rechten Winkel gezeichnet wird. Das kann so lange wiederholt werden, bis die gewünschte Tontiefe erreicht worden ist.

Lavierung
Mit stark verdünnter Farbe oder Tusche werden fließende Farbverläufe gestaltet, wobei die Farbe ohne deutliche Pinselspuren naß in naß verwaschen wird.

Linienzeichnung
In dieser Zeichentechnik wird das Motiv nur durch Konturlinien und nicht mit Hell-Dunkel-Schattierungen wiedergegeben.

Marderhaarpinsel
Dies sind Pinsel, die aus den Schwanzhaaren des sibirischen Rotmarders hergestellt werden.

Modellierung
Die Modellierung gibt dem Motiv durch Schattierung oder andere Techniken ein plastisches, dreidimensionales Aussehen.

Monochrom
Eine monochrome Zeichnung wird in nur einer Farbe ausgeführt, kann aber viele Tonwerte zeigen.

Negative Flächen
Als negative Flächen werden die „leeren" Zwischenräume zwischen den Figuren oder Objekten des Motivs genannt. Wenn zum Beispiel ein Modell eine Hand in der Hüfte aufgestützt hat, dann bezeichnet man die zwischen Arm und Körper liegende freie Fläche als negative Fläche.

Ölpastellkreiden
Diese Kreidesorte wird aus einer Mischung von Pigmenten, Wachsen, Ölen und tierischen Fetten hergestellt.

Papier
Maschinengefertigtes Papier wird durch einen sogenannten Kalander – eine Maschine mit verschiedenen gegeneinanderlaufenden Walzen – gezogen, wodurch die verschiedenen Oberflächentexturen entstehen. Diesen Vorgang des Glättens unter Druck nennt man satinieren. Grundsätzlich unterscheidet man zwischen sehr glattem, heiß gepreßtem Papier und rauherem, kalt gepreßtem Papier. Bei letzterem wird das Papier beim Pressen über einen Wollfilz geleitet, der dem Papier seine charakteristische Narbung gibt. Handgeschöpfte Papiere werden zwischen Metallplatten geglättet.

Aquarellfarben und Marderhaarpinsel

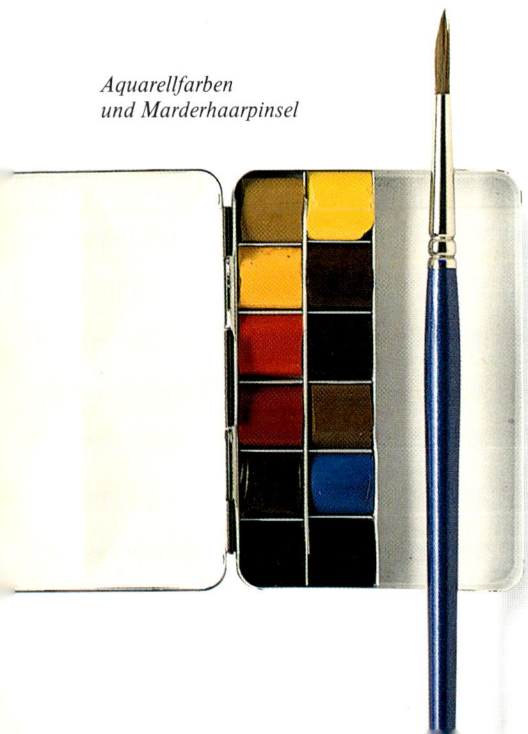

Bleistiftstudie

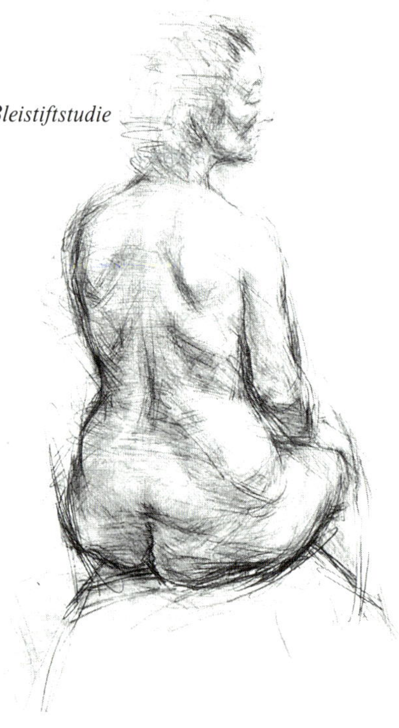

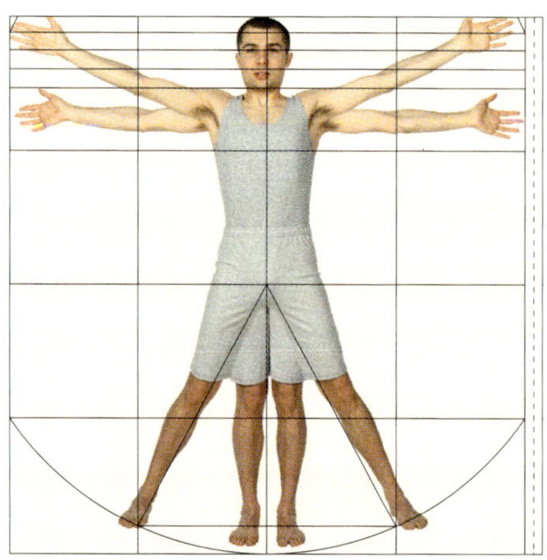

Proportionsraster

Proportion
Der Begriff stammt aus dem Lateinischen und bedeutet soviel wie Ebenmaß oder Verhältnis. Bei der Beachtung der Proportionen kommt es also darauf an, alle Einzelteile des Motivs in ihren Größenverhältnissen aufeinander abzustimmen. Beim Zeichnen von Menschen werden die Proportionen des Modells durch genaues Messen der Abstände zwischen den einzelnen Körperteilen und dem Körper als Ganzem bestimmt.

Säurefreies Papier
Papier mit einem neutralen pH-Wert nennt man säurefrei. Ein säurehaltiges Papier aus unbehandeltem Holzbrei würde schnell vergilben und durch die säurehaltigen Stoffe der Holzfasern zerfallen. Papiere aus chemisch aufbereitetem Holzbrei sind meist neutral. Sogenannte Lumpenpapiere für den Künstlerbedarf werden aus Baumwollfasern hergestellt und haben einen hohen Reinheitsstandard. Grundsätzlich sollte man für Zeichenzwecke nur säurefreies Papier verwenden.

Saugfähigkeit (Absorptionsfähigkeit)
Die Saugfähigkeit eines Papiers hängt von dem Mengenanteil des Leims ab. „Löschpapier" zum Beispiel besitzt überhaupt keine Leimung und ist daher extrem saugend. Der Grad an Absorptionsfähigkeit beeinflußt das Verhalten der Zeichenmittel auf dem Papier entscheidend. Ein sehr saugendes Papier nimmt einen Pinselstrich sofort auf, während die Farbe in ein gut geleimtes Papier nicht so schnell eindringt und daher ganz anders auftrocknet. Papiere mit sehr wenig Leim sind „weich" und werden daher von Kohle oder Bleistift viel schneller angegriffen als gut geleimtes Papier.

Silberstift
Ein dünner Silberdraht in einem Halter. Bei einem Silberstift reibt sich während des Zeichnens etwas Silbermetall auf dem Papier ab, das zuvor mit deckender weißer Wasserfarbe präpariert wurde. Er hinterläßt dünne graue Spuren, die sich später braun verfärben.

Tonwert
Der Tonwert bezeichnet den Helligkeits- oder Dunkelheitsgrad einer Farbe.

Torchon
Ein Torchon ist ein bleistiftgroßes Werkzeug aus dicht gerolltem Papier, mit dem man Farbtöne beim Zeichnen mit Pastellkreide verreiben kann. Ist die oberste Papierschicht verschmutzt, kann sie entfernt und mit der wieder sauberen Spitze des Torchons weitergearbeitet werden.

Weiche Pastellkreide
Diese bekannteste und traditionellste Form der Pastellkreiden wird aus einer Mischung von Pigmenten, Kreide und Tragant, einem Pflanzengummi, hergestellt.

Zeichenkohle
Stifte oder Stücke verkohlten Holzes. Zeichenkohle ist ein traditionelles Zeichenmaterial, das aus bei hoher Temperatur verkohlenden Weiden- oder Rebzweigen unter Luftabschluß entsteht. Reißkohle wird aus einer Mischung von Rußschwarz und einem Bindemittel hergestellt.

Anmerkungen zu den Materialien
Vermeiden Sie beim Malen mit Aquarellfarben Chromtöne, da sie gesundheitsschädlich sein können. Ebenfalls mit Vorsicht zu verwenden sind Kadmiumfarben. Achten Sie vor allem darauf, daß diese nicht aus Versehen mit dem Mund in Berührung kommen.

Bei der Arbeit mit weichen Pastellkreiden entsteht sehr viel Staub. Vermeiden Sie das Einatmen dieses Staubes soweit wie möglich.

Die in diesem Buch verwendeten Pinselgrößen beziehen sich auf die Firma Winsor & Newton. Andere Hersteller bieten eventuell davon abweichende Pinselgrößen an.

Der Autor dankt allen Künstlern und Fotografen, die Bilder zur Verfügung gestellt haben, sowie den Mitarbeitern von Dorling Kindersley für ihre freundliche Mitarbeit. Besonders erwähnt seien dabei Louise Candlish, Claire Pegrum, Jo Walton, Toni Kay, Gwen Edmonds, Sean Moore und Suchada Smith sowie der Fotograf Steve Gorton und sein Team. Auch allen, die für dieses Buch Modell gesessen haben, möchte der Autor an dieser Stelle seinen Dank aussprechen.

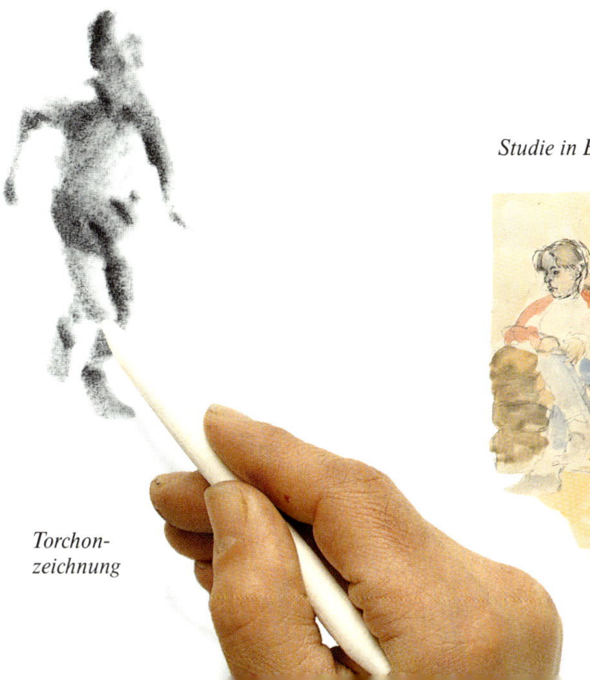

Torchonzeichnung

Studie in Bleistift und Aquarell

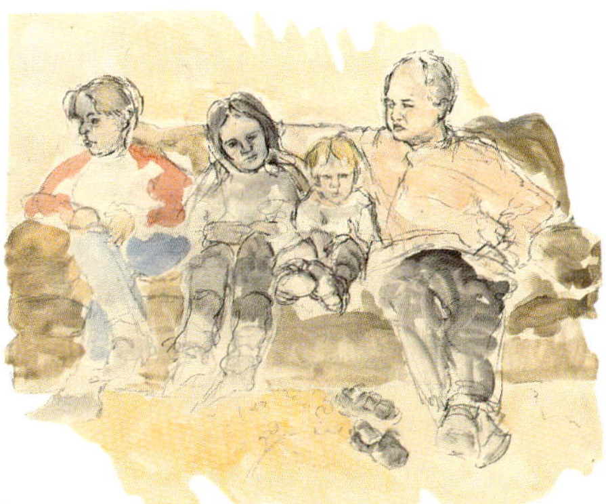

Bildnachweis

Schlüssel: o. = oben, u. = unten, m. = Mitte, l. = links, r. = rechts, RAAL = Royal Academy of Arts Library

Umschlag vorne Donald Hamilton Fraser; hinten: Steve Gorton; S. 2: Neale Worley; S. 3: Sue Sareen; S. 4: Neale Worley; S. 5: o.l. Postkarte Friends von Norman Hepple, RA, RAAL; l.m. Sue Sareen; r.m. Ray Smith; u.l. Neale Worley; S. 6: o. mit freundlicher Erlaubnis von Ray Smith; m. Neale Worley; l. Ray Smith; S. 6f.: Thomas Rowlandson, Drawing from Life at The Royal Academy at Somerset House, London, 1811, RAAL; S. 7: o.l. Neale Worley; o. Gauguin, Noa Noa, facsimile edition (1987), mit Dank von Edition Avant et Après; S. 8f.: alle Ray Smith; S. 10f.: alle Ray Smith; S. 12: l.m. Richard Bell; S. 14: o. Linda Hardwicke; o.l. Nahem Shoa; u.l. Ray Smith; S. 15: l. Aury Shoa; o.r. Neale Worley; m., m.r. Ray Smith; S. 16: Postkarte Friends, Norman Hepple, RA, RAAL; S. 17: Muybridge, Animal Locomotion, Bildtafel 204, 1887, © The Art Institute of Chicago, alle Rechte vorbehalten; alle anderen Ray Smith; S. 18: alle Ray Smith; S. 19: o.l., o.r. m.r. Nahem Shoa; l. William Wood; S. 20: o.r. Sue Sareen; u. Gauguin, Noa Noa, facsimile edition (1987); S. 21: l. Eileen Cooper, mit freundlicher Genehmigung der Benjamin Rhodes Gallery, London; o.r. Nahem Shoa; m.r. Pablo Picasso, Skizzenbuch No. 76, Seite 37, RAAL/ © DACS 1994; S. 22: o.l. Vesalius, Humani Corporius 1545; S. 23: l. Neale Worley; S. 25: m., u.r. Neale Worley; S. 26: o.l. Neale Worley; o.r. Ray Smith; m. Neale Worley; S. 27: Zeichnungen von Nahem Shoa; S. 28: o.r. Leonardo da Vinci, The Royal Collection © 1994 Her Majesty Queen Elizabeth II; u.l. Kollwitz, Käthe Kollwitz Museum, Köln/© DACS 1994; S. 29: o.l. Benjamin Robert Haydon, RA, RAAL; o. Tintoretto, Courtauld Institute Galleries, London, Seilern Vermächtnis 1978; u. Neale Worley; S. 30: o.r. Neale Worley; l. Hans Schwarz; u. Richard Waite; Diagramme Coral Mula; S. 31: o.l. Hans Schwarz; r., u. Neale Worley; l. Nahem Shoa; S. 36: o. David Jones, National Museum of Wales/Anthony d'Offay Gallery, London/Verwaltung des Nachlasses von David Jones; u. George Michael Moser, RA, RAAL; S. 37: o. Toulouse-Lautrec, Philadelphia Museum of Art: Erwerb: John G. McIlhenny Sammlung; u. Linda Hardwicke; S. 40: o.r. Neale Worley; S. 41: Hans Schwarz; o.r. © ALLSPORT/Bob Martin; S. 44: o. Angela Waghorn; u. Vuillard, Bibliothèque de l'Institut de France, Paris/Foto: Alison Harris/© DACS 1994; S. 45: o. Van Dyck, Devonshire Collection, Chatsworth, reproduziert mit Erlaubnis von Chatsworth Settlement Trustees; u. Hans Schwarz; S. 50: o. Neale Worley; u. Gwen John, Stanford University Museum of Art 1976.136.1 Geschenk von Thomas A. Conroy; S. 51: o. Leonard Rosoman, RA, RAAL; u. Seurat, The Berggruen Collection, reproduziert mit Genehmigung der Trustees of the National Gallery, London; S. 52: m. Ghislaine Howard; u.l. Sue Sareen; S. 52f.: Diagramme Richard Bell; S. 53: alle Neale Worley; S. 56: o. Mandy Lindsay; u. Sue Sareen; S. 57: o.l. Beckmann, Staatliche Museen Kassel, Foto: Brunzel 1994/© DACS 1994; o.r. Kate Hayden; u.l. Avigdor Arikha, Private Sammlung; S. 58f.: alle Sue Sareen; S. 62: o.l., m.l. Ray Smith; m.r., u.l. Jeremy Diggle; S. 63: alle Jeremy Diggle; S. 66: alle Ray Smith; S. 67: o.l. Dancers: Tompkins Square III, Bill Jacklin, RA, 1989, Marlborough Gallery, New York; Dancers Tompkins Square, Bill Jacklin, RA, 1990, Marlborough Gallery, New York; S. 68: o. Matisse, Sammlung Beyeler, Basel/© Nachlaß H. Matisse/ DACS 1994; u. Jennifer Mellings; S. 69: o. Ray Smith, mit Genehmigung von Peter Degermark; u. Duchamp, Philadelphia Museum of Art: Die Louise und Walter Arsenberg Sammlung/© ADAGP Paris und DACS, London 1994.